仙人洞

陇嘎（郭迁摄）

地扪

地扪俯瞰

国家民委科研项目（编号：12ZYZ2013）

西南民族生态博物馆研究

RESEARCH ON ECOMUSEUM OF ETHNIC MINORITY IN SOUTHWEST CHINA

段阳萍 著

中央民族大学出版社
China Minzu University Press

图书在版编目（CIP）数据

西南民族生态博物馆研究/段阳萍著．—北京：中央民族大学出版社，2013.8

ISBN 978 - 7 - 5660 - 0491 - 8

Ⅰ.①西… Ⅱ.①段… Ⅲ.①民族地区—生态环境—博物馆—研究—西南地区 Ⅳ.①X321.27 - 28

中国版本图书馆 CIP 数据核字（2013）第 205511 号

西南民族生态博物馆研究

作　　者	段阳萍	
责任编辑	黄修义	
封面设计	汤建军	
出 版 者	中央民族大学出版社	
	北京市海淀区中关村南大街 27 号　邮编：100081	
	电话：68472815（发行部）传真：68932751（发行部）	
	68932218（总编室）　　　68932447（办公室）	
发 行 者	全国各地新华书店	
印 刷 厂	北京康利胶印厂	
开　　本	787×1092（毫米）　1/16　印张：20	
字　　数	266 千字	
版　　次	2013 年 10 月第 1 版　2013 年 10 月第 1 次印刷	
书　　号	ISBN 978 - 7 - 5660 - 0491 - 8	
定　　价	48.00 元	

摘　　要

　　生态博物馆是国际博物馆协会于 20 世纪 70 年代提出的一种新型博物馆理念。与传统博物馆不同，它反对将文化藏品孤立、静止地收藏于异地的一栋建筑中，而是主张应将文化放置于原生地进行整体、活态的展示、保护与培育，并以促进当地社区经济文化的共同、可持续发展为最终目的。生态博物馆不仅是国际新博物馆学运动取得的重要成果之一，更是开启了全球文化保护新模式，体现了文化保护领域的新思维和发展趋势，因此迅速在欧美地区广泛地传播开来。中国博物馆学界于 20 世纪 80 年代也开始关注国际生态博物馆理论，90 年代，在博物馆学者的直接推动下，以政府为主导建设了中国第一座生态博物馆——贵州六枝梭戛生态博物馆。随后，贵州其他地区以及广西、云南等地也纷纷对生态博物馆展开了实践探索，至今我国已建成了 30 余座生态博物馆。近年，生态博物馆建设正逐渐从西南民族地区向中东部经济发达地区延伸，呈现出方兴未艾的局面。

　　本书以最早展开生态博物馆建设的中国西南民族地区为研究范围，分析比较三种不同模式生态博物馆的建设经验，剖析它们所面临的主要问题和挑战，探讨如何从理论层面和实践层面解决生态博物馆建设存在的问题。全书由以下 7 个部分组成：

　　绪论阐述选题的缘由、研究的学术价值和现实意义、研究思路与研究方法；梳理目前该领域的研究现状。

　　第一章回顾西方生态博物馆理论产生的背景、来源、发展阶段和内涵；

阐明中国生态博物馆的产生发展过程。

第二章回顾"政府机构主导模式"的贵州"六枝梭戛生态博物馆"的建设历程，讨论相关群体对梭戛生态博物馆的评价。

第三章讨论"民间机构主导模式"的贵州"地扪人文生态博物馆"的建设情况和存在问题。

第四章阐述"学术机构主导模式"的云南"丘北仙人洞文化生态村"的建设历史，分析政府、学者、居民以及游客对生态博物馆的评价。

第五章对三种不同模式生态博物馆的指导原则、选点要件、命名方式、运作模式、建设成果、面临挑战等问题进行比较分析。

结论对西南民族生态博物馆建设的理论与实践进行回顾、总结、评述。

全书取得了以下几个方面的成果：

1. 系统地梳理了生态博物馆理论产生发展过程，深入反思了生态博物馆理论中国化的历程。

2. 提出了按建设管理主导力量将西南民族生态博物馆分为"政府机构主导模式"、"民间机构主导模式"、"学术机构主导模式"的分析方法，对研究生态博物馆有一定的启示作用。

3. 较为细致、全面地调查了三种不同模式生态博物馆个案的建设状况，访谈了生态博物馆建设各方主要当事人，记录他们对文化保护的主要观点，留下了重要的历史记忆。

4. 比较分析了不同生态博物馆建设的指导原则、选点要件、命名方式、运作模式等问题，所阐述的观点和认识，对民族地区生态博物馆的建设有一定参考价值。

关键词：西南民族　生态博物馆　文化保护

ABSTRACT

The ecomuseum is an innovative museum concept which was introduced by ICOM (The International Council of Museums) in the 1970s. Unlike conventional stationary museums which utilizes buildings or sites to preserve and display cultural collections isolated, this innovative concept of museum emphasizes displaying, protecting and nurturing culture heritage in its original locality, aiming at facilitating sustainable development of both economy and culture in a community. Ecomuseum is not only one of the key achievements in the process of international movement for a new museology, but also a new preservation approach which embodies new thinking and the trend of the culture protection in the world, and therefore it has been widely spread over Europe and the United States and other countries rapidly.

Chinese museologists began to pay closer attention to this novel western concept of museum during the last two decades of the twentieth century and after ten years, they were finally able to convince (and assist) the Chinese government to establish Liuzhi Suojia Ecomuseum in Guizhou province, the very first ecomuseum in China. Later on, other areas in Guizhou, Guangxi, and Yunnan also explored and established ecomuseums in consecutive order. Currently, there are approximately thirty ecomuseums in China altogether. In recent years, the practice of establishing ecomuseums has gradually spread from ethnic minority regions in Southwest China to the more developed central and eastern areas; the construction of ecomuseums is in a flourishing phase in China at present.

This essay defines the scope of its research encompassing the ethnic minority regions in southwest China where ecomuseums were first introduced, and then formulates a comparative analysis on building experiences of three kinds of ecomuseums. It further explores ideas that can provide solution to the existing problems that challenge the present ecomuseums on both theoretical and practical levels. The essay consists of seven parts as follows:

Introduction expounds the reason, research methods, and academic significance as well as current significance of this essay, and sorts out the relevant research results in China.

Chapter I reviews the background, theoretical source and stages of development of western ecomuseum concept, explores the connotation of this idea, and then narrates the course of development of Chinese ecomuseum.

Chapter II recounts the construction history of Liuzhi Suojia Ecomuseum as a case study of government agency – run type of ecomuseum, and discusses of outlooks of different groups concerned.

Chapter III analyzes the development of Dimen Humanity Ecomuseum as a case study of private corporation – run type of ecomuseum and the problems associated.

Chapter IV identifies Xianrendong Cultural and Ecological Village as a case study of academic institution – run type of ecomuseum and describes the outlook about ecomuseums from the government, scholars, local residents, and tourists.

Chapter V carries out a comparative research analysis on some key issues, such as guiding principles, pilot criteria, nomination methods, construction patterns, practice achievements, and existing challenges.

Conclusion is a brief retrospective summary and commentary on theory as well as practice of ecomuseum in ethnic minority regions in Southwest China.

The contributions of this research study are detailed below:

1. Formally defines the concept of ecomuseum and profoundly rethinks sinicization of western ecomuseum theory in China.

2. Advances a method of classification of Chinese ecomuseum construction patterns based on the primary sponsor, dividing the existing ecomuseums into three types — government agency — run type of ecomuseum, private corporation — run type of ecomuseum, and academic institution — directed type of ecomuseum.

3. Undertakes a thorough and well — rounded investigation of ecomuseum construction types, by conducting interviews with the main interested persons concerned and recording their important points of culture protection, leaving with unforgettable historical memories.

4. Conducts a comparative analysis of important ecomuseum issues including guiding principles, pilot criteria, nomination methods, construction patterns, and these results have some reference value for newly — built ecomuseums.

KEY WORDS   ecomusuem, ethnic minority, southwest China, cultural protection

目　录

Contents

绪　　论

20 世纪 80 年代以来，随着改革开放的不断深化，中国经济走上了快速发展的道路，现代化、全球化的经济、文化浪潮席卷中国大地。中国各地文化的多样性不断减弱，同质化越来越明显。许多学者、政府官员、民间人士开始关注民族地区的文化保护问题。在这一背景之下，一种新型的文化保护方式——生态博物馆①开始引入中国，本书以中国西南民族地区三种不同模式的生态博物馆个案为研究对象，就生态博物馆建设的相关问题进行了探讨与反思。

一、选题缘由

生态博物馆是 20 世纪 70 年代发端于法国，随后迅速在欧洲、美洲等地

---

① 生态博物馆是文化就地保护的一种具体操作模式，它提出"生态博物馆即整个社区，整个社区即生态博物馆"的这一重要理念。故而本书中（尤其个案研究部分）出现的"生态博物馆"（简称"博物馆"）有广义和狭义之分，广义的"博物馆"指生态博物馆所在的整个社区，而狭义的"博物馆"则特指生态博物馆的管理方。

区广泛传播的一种新型博物馆模式。与传统博物馆不同，它反对将文化孤立、静止地收藏于异地建筑中，而是主张将文化放置于原生地进行整体性的活态保护、培育与展示，并促进当地社会经济文化的可持续发展。20 世纪 80 年代，中国博物馆学界开始关注国际生态博物馆理论，90 年代在有关专家学者的直接推动下，以政府为主导建设了中国第一座生态博物馆——贵州六枝梭戛①生态博物馆②。随后，贵州其他地区以及广西、云南、内蒙古等地也陆续展开生态博物馆的实践探索，至今我国已建成 30 余座生态博物馆。③ 近年，生态博物馆的覆盖面正逐渐从边疆民族地区向中东部经济发达地区延伸，生态博物馆建设和研究在中国呈现出方兴未艾的局面。

生态博物馆受到地方政府、专家学者和社会的广泛关注主要有以下两方面的原因：

其一，就学科发展本身而言，这种新博物馆形式将博物馆学拓展到传统博物馆从未触及的领域和范围，这些新元素包括广泛的文化原生地，文化的持有者、传承者和发展者，文化自身的动态发展以及文化与社区二者之间的关系。博物馆内涵的丰富和外延的扩展自然也促使博物馆学突破原有的学科局限，寻求与诸如历史学、社会学、民族学、经济学、建筑学、管理学、心理学、美学等众多学科进行认识论和方法论上的交叉与整合，以便形成一种全新的理论来更好地指导其实践。新型博物馆的出现在某种

---

① 贵州六枝梭戛生态博物馆的"信息资料中心"具体选址在梭戛乡高兴村的陇嘎寨。已有的研究成果对第一座生态博物馆的名称有"梭戛（jiǎ）"和"梭嘎（gǎ）"两种表述方式，对陇嘎寨也有"陇嘎"和"陇戛"两种写法。笔者在博物馆进行调查时，发现资料信息中心门外的中英文挂牌显示为"梭戛"，英文翻译取其拼音为"sūojiǎ"。为进一步求证，笔者又采访了信息资料中心的工作人员小熊，他也是当时该中心唯一的一名当地村民代表，他说当地苗话在称乡的时候通常采用"戛"（jiǎ）的发音，在称村寨的时候，念作"嘎"（gǎ），即梭戛（jiǎ）乡陇嘎（gǎ）寨，因为他们没有文字，所以有关当地村寨名称均是音译过来的。

② 1998 年中国首座生态博物馆——贵州六枝梭戛生态博物馆在贵州六枝特区梭戛乡建成，是中国与挪威国际文化交流合作项目之一，此后又陆续建成了镇山布依族生态博物馆（2002 年）、隆里汉族生态博物馆（2004 年）、堂安侗族生态博物馆（2005 年），构成中挪合作贵州生态博物馆群。

③ 参见国家文物局：《关于加强生态博物馆、社区博物馆、数字博物馆建设的提案》，2011 年 3 月 9 日，http：//www. sach. gov. cn/tabid/1242/InfoID/28006/Default. aspx，2012 年 3 月 23 日。

程度上意味着传统博物馆实体建筑的拆除，博物馆开始走向民间，深入田野，亲近自然。就这一层面而言，生态博物馆开创了一个新兴的交叉学科及应用型的研究领域。

其二，就生态博物馆的价值而言，文化保护与社区发展是其并行不悖的目标。实际上，它的创新之处也在于此，即以保护文化为手段来促进社区发展，以社区进步来激励文化保护。不得不说，生态博物馆无论在文化保护或是社区发展方面都是一种全新的尝试。更为可贵的是，它大胆地将二者结合起来，使之和谐并进，且赋予文化持有者前所未有的人文关怀。因此，这一项新兴事业一经推出，即刻吸引了致力于改善民生的政府、从事文化保护的文博机构、社会公益组织和众多学科领域的专家学者。他们的热情不仅可以从已有的生态博物馆研究成果中窥见一斑，如政府官员、文博专家和其他各类专业研究者均有对生态博物馆建设的论述，而且他们还身体力行，积极探索不同的生态博物馆建设模式。

然而，历经十余年的实践摸索，中国生态博物馆建设无论在理论研究层面还是实践操作层面仍存在诸多争议与挑战，突出表现为以下方面：

第一，生态博物馆理论本身的价值。在中国建设生态博物馆一开始就存在不同的争论。一方面，有研究者认为生态博物馆"是沟通人类与自然内在的关联与和谐的外在物质形式"[1]、"是时代的召唤"，并称其为博物馆界的一场"解放运动"和"复兴运动"[2]。而另一方面，有学者认为生态博物馆的展示方式可能出现"现实生态和原有生态的分离"，"生态博物馆的展出和演示方式将不得不回到一般的或'传统'博物馆的基本模式中去"[3]，

① 张勇：《生态博物馆思维初探》，《中国博物馆》1996年第3期，第30页。
② 宋向光：《生态博物馆理论与实践对博物馆学发展的贡献》，苏东海主编：《2005年贵州生态博物馆国际论坛论文集：交流与探索》，北京：紫禁城出版社，2006年，第53—54页。
③ 王宏钧：《中国博物馆学基础》（修订本），上海：上海古籍出版社，2001年，第12页。

更有研究者担心"（生态博物馆）是一场更为深刻的文化殖民"①。随着实践中种种矛盾的凸显，近年来甚至有人开始全面否定生态博物馆，认为其担负的历史任务如此巨大以致不堪重负，它的价值理念最终只能沦为富于浪漫色彩的幻想，并注定是一场"甜蜜的悲哀"②。

第二，文化保护与社区发展的关系。我国生态博物馆大多选择建设在民族地区。一方面，民族地区交通相对闭塞，较少受到外界影响，因而传统文化保存尚好，自然成为生态博物馆实践的最佳试验田。然而，生态博物馆的建立意味着打破了这里的平静，使其直接面临外来文化的冲击。另一方面，民族地区经济落后，谋求生活水平的提高和自身的发展成为开放后的村寨居民的首要需求，尤其认识到自身文化存在着潜在的经济价值后，文化保护与社区发展如何能得到平衡？换言之，开放后的村寨如何解决现代生活与传统生活方式的矛盾，成为目前中国生态博物馆建设面临的最大挑战。

第三，生态博物馆与社区的关系。诞生于西方后工业时代的生态博物馆是基于社区物质生活水平高度发达，居民文化自觉意识较强的前提下的一种"文化怀旧"自主行为，而中国生态博物馆建设缺乏西方社会那样的生长环境。因此，如何实现生态博物馆的社区自主管理成为中国生态博物馆建设面临的另一大挑战。

其实，早在贵州六枝梭戛生态博物馆建设之初，课题组的专家就曾制定了中国生态博物馆建设的指导纲领——"六枝原则"，该原则对生态博物馆建设中居民的作用、文化保护以及与社区发展的关系均做出阐释。这一原则的核心内容也被各地的生态博物馆作为指导方针，那"六枝原则"在实践中又是如何得以体现呢？

---

① 方李莉：《警惕潜在的文化殖民趋势——生态博物馆理念所面临的挑战》，《非物质文化遗产保护》2005年第3期，第11页。

② 甘代军：《生态博物馆中国化的悖论》，《中央民族大学学报》（哲学社会科学版）2009年第2期，第72页。

另外，笔者在 2011 年 2 月考察贵州生态博物馆时也注意到昔日风光的梭嘎生态博物馆基本处于停滞阶段，而镇山布依族生态博物馆在工作日也是大门紧锁，人去楼空。与此同时，黔西南兴义市有关方面却正策划建设新的布依族生态博物馆。一边是门庭冷落，另一边却是积极筹备，这样的反差不由让笔者为生态博物馆的发展感到担忧，已建生态博物馆的出路在何方？新建生态博物馆又该如何避免重蹈老一代生态博物馆的覆辙？

以上问题不仅反映了中国生态博物馆发展的困惑，同时也成为中国生态博物馆未来发展的主要瓶颈。正是基于对这些问题的探究，笔者选取了"西南民族生态博物馆研究"作为博士学位论文的研究方向。笔者认为，生态博物馆目前遭遇的困境源于两个方面。第一，生态博物馆本身具备的开放性特点注定这是一项复杂的系统工程；第二，西方生态博物馆理论在创始之初即没有提供固定的操作模式，它本身就是一项摸着石头过河的实践性极强的探索性事业，加之中国有别于西方的特殊国情增加了这一舶来品在中国的建设难度。总之，作为一项新兴事物，它无论在理论上或是实践上都准备不充分，所以出现了目前诸多的问题和挑战。因此，在现阶段对生态博物馆理论的中国化问题进行系统的总结与深入的剖析是当前亟待解决的课题。

本研究期望通过实地考察，并与相关生态博物馆的创始人、现任馆长、当地社区村民和所处地区的政府官员等生态博物馆建设的直接推动者、参与者进行深入沟通，对中国西南民族地区现存不同模式的生态博物馆进行历史与现状的梳理，厘清生态博物馆现存主要矛盾及产生根源，较之以往的生态博物馆研究，能更客观、更全面、更深入地揭示生态博物馆理论中国化实践过程的种种问题，从而在理论与实践上为目前已建、在建和拟建的生态博物馆提供一些有效的建议与参考。其次，在当前全球化和市场经济的浪潮下从事文化和文化遗产的保护与传承是一个充满挑战的课题，基于生态博物馆为切入点的文化整体性保护研究将为我国的地域文化、民族文化以及文化遗产保护、传承和可持续发展提供一些有效的个案及新的发展思路。再次,"构建和谐社会"、"建设生态文明"是中国共产党提出的重大治国方略,而生态博物馆本着尊重自然、顺应自然、保护自然,同时强调社区经济、文化、生态环境作为一个有机体和谐共生的核心理念,无疑与当前的发展战略相契合,加之广大民族村落是生态博物馆的试验田,因此,本研究还将从生态博物馆的角度为当前民族地区和谐社会的构建以及新农村的建设提供经验借鉴甚至是成功范例,具有积极的社会意义。最后,"中国化"生态博物馆作为世界生态博物馆体系的重要组成部分,其发展和完善将有力推动这一理论体系的整体发展,尤其对于正在探索文化整体性保护的广大发展中国家而言,"中国化"生态博物馆理论较西方理论更具借鉴价值。

二、相关研究回顾

1985 年,中国博物馆学会的安来顺将"ecomuseum"直译为"生态博物馆"。[①] "ecomuseum"是由"ecology"(生态)一词的前缀"eco"与"museum"(博物馆)一词组合而成。自 1986 年开始,时任《中国博物馆》杂志主编的苏东海和副主编安来顺在该刊物系列刊载了国际生态博物馆创始人乔治·亨利·里维埃(George Henri Rivière,1897—1985)和雨果·戴瓦兰(Hugues De varine)有关生态博物馆的主要学术论述译文,联合国教科文组织主办的《博物馆》杂志上的有关生态博物馆的相关论文、宣言和会议消息,并对西方早期的生态博物馆进行了介绍。随着中国学者对国际生态博物馆思想及国际经验的了解,一些人也尝试在此领域展开初步的理论探索,发表了一系列探讨博物馆学与环境科学关系的论文。如 1986 年《中国博物馆》杂志刊登了南开大学博物馆专业硕士研究生胡妍妍写的《博

① 张晋平:《关于生态博物馆论文英文翻译的说明》,《中国博物馆》2005 年第 3 期,第 6 页。

物馆与环境科学》（1986 年第 2 期）论文。1990 年半坡遗址博物馆的一位研究者孙霄在《论半坡遗址的保护现状与治理》（1990 年第 3 期）中呼吁在中国建立遗址保护系统生态学，即"将遗址的生存空间与其地址、历史、旅游、规划、气候、植被、人文等方面的关系看作是一个整体来研究。"①天津文化局文物处的涂晓原在《博物馆与社区文化环境的关系》（1990 年第 4 期）中，论述了博物馆与文化环境的关系。之后，中国地质博物馆研究员赵松龄又发表了《略论人类环境素质与博物馆》（1990 年第 4 期）等论文。以上论文初步呈现出文化保护研究中的历史观、系统观、整体观、人文观与生态观，因此，有学者认为这些初期研究成果虽未明确提出"生态博物馆"一词，但已"逐渐地接近了生态博物馆"②的研究范畴。

　　尽管《中国博物馆》杂志开始有意识地刊登有关生态博物馆的文章，但数量有限，且局限于博物馆学专业领域文本层面的理论探索，因此，生态博物馆理念并未在中国社会产生广泛影响，但理论的引介为中国生态博物馆的实践奠定了必要的思想基础。

（一）　中国生态博物馆的研究回顾

　　1998 年，中国首座生态博物馆——贵州六枝梭戛生态博物馆作为中国和挪威文化合作项目在民族文化浓郁的贵州诞生，其新颖的文化保护模式及闪亮的国际合作项目头衔迅速引起社会各界关注，也为生态博物馆理论研究提供了最初的实证。其后的贵州生态博物馆群以及随后在广西、云南、内蒙古等民族地区诞生的不同模式的生态博物馆更是为研究者提供了丰富的素材。自本世纪初，研究者纷纷深入实地调研，从不同的学科角度撰写了一批研究成果，中国生态博物馆的研究也开始进入了理论与实践相结合的阶段。

---

① 孙霄：《论半坡遗址的保护现状与治理》，《中国博物馆》1990 年第 3 期，第 57 页。
② 苏东海：《关于生态博物馆的思考》，《中国博物馆》1995 年第 2 期，第 4 页。

1. 开创者的研究与探讨

作为一种应用性研究，其创始人的观点最具代表性和说服力。梭戛生态博物馆项目课题组的核心成员苏东海、胡朝相和挪威专家约翰·杰斯特龙（John Gjestrum，1953—2001）等人不仅直接推动了首座生态博物馆的建成，对这一新兴理念的探讨也做出了开创性的研究成果。

首先，作为中国生态博物馆建设的灵魂人物，中国国家博物馆研究员苏东海不仅是中国首座生态博物馆的缔造者，也是新博物馆思想的传播者。早在1995年，他在《中国博物馆》杂志上就发表了《关于生态博物馆的思考》（1995年第2期）一文，是国内学者对新博物馆思想较早的探讨。随后，他将早期对国际生态博物馆思想的认识与参与贵州生态博物馆建设的自身体会相结合，进一步阐述了中国生态博物馆的走向，发表了一系列文章：对生态博物馆思想的产生背景、特殊价值及核心理念的介绍性文章，如《生态博物馆的思想来源及其社会实践》（1998）、《努力把握生态博物馆的特征》（2000）、《中国生态博物馆的道路》（2005）、《生态博物馆的思想及中国的行动》（2008）等；有关对国际生态博物馆建设的相关介绍，如《国际生态博物馆运动史略》（2001）；对生态博物馆建设"中国化"问题的探讨则有《生态博物馆在中国的本土化》（1999）、《生态博物馆的先进理念与现实的碰撞》（2004）、《建设与巩固：中国生态博物馆发展的思考》（2005）等。这些重要论文后来大都被收录在其个人论文集《博物馆的沉思：苏东海论文选·卷二》[1]（2006）中。苏东海认为，"生态博物馆的思想播种在中国的土地上，虽然种子是欧洲的，但开出的花是中国的。"[2] 换言之，生态博物馆要在中国获得成功，就必须走"中国化"道路，这是他的基本观点，也为后来的研究方向奠定了基调。

---

[1] 苏东海：《博物馆的沉思：苏东海论文选》卷二，北京：文物出版社，2006年。
[2] 苏东海：《生态博物馆在中国的本土化》，《博物馆的沉思：苏东海论文选》卷二，北京：文物出版社，2006年，第498页。

其次，梭戛生态博物馆的另一创始人原贵州文化厅文物处副处长胡朝相，他从政府官员的角度对贵州生态博物馆的经验教训进行了总结与反思，先后发表了《生态博物馆理论在贵州的实践》①、《关于生态博物馆非物质文化遗产保护的问题》②、《贵州生态博物馆的实践与探索——为贵州生态博物馆创建十周年而作》③ 等论文，并出版了《贵州生态博物馆纪实》④ 一书。他充分肯定政府在生态博物馆建设中的重要作用，认为："在中国建立生态博物馆离不开政府行为，必须以政府为主导，这是由我国的政治体制所决定的"⑤，"政府主导以及财政的支持，是非物质文化遗产保护的重要保证"⑥。

再次，挪威专家约翰·杰斯特龙为中国生态博物馆建设做了大量的基础性工作，1999 年他主持启动梭戛生态博物馆的非物质文化遗产抢救工作——"箐苗⑦记忆"，对梭戛社区的村寨历史、传说故事、婚丧嫁娶等习俗逐一进行了资料采集。工作组还召集梭戛村民志愿者参加"箐苗记忆培训班"，给村民讲解相关调查方法和分类，极大地提高了村民对自己文化的自豪感。这种"文化记忆"数据库的建设不仅成为后来生态博物馆建设的一项基础工作，还为生态博物馆建设原则之"社区参与"的相关研究提供了案例。

最后，值得一提的是，贵州梭戛生态博物馆于 1997 年年底完成《中国

---

①　胡朝相：《生态博物馆理论在贵州的实践》，《中国博物馆》2000 年第 2 期，第 61—65 页。

②　胡朝相：《关于生态博物馆非物质文化遗产保护的问题》，中国博物馆协会主编：《国际博物馆协会亚太地区第七次大会中方主题发言及论文集》，2002 年，第 95—98 页。

③　胡朝相：《贵州生态博物馆的实践与探索——为贵州生态博物馆创建十周年而作》，《中国博物馆》2005 年第 2 期，第 3—8 页。

④　胡朝相：《贵州生态博物馆纪实》，北京：中央民族大学出版社，2011 年。

⑤　胡朝相：《贵州生态博物馆的实践与探索——为贵州生态博物馆创建十周年而作》，《中国博物馆》2005 年第 2 期，第 3—5 页。

⑥　胡朝相：《关于生态博物馆非物质文化遗产保护的问题》，中国博物馆协会主编：《国际博物馆协会亚太地区第七次大会中方主题发言及论文集》，2002 年，第 98 页。

⑦　箐苗是对贵州六枝梭戛乡苗族分支的书面表述，该苗族分支以长牛角头饰为显著特征，俗称"长角苗"。

贵州六枝梭戛生态博物馆资料汇编》①，这本内部资料收录了首座生态博物馆的前期社会调查报告、项目可行性研究报告、政府部门相关批复、重要研究座谈纪要、相关报道摘编及大事记等内容，简略而真实地记录了首座生态博物馆前期筹备工作，为后来的研究者提供了较翔实的第一手材料。

2. 相关学术研讨会议

随着中国生态博物馆实践取得阶段性成果，相关机构陆续组织了生态博物馆的学术研讨。

首次会议是以"交流和探索"为主题的"贵州省生态博物馆群建成暨生态博物馆国际学术论坛"，于 2005 年 6 月在贵阳召开，由中国博物馆学会和贵州省文化厅联合主办。国际生态博物馆先驱戴瓦兰及挪威、意大利、英国、法国、巴西、瑞典、日本、菲律宾、韩国、印度等 15 个国家的百余名学者齐聚一堂，交流各国生态博物馆建设经验。代表们对生态博物馆的价值、建设原则和面临问题与挑战做了较为深入的探讨。这次国际论坛的成果是《2005 年贵州生态博物馆国际论坛论文集：交流与探索》②，该书涵盖了从生态博物馆运动的起源到全球发展的现状研究等内容。其中，挪威文物局专家达各·梅克勒伯斯特（Dag Myklebust）发表的《从挪威观点看贵州省生态博物馆项目》和意大利社会和经济研究所教授毛里齐奥·马吉（Maurizio Maggi）的《关于中国贵州省和内蒙古自治区生态博物馆考察报告》逐一分析了中国生态博物馆建设取得的成绩和亟待解决的问题。会议促成的另一成果是《中国生态博物馆》③（中英文），本书以图集的形式讲述了中国生态博物馆所走过的道路，并依次介绍了贵州、广西和内蒙古生态博物馆的概况。

---

① 中国贵州六枝梭戛生态博物馆编：《中国贵州六枝梭戛生态博物馆资料汇编》（内部资料），准印字第 091 号，贵阳宝莲彩印厂印刷，1997 年。

② 苏东海主编：《2005 年贵州生态博物馆国际论坛论文集：交流与探索》，北京：紫禁城出版社，2006 年。

③ 苏东海主编：《中国生态博物馆》，北京：紫禁城出版社，2005 年。

2010 年 8 月，地扪侗族人文生态博物馆①在贵州黎平县茅贡乡地扪村主办了以"古村落的保护与发展"为主题的"2010 中国地扪·生态博物馆论坛"，来自中国大陆、香港、台湾，以及日本、美国等大学和研究机构的学者参会。同年 9 月，贵州省文化厅、省文物局在黔东南州黎平县地扪和锦屏县隆里举办"贵州生态博物馆本土化暨国家文化创新工程项目②研讨班"，来自贵州生态博物馆和五个"国家文化创新工程项目"县的分管县长、局长和专家代表参加研讨。研究班就古城规划建设以及远景开发和利用进行调研，探讨生态博物馆本土化和村寨文化遗产保护和利用工作的方法和经验。

2012 年 8 月，由国家文物局主办、福建省文化厅、文物局承办的"全国生态（社区）博物馆研讨会"在福州召开。国家文物局领导，各省文物行政部门，已建、在建和拟建生态（社区）博物馆负责人及相关学者参会，就生态（社区）博物馆理念的认知、各馆的具体实践进行了研讨交流。国家文物局提出各地文物行政部门应对生态（社区）博物馆进行规划和专业引导，对其建设、运营、效益等情况进行评估，探索建立不同形式的管理体系。为加强引导，鼓励探索，国家文物局此前还组织专家学者对生态博物馆进行了调研并精选出 5 个生态（社区）博物馆作为"全国首批生态（社区）博物馆示范点"③，在此次会议上国家文物局正式对示范点举办了授牌仪式。

由此可知，中国生态博物馆已得到各国专家学者的关注，并逐渐引起

① 地扪人文生态博物馆由香港明德创意集团出资、中国西部文化生态工作室负责建设和管理营运，2005 年 1 月正式开馆，是中国较早利用社会力量兴建，而非政府占主导角色的民营生态博物馆。

② 2009 年，文化部启动"国家文化创新工程项目"，该项目是面对文化发展需求，着力解决影响和制约文化科学发展的突出问题，具有创新理念，运用科学方法，有利于构建文化科学发展的体制机制，有利于增强文化发展生机与活力的项目。该项目的日常工作由文化科技司承担。

③ 浙江省安吉县生态博物馆、安徽省屯溪老街社区博物馆、福建省福州市三坊七巷社区博物馆、广西龙胜龙脊壮族生态博物馆、贵州堂安侗族生态博物馆。

中国各级政府的重视，它不仅为文化多样性的保护及社区的和谐发展注入新活力，同时也为国内甚至国际不同文化群体之间的相互尊重、理解与对话提供了一个良好的交流平台。

3. 多学科的共同关注

生态博物馆强调的整体性保护涉及社区的物质、制度、精神方方面面，因此，受到博物馆学、民族学（人类学）、建筑学、美学、管理学、经济学等多个学科的共同关注，研究成果颇丰。笔者仅以"生态博物馆"为题名对中国期刊全文数据库①、国家图书馆学位论文库进行了初步检索，共有二百余篇相关期刊论文、十余篇研究生学位论文。其中，尤以博物馆学、民族学的研究成果最为显著。

（1）博物馆学界对生态博物馆的总体研究

生态博物馆的思想源于博物馆界对传统博物馆的批判，因此自它诞生起就受到博物馆专业的密切关注。除苏东海的相关论文外，这方面的代表成果是两篇阶段性的总结与反思。

一篇是由中央民族大学潘守永教授执笔撰写的《中国生态博物馆建设的十年经验、成就和亟待解决的问题》②（2007）。这篇报告的产生背景是，生态博物馆在 10 年实践过程中出现的诸多问题促使"相关建设省份不断向国家文物局反映情况，希望国家文物局协调相关部门，从行业管理角度，为我国生态博物馆的建设和发展制定出一个战略和指导性意见"③。为摸清

---

① 中国期刊全文数据库网址为 www.cnki.net，该库电子文献收录时间自 1979 年至今（部分刊物回溯至创刊）。鉴于首座中国生态博物馆项目启动时间为 1995 年，1998 年诞生，因此，从时间上看，该库收录的相关研究成果较为全面。另外，该库文献来源国内多种综合期刊与专业特色期刊的全文，因此该库收录的相关研究成果较具代表性，可以作为现阶段研究成果的数据依据。数据查询时间是 2012 年 12 月底。

② 潘守永：《中国生态博物馆建设的十年经验、成就和亟待解决的问题》，张永发主编：《论民族博物馆建设》，北京：民族出版社，2007 年。

③ 潘守永：《中国生态博物馆建设的十年经验、成就和亟待解决的问题》，张永发主编：《论民族博物馆建设》，北京：民族出版社，2007 年，第 333—334 页。

我国生态博物馆建设的基本情况，2005年12月，国家文物局委托中国博物馆学会组成了由中国农业博物馆、中央民族大学等博物馆和大学专家组成的课题组，启动了国家政策咨询性课题"中国生态博物馆发展现状与建设发展政策研究"，课题组经过两个阶段的调查调研，完成了约一万字的研究报告。报告虽在政策建议方面有待进一步深入，但较全面总结了生态博物馆10年建设成果，认为生态博物馆"在文化遗产保护与传承、为当地居民提高经济收入和地方知名度等方面取得初步成就，而当地居民的参与意识、旅游开发与遗产保护的关系、政策环境等是有待提高与改善的问题"①。

　　另外一篇是复旦大学文物与博物馆学系研究生钟经纬撰写的博士学位论文《中国民族地区生态博物馆研究》（2008）。该论文对贵州生态博物馆群和广西民族生态博物馆共八家生态博物馆进行分析，提出了目前政府主导的生态博物馆建设模式中存在问题和发展困境，强调生态博物馆的巩固应重于新建。

　　这两篇阶段性总结对生态博物馆建设中存在问题的看法较为一致，不同的是，钟经纬的博士学位论文提供了实证，所提的建议也更为具体。然而，钟经纬将"中国民族地区生态博物馆"局限于政府机构主导的贵州生态博物馆群和广西模式②的生态博物馆，忽略了民族地区民营模式的生态博物馆（如"地扪人文生态博物馆"）和虽未以"生态博物馆"冠名，但本质上与"生态博物馆"核心理念无异的民族地区文化就地保护的其他探索形式（如云南的"民族文化生态村"），因此，这篇论文的题目以偏概全，

---

① 潘守永：《中国生态博物馆建设的十年经验、成就和亟待解决的问题》，张永发主编：《论民族博物馆建设》，北京：民族出版社，2007年，第340—345页。

② 广西最初以南丹白裤瑶生态博物馆（2004年）、三江侗族生态博物馆（2004年）和广西靖西旧州壮族生态博物馆（2005年）为广西壮族自治区民族生态博物馆三个试点项目，此后又提出了在已有的三个试点的基础上发展广西民族生态博物馆建设"1＋10"工程。具体地说，"1"是指发挥龙头地位和作用的广西民族博物馆，"10"是指已建、在建和待建的遍布自治区的民族生态博物馆，这个联合体是总站与工作站的关系，旨在实现资源和优势互补。相较早期的贵州生态博物馆群而言，苏东海称之为中国生态博物馆的第二代模式。

失之偏颇，其研究对象和内容有待补充和完善。

此外，值得一提的是台湾博物馆学学者张誉腾的专著《生态博物馆——一个文化运动的兴起》，本书依次对法国、加拿大、英国和美国的生态博物馆建设进行历时性梳理，并在结合台湾的实践后，做出了这样的判断——"生态博物馆观念其实是非常天真、浪漫，注定要失败的"①。当然，他也肯定了"（生态博物馆运动）是博物馆界的'法国大革命'，经过这场运动，博物馆学再也不是它本来的面貌了"②。该书首次集中系统地回顾了生态博物馆在国外的发展始末，让我们较为全面的了解了各国的生态博物馆，但仅根据国外和台湾模式的分析做出生态博物馆"注定要失败"的结论还须做进一步的斟酌和更全面的考证。

（2）民族学界对生态博物馆的个案研究

生态博物馆这种新型文化保护模式在中国大多选择建设在民族地区，为研究者提供了试点，吸引了以田野调查见长的民族学工作者的关注。

贵州教育学院的张晓松是较早对梭戛生态博物馆展开田野调查的研究者之一，她在《生态保护理念下的长角苗文化——贵州梭戛生态博物馆的田野调查及其研究》一文中记录了长角苗世居文化的田野调查、生态博物馆理念在当地社区的实践及对二者互动过程的观察研究，并敏锐地发现"梭戛生态博物馆的历史任务，它的操作方式，它在未来的发展方向，来自不同角度的人们持有不尽相同的观点和看法。以杰斯特龙为代表的国际生态博物馆界认为，文化保护是首要任务；中国博物馆方面则认为，长角苗除了继续保持文化传统的纯洁性之外，还应当更多地学习外界的各种知识，从理性认识的角度来增强对自身世居文化的自觉意识；对于长角苗社区人

① 张誉腾：《生态博物馆——一个文化运动的兴起》，台北：五观艺术管理有限公司，2004年，第225页。

② 张誉腾：《生态博物馆——一个文化运动的兴起》，台北：五观艺术管理有限公司，2004年，第227页。

民而言，经济发展的需求更加强烈。"① 这一描述所揭示的矛盾较早预见了生态博物馆后来的发展困境。另一位对梭戛生态博物馆进行早期跟踪调查的研究者是原福建泉州黎明职业大学的潘年英，他于 2000 年和 2004 年先后两次考察梭戛，先后发表了《矛盾的"文本"——梭戛生态博物馆田野考察实录》② 和《变形的"文本"——梭戛生态博物馆的人类学观察》③，表达了对梭戛生态博物馆发展前景的担忧，指出那时的"梭戛生态博物馆已从最初的矛盾走向畸形发展……彻底旅游化，甚至比别处的民俗村更加旅游化"④，进一步证实张晓松之前的预测，即生态博物馆如果在实践操作中难以协调平衡各方利益，那么它将偏离当初设定的理想目标，甚或误入歧途。

中国艺术研究院从事艺术人类学研究的方李莉从非物质文化遗产保护的角度，先后撰写了《全球化背景中的非物质文化遗产保护——贵州梭戛生态博物馆考察所引发的思考》⑤、《非物质文化遗产保护的深层社会背景——贵州梭戛生态博物馆的研究与思考》⑥，阐述了非物质文化遗产是一种可供开发利用的人文资源，然而，社会发展迅速改变并重构了梭戛社区的文化观念和社会结构，为当地非物质文化遗产保护工作带来挑战。另外，

---

①　张晓松：《生态保护理念下的长角苗文化——贵州梭戛生态博物馆的田野调查及其研究》，《贵州民族研究》（季刊）2000 年第 1 期，第 122 页。

②　潘年英：《矛盾的"文本"——梭戛生态博物馆田野考察实录》，《黎明职业大学学报》2000 年第 4 期，第 6—14 页。

③　潘年英：《变形的"文本"——梭戛生态博物馆的人类学观察》，《湖南科技大学学报》（社会科学版）2006 年第 2 期。

④　潘年英：《变形的"文本"——梭戛生态博物馆的人类学观察》，《湖南科技大学学报》（社会科学版）2006 年第 2 期，第 105 页。

⑤　方李莉：《全球化背景中的非物质文化遗产保护——贵州梭戛生态博物馆考察所引发的思考》，《民族艺术》2006 年第 3 期，第 6—13 页。

⑥　方李莉：《非物质文化遗产保护的深层社会背景——贵州梭戛生态博物馆的研究与思考》，《民族艺术》2007 年第 4 期，第 6—20 页。

她主编的《陇戛寨①人的生活变迁：梭戛生态博物馆研究》②，从物质和精神层面讲述了箐苗社会生活的变化，是一部内容极其丰富的民族学调查读本，也是对"箐苗记忆"之继承与发展。

中央民族大学民族学系研究生张涛和尤小菊也分别就一所生态博物馆展开调查，前者撰写的《消解的边缘——一项关于路由的人类学研究》（2006 年博士学位论文）论述了梭戛生态博物馆给梭戛社区和居民造成的影响，后者撰写的《民族文化村落之空间研究——以贵州省黎平县地扪村为例》（2008 年博士学位论文）则以当地居民对村落空间的认同感为切入点分析了地扪人文生态博物馆与当地社区居民的关系。

此外，生态博物馆的建设地区，云南、贵州等地的民族工作者也是该领域研究的积极参与者。如贵州民族研究所周真刚③，云南大学人类学系的尹绍亭④等。

（3）建筑学、管理学的相关研究

从建筑学专业的角度，南京东南大学建筑系研究生余压芳曾在 2005 年贵州生态博物馆国际论坛上提交过《自然村寨景观的价值取向及其对生态博物馆工作模式的启示》⑤一文，为生态博物馆提供了以建筑景观学为切入点的新研究视角。次年她又以《生态博物馆理论在景观保护领域的应用研

---

① "陇戛寨"即本书中的"陇嘎寨"，此处直接引用原文书名。
② 方李莉主编：《陇戛寨人的生活变迁：梭戛生态博物馆研究》，北京：学苑出版社，2010 年。
③ 发表的论文有《试论生态博物馆的社会功能及其在中国梭戛的实践》（《贵州民族研究》2002 年第 4 期）、《浅说生态博物馆社区民族文化的保护——以梭戛生态博物馆为典型个案》（《贵州民族研究》2004 年第 2 期）及《生态博物馆社区民族文化的保护研究——以贵州生态博物馆群为个案》（《广西民族研究》2006 年第 3 期）等。
④ 相关著作和论文有：《民族文化生态村——当代中国应用人类学的开拓》（昆明：云南大学出版社，2008 年）、《生态博物馆与民族文化生态村》（《中南民族大学学报》2009 年第 5 期）、《再论民族文化生态村建设的理论与方法》（《民族文化与全球化学术研讨会论文集》，2003 年）。
⑤ 余压芳：《自然村寨景观的价值取向及其对生态博物馆工作模式的启示》，苏东海主编：《2005 年贵州生态博物馆国际论坛论文集：交流与探索》，北京：紫禁城出版社，2006 年，第 66—68 页。

究——以西南传统乡土聚落为例》为博士学位论文题目，用景观的历时性变化为线索，分析西南生态博物馆的保护和景观变迁的关系。另外，西安建筑科技大学苏义鼎的硕士学位论文《结合生态博物馆理念探讨西安非物质文化遗产保护》（2008）及他的同门张涵的硕士学位论文《西安老字号保护之生态博物馆策略》（2009）则探讨了将生态博物馆理念应用于民族地区村寨之外的更为广阔的文化保护领域。

从管理学专业的角度，北京师范大学公共管理专业王娟以《贵州生态博物馆运营机制研究》（2007）为题撰写了其硕士学位论文；云南民族大学管理学院的陈燕以旅游开发为切入点发表了《生态博物馆：旅游开发与文化保护的和谐统一——建立云南元阳哈尼族梯田文化生态博物馆的构想》（2009）及《论民族文化旅游开发的生态博物馆模式》（2009）。这些论文提示了生态博物馆的管理模式和发展机制对其健康稳步的生长有着举足轻重的作用。

（二）研究的主要特点和存在问题

通过对已有生态博物馆研究成果的梳理，不难发现生态博物馆创建了一种以"大众化"（popular）、"行动力"（active）和"人类学"（anthropological）为导向、具有"参与性"（participative）、"实验性"（experimental）、"社区性"（communitarian）特征的应用研究领域，众多学科都能从中找到各自的切入点，正因如此，该领域才呈现出研究方法极其丰富、研究视角极为广泛等重要特点。

然而，现阶段研究仍存在诸多不足，主要表现在：

1. 应用性不强。学术界对生态博物馆发展中存在的问题缺少具有可操作性的意见和建议。

2. 缺乏生态博物馆建设指标体系的研究。生态博物馆评估体系应是整个生态博物馆体系架构中不可缺少的元素，一方面它既是指导在建生态博物馆的技术性操作指标，另一方面它对建成的生态博物馆的发展能起着规范、监督和控制的作用。正因为这方面的研究较为薄弱，因此，中国生态博物馆的建设出现已有博物馆尚未巩固，新的博物馆又不断在筹建的这种资源浪费情况。

3. 对群体关系的研究有待深入。"人"是生态博物馆建设中的关键因素之一。首先，其核心理念强调当地居民是文化的创造者和传承者，他们的自主参与和管理是建设原则之一；其次，政府官员、指导专家、周边社区和旅游者等不同群体也直接或间接地影响着生态博物馆的发展。然而，已有研究成果虽然开始有意识地以"人"为研究着眼点，但多局限于对某一群体的单线分析，如民族学的个案调查大多只关注生态博物馆的资料中心与当地社区居民的关系，缺少对其他参与者的综合分析与全局视野。

4. 博物馆研究主体性缺失。生态博物馆社区的文化持有者和发展者是当地居民，然而，他们的声音目前只能从他者的研究成果中得到零星的反映。鉴于语言交流的不畅、主位与客位的区别，这些声音仍难以在他者的研究中得到准确、全面、客观的转述。另外，笔者在与梭戛生态博物馆的首任馆长徐美陵、现任馆长牟辉绪、地扪人文生态博物馆馆长任和昕的交谈中，也发现他们对现阶段生态博物馆的发展有深刻的思考，但碍于繁忙的行政事务和相关交流平台的缺失，我们也仅能从交谈中分享到他们的思想火花。

5. 比较性研究成果不足。生态博物馆理论本质上是一种文化就地保护新思维。近年来，从中央到地方都非常重视文化的原地保护，如：文化部主导建设的"国家级文化生态保护区"①、国家民委与财政部联合实施的"少数民族特色村寨"②、云南省积极探索的"民族文化生态保护村（区）"③等各类不同名目的文化整体性保护项目。它们与生态博物馆一样，均将文化与其扎根的原生地紧密联系，自然都共同面临着文化就地保护中出现的相同或相似的诸多理论与现实问题，因此，可以将之进行对比，以取长补短，进一步充实文化原生地整体性保护的相关理论和实践体系。

三、研究思路、对象及方法

（一）研究思路

本书以生态博物馆在中国西南民族地区的不同实践模式为研究对象，旨在探索和反思这一西方理论传入中国后的"本土化"或"中国化"问题。首先，通过梳理不同模式个案的历史与现状，尤其是在大量实地考察以及对生

---

① "国家级文化生态保护区"是文化部根据《国家"十一五"时期文化发展规划纲要·民族文化保护》中提出的"确定10个国家级民族民间文化生态保护区"这一目标而建。2007年，文化部设立第一个"国家级文化生态保护实验区"——"闽南文化生态保护实验区"，文化生态保护区建设工作正式启动。由于目前仍处试验性阶段，因此各保护区暂定为"文化生态保护实验区"，待日后条件成熟时，正式命名为"文化生态保护区"。截至2012年年底，文化部已先后在全国设立了12个"国家级文化生态保护实验区"，它们分别是：闽南文化生态保护实验区（福建省，2007年6月）；徽州文化生态保护实验区（安徽省、江西省，2008年1月）；热贡文化生态保护实验区（青海省，2008年8月）；羌族文化生态保护实验区（四川省、陕西省，2008年11月）；客家文化（梅州）生态保护实验区（广东省，2010年5月）；武陵山区（湘西）土家族苗族文化生态保护实验区（湖南省，2010年5月）；海洋渔文化（象山）生态保护实验区（浙江省，2010年6月）；晋中文化生态保护实验区（山西省，2010年6月）；潍水文化生态保护实验区（山东省，2010年11月）；迪庆文化生态保护实验区（云南省，2010年11月）；大理文化生态保护实验区（云南省，2011年1月）；陕北文化生态保护实验区（陕西省，2012年5月）。

② 2009年，国家民委与财政部开始实施"少数民族特色村寨"保护与发展项目。截止2012年年底已在全国28个省区市370个村寨开展了试点建设，中央财政投入少数民族发展资金2.7亿元。2012年12月5日，国家民委印发的《少数民族特色村寨保护与发展规划纲要（2011—2015年)》中提出"十二五"期间将在全国重点保护和改造1000个"少数民族特色村寨"。

③ 云南省委、省政府在"十一五"期间对怒江、大理、丽江、迪庆4州市的15个县市开展了大规模的民族民间文化普查工作和调查研究，在此基础上提出了以社区为单位建立"民族文化生态保护村（区）"的构想，并在滇西北地区规划、实施了60个"民族文化生态保护村（区）"建设，以此带动全省民族文化生态保护区的建设。

态博物馆建设参与者的访谈基础上，厘清西方生态博物馆思想在中国本土化过程中累积遗存下来的种种问题；随后，在比较不同个案的过程中，追溯引起这些问题的深层次原因，同时总结不同模式的经验得失；最后，对生态博物馆在西南民族地区的"中国化"探索进行理论与实践的回顾、总结和评述。

（二）研究对象

本书的研究对象是西南民族地区的"生态博物馆"，但由于实践者对生态博物馆理念的理解不同，故在具体操作中也赋予了它不同的名称。然而笔者认为它们名异实同，可视为生态博物馆理论"中国化"的不同实践模式。具体来说，本书主要从以下两个层面对"生态博物馆"进行探讨。

第一个层面是指选取中国西南民族地区不同模式的生态博物馆进行个案分析。在生态博物馆模式的划分上，目前，尚未有较明确的划分标准，已有的研究成果也仅仅是从地域上或从时间上对生态博物馆进行简单归类，如前者称"贵州模式"或"广西模式"[①]；后者称"第一代生态博物馆"、"第二代生态博物馆"[②]，依次指"贵州生态博物馆群"和"广西模式的生态博物馆"。这两种提法实际均是根据生态博物馆所处的行政区域而划定，且都是由政府主导建设的生态博物馆。笔者在梳理生态博物馆现存不同模式时，主要考虑以生态博物馆的本质和核心指导原则、最终目标为参照标准，认为生态博物馆理念的本质是"将文化放置其原生地进行整体性的活态保护"，其核心指导原则及最终目标是达到"社区自主建设"和"文化保护与经济发展和谐并进"，只要具备以上本质特征、遵循以上核心原则及发展目标的相关实践探索均可列入"生态博物馆理论中国化实践模式"的研究对象范围。此外，鉴于生态博物馆目前尚未发展至社区居民主导建设阶段，其管理层在生态博物馆的规划、建设与发展中仍发挥着举足轻重的作

---

① 参见上海复旦大学文物与博物馆学系 2005 级博士生钟经纬的博士学位论文《中国民族地区生态博物馆研究》。

② 参见苏东海主编：《2005 年贵州生态博物馆国际论坛论文集：交流与探索》，北京：紫禁城出版社，2006 年，第 7 页。

用，来自管理层的诉求和决策直接影响生态博物馆的发展路径，故笔者又增加了"管理层的性质"作为进一步划分生态博物馆模式的标准。综上所述，以生态博物馆"内涵"、"指导原则和发展目标"以及"管理层"作为现有生态博物馆模式的划分依据，一则可避免重复研究（前人对政府主导建设的"贵州模式"或"广西模式"已有较充分研究①），二则能更全面地比较生态博物馆中国化实践的典型模式，避免漏掉无"生态博物馆之名"却有"生态博物馆之实"的相关实践探索。值得注意的是，在具体的个案选择上，为便于不同模式进行有效比较，其建设起始时间也成为不同模式个案选择的重要考虑因素，如云南的民族文化生态村与贵州生态博物馆群即有较强的可比性。在时间上，二者的建设都始于 20 世纪 90 年代；在理念上，二者一致，即都将文化留存在其原生地由当地居民进行自主保护、传承和发展，同时以提高当地人们的福祉为己任；在选点上，它们均优先选择了民族文化保存较好的少数民族村寨，因此，二者无论从共时还是历时上都可以进行全方位对比分析，对完善生态博物馆理论与实践体系将大有裨益。总之，基于"取精髓、抓典型、重全面"的原则，笔者将中国西南民族地区现存生态博物馆的实践模式大致划分为"政府机构主导"、"民间机构主导"和"学术机构主导"等三种模式，并依次选取了中国首座生态博物馆"贵州六枝梭戛生态博物馆"、"贵州地扪人文生态博物馆"和"云南丘北仙人洞彝族文化生态村"作为个案研究对象。

第二个研究层面是指个案分析中紧扣"文化保护"与"社区发展"这两条主线展开观察、分析和比较。生态博物馆的基本理念是在保护中发展，在发展中保护。围绕此，笔者在文中就不同模式的生态博物馆如何进行"保护"与"发展"的工作展开讨论，从而探寻其优点或不足之处，为彰显本书研究目的做铺垫。

---

① 如上海复旦大学文物与博物馆学系 2005 级博士生钟经纬的博士学位论文《中国民族地区生态博物馆研究》。

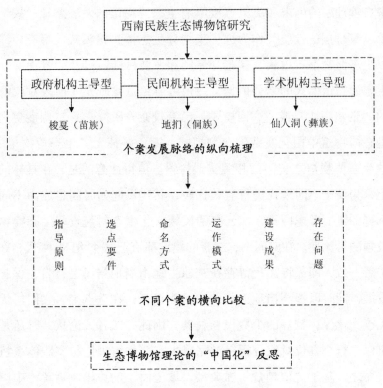

图 1 　研究对象与研究思路

（三）研究方法

1. 文献法

文献研究法就是对文献进行查阅、分析、整理并力图找寻事物本质属性的一种研究方法。文献研究一般具有连续性特征，有助于重构过去发生过的事件和理解现在事件的意义。本研究利用国家图书馆、国内外各类学术电子数据库以及田野调查等途径获得生态博物馆的相关文本资料，对其历史发展进行文献梳理，有助于追溯现存问题的源流。

2. 访谈法和参与观察

访谈法和参与观察均是田野调查过程中获得第一手资料的重要方法。访谈法通常是两个人（有时包括更多人）之间有目的谈话，由研究者引导，搜集研究对象的语言资料，以此了解研究对象如何解释他们的世界。参与观察法则是指深入到调查点和研究对象中去，以局内人的身份进行实地考察。

本研究访谈记录当地人、学者、官员和游客对生态博物馆建设的态度和看法，兼顾主位与客位的研究观点。尤其，笔者为避免在回忆受访者的"口述"时因主观偏见而造成误解，故将受访者的重要口述内容一一录音，并将它们逐字、逐句转为文字，且基本保留了当地人原有的叙述风格，这不仅是为了确保第一手访谈资料的客观性和可靠度，更是希望能以这种书写方式引领读者走进更真实、更生动的调查现场，从而更为客观地了解到生态博物馆建设中各类群体的态度以及看法。

3. 比较法

比较法是通过观察分析，找出研究对象的异同点，它是认识事物的一种基本方法。鉴于中国西南民族地区生态博物馆实践模式不尽相同，本研究选取了三个个案的若干问题进行对比分析。这些问题主要包括生态博物馆的指导原则、选点要件、运作模式、建设成果以及目前面临主要问题与挑战。

第一章　生态博物馆理论的产生及在中国的实践

学术界普遍将生态博物馆视为拉开国际新博物馆学运动的旗手，然而如果仅将它看做是博物馆学界内部的一次改革，那么就大大低估了它的价值。实际上，它所承载的时代精神与它蕴涵的理论意义同等重要，是当时社会、政治、经济、文化等诸多因素相互作用下的结果。

第一节　生态博物馆产生的时代背景和理论来源

生态博物馆理论的出现绝非偶然，它有着较早的历史渊源和强烈的现实需求。"二战"后，世界格局迅速调整，尤其进入 20 世纪六七十年代，全球面临激烈的政治变革、飞速的经济发展、空前的社会运动和汹涌的思想浪潮。正如生态博物馆创始人之一雨果·戴瓦兰（Hugues De Varine）所说，"当时的背景因素综合在一起，使青年博物馆学者对于传统的博物馆模式形成了几分不满……他们积极投身于新的尝试"①。

一、时代背景

政治上，民族民主解放运动掀起高潮。在非洲，整个60年代是前殖民地国家独立的高潮时期，新国家成立后的他们具有了更强烈的民族意识。在北美，有色人种掀起了维护公民平等权利的斗争和"寻根"运动；在拉丁美洲，由美洲印第安民族和混血种族主导发起了要求政治和社会权利的革命斗争运动，并重新发现了殖民以前的民族历史。新生的独立国家为摆脱前殖民地对本民族文化意识的压制，同时，也为对外彰显属于自己国家和民族的独特历史文化，博物馆首当其冲地成为他们提升民族意识的有利工具之一，如非洲较早出现的尼美亚（尼日尔首都）国家博物馆就由共和国总统和国民大会主席任命馆长；而对于遭受白人社会长期歧视和不公对待的少数族群而言，他们希望建立地方性博物馆来展示他们祖先足迹、肯定少数族裔文化价值，如在美国诞生的"邻里博物馆"（neighborhood museum），以约翰·肯纳德（John Kinard）建立的安那科斯提亚邻里博物馆（Anacostia Neighborhood Museum）为代表。它是专为在华盛顿特区的非洲裔居住区的公民所建，目的在于重建他们的民族自尊心，并解决他们对于社会和文化的紧迫需求。②

经济上，资本主义社会正步入"后工业时代"。借助现代科学技术，西方资本主义国家从"二战"浩劫中迅速恢复活力。然而人们在享受丰富的

---

① Hugues De Varine, "The Orgins of the New Museolgoy Concept and of the Ecomuseum Word and Concept, in the 1960s and the 1970s," paper presented at *Communication and Exploration*, June 2005, Guizhou. p. 52.（此论文集的中文版已正式出版，参见雨果·戴瓦兰：《二十世纪60—70年代新博物馆运动思想和"生态博物馆"用词和概念的起源》，苏东海主编：《2005年贵州生态博物馆国际论坛论文集：交流与探索》，北京：紫禁城出版社，2006年，第72—73页。）

② Hugues De Varine, "The Orgins of the New Museolgoy Concept and of the Ecomuseum Word and Concept, in the 1960s and the 1970s," paper presented at *Communication and Exploration*, June 2005, Guizhou. p. 53.（此论文集的中文版已正式出版，参见雨果·戴瓦兰：《二十世纪60—70年代新博物馆运动思想和"生态博物馆"用词和概念的起源》，苏东海主编：《2005年贵州生态博物馆国际论坛论文集：交流与探索》，北京：紫禁城出版社，2006年，第72—73页。）

物质消费和便利的商品服务的同时，也不得不正视工业文明带来的诸如自然资源衰竭、生活环境染污、都市喧嚣拥挤、机器产品庸俗泛滥、社会生活压力增大等多种生态危机问题。这些因素促成20世纪60年代环保运动的迅猛发展，以1962年美国海洋生物学家蕾切尔·卡森（Rachel Carson，1907—1964）发表的《寂静的春天》（Silent Spring）一书为开端，直到1970年4月22日"地球日"的确定，将现代环境保护运动推向高潮。如果说工业化社会的核心价值是追求物质富足、经济增长和经济效益的最大化压倒一切的话，那么后工业化社会则更侧重提高生活质量和主观幸福，工具理性让位于价值理性，反映的是人们生态环境意识的觉醒以及尊重自然、爱护资源、回归理性、返璞归真的美好憧憬。

社会上，各种民众运动此起彼伏。反殖民主义、反种族歧视、妇女解放等运动都聚集在一起，直到1968年5月的法国巴黎学生的游行将这场运动推向顶峰，史称"五月风暴"①（May 1968）。在这场社会风暴中，一群年轻的博物馆学者也自发地聚集在巴黎街头。他们反对现行的传统博物馆，认为它是"资产阶级机构"（bourgeois institutions）。一些激进派学生甚至要求关闭所有的博物馆，并将馆内藏品放置在普通的日常生活场所以供大众参观，"地铁里的蒙娜丽莎"（La Jaconde au métro）是他们提出的口号。②可见，当时博物馆严重脱离了广大民众，过度重视藏品的收集、保存和研究，忽略了其社会、教育功能。与此同时，文化的民主化（cultural democ-ratization）或者说大众教育（popular education），终身教育（lifelong educa-

---

① 这场运动的直接导火索是学生对落后的学校教育设施严重不满，其源头可追溯到"二战"后的"婴儿潮"，当时法国大学的硬件设备更新发展速度赶不上战后成长起来的青年学生人数的增加速度，因此，教学品质滞后。这些在战后成长起来的青年一代因无法正常享受现有高等教育体制下的硬软件教育设施而大批集结起来向法国政府抗议，继而工人也因待遇不公问题加入游行行列，随着更多群体的陆续加入，这场运动演变成一场社会危机，最后甚至导致欧洲政治危机，因此又有"五月风暴"之称。

② Duarte A., "Ecomuseum: One of the Many Components of the New Museology," *Ecomuseums*, 2012, p. 86.

tion）等概念的提出也都促使博物馆应重新定位和认识自身的存在价值、社会功能和服务对象。简言之，这场运动提倡博物馆不应只为少数社会精英所垄断，它应该作为一种终身教育方式为更广泛的普通社会民众提供一个参观学习和自我教育的社会公共场所。

思想上，不同理论学派异常活跃。20 世纪六七十年代是文化人类学新观念、新学派层出不穷的黄金时代，不同学者、学派都试图建立或发展一种新的文化解读和认知体系。其中，尤以"结构主义"（structuralism）和"解释人类学"（interpretative anthropology）两个学派对博物馆的影响最深。"结构主义"以及后来发展而成的"后结构主义"（poststructuralism）认识到部分与整体的关联，知识不是永恒存在的，它不可避免地伴随着历史和社会的发展而不断地得到重新建构①（knowledge is always and inevitably a historical and social construction），这体现了一种整体观和发展观的思想。如此看来，传统博物馆将藏品孤立放置一处，因脱离历史、社会发展脉络，故不能很好地诠释藏品背后的深刻社会意义。解释人类学则认为文化是"意义的网络"②（webs of significance），"人则是悬挂在由他们自己编织的意义网络中的动物"③（the man is an animal suspended in webs of significance he himself has spun）。因此文化并非是寻求规律的实验性科学，而是"探寻意义"④（search of meaning）的解释性科学。对文化进行"深描"⑤（thick description），就可以很好地揭示行动与文化之间的关系，由此来揭示行动的意

① Duarte A., "Ecomuseum: One of the Many Components of the New Museology," *Ecomuseums*, 2012, p. 86.

② Geertz Clifford, *The Interpretation of Cultures: Selected Essays*, New York: Basic Books, 1973, p. 5.

③ Geertz Clifford, *The Interpretation of Cultures: Selected Essays*, New York: Basic Books, 1973, p. 5.

④ Geertz Clifford, *The Interpretation of Cultures: Selected Essays*, New York: Basic Books, 1973, p. 5.

⑤ Geertz Clifford, *The Interpretation of Cultures: Selected Essays*, New York: Basic Books, 1973, pp. 3—30.

义。可见这种观念与"结构主义"在某种程度上都重视将文化放在原来的
事件脉络中来做解读。

总之，20 世纪六十七年代正酝酿建立新的一种价值观念体系，不同于
自 18 世纪启蒙运动（Enlightenment）以来就一直被尊崇和提倡的"理性至
上"（superiority of rational thought）的原则，社会正从对知识的"绝对权威
性"认知逐渐向"多元文化价值观"转变。以生态博物馆为例，它的出现
在政治层面上体现了民族主义和人权主义色彩，在经济层面上体现了科学
发展观的朴素观念，在思想层面上则体现了现代西方多元文化思潮，应该
说它的研究范围已远远超出博物馆学界限，是博物馆学、社会学、环境科
学、历史学、教育学以及文化人类学等多个学科领域的有机结合。

二、理论来源

生态博物馆理论主要来源三方面，即生态学主张、文化人类学相关理
论、早期的露天博物馆理念。

生态学（ecology）从构词和理论上均予以生态博物馆重要启示。早在
1873 年，德国生物学家恩斯特·海克尔（Ernst Haeckel）就提出"生态学"
概念，① 德语中写作"Oecologie"，是由希腊文中的"oikos"（household or
living place；家园或房舍）和"logos"（研究）合并而成，从字面上的解释
就是"对家园的研究"。生态学最初是研究生物体与其周围环境相互关系的
科学。进入 20 世纪六七十年代，由于科学技术的飞速发展造成对生物圈的
影响和干扰不断加强，人类与环境之间的矛盾也日益突出，全世界面临资
源短缺、能源危机、人口爆炸、粮食不足、环境污染等问题，人类在积极
寻求出路的过程中，才逐渐认识到生态学对人类社会可持续发展的重要作

---

① Kjell Engström, "The Ecomuseum Concept is Taking Root in Sweden," *Museum International*, vol.
37, no. 4 (1985), p. 206.

用，从而开启了人类生态学的研究，生态学也由此从自然科学领域渗透到社会科学领域。就生态博物馆而言，它借助了生态学的关键理念，即以整体的眼光来关照人与自然相互依存的关系，极大扩充了博物馆的存在空间。

文化人类学流派从理论上为生态博物馆提供支撑，如前文所提到的"后结构主义"和"解释人类学"。然而更为重要的是，文化人类学的田野（fieldwork）导向对博物馆学科研究方法产生了深刻影响，使得博物馆不再拘囿于少数博物馆专业技术人员以及固定的工作场所，而是将藏品归还至人文环境和自然环境中去，让当地鲜活的社会生活场景作为诠释展品的必备因素之一，"强调博物馆和社区之间的联系和合作"（emphasizing collaboration between museums and communities）以及"承认社区拥有展示和保护他们自身文化遗产的权力"[1]（recognition of the rights of peoples to be included in and consulted about the presentation and preservation of their heritage）。

斯堪的纳维亚地区[2]（Scandinavia）和罗马尼亚出现的户外博物馆或露天博物馆（open air museum）则为生态博物馆实践提供了雏形。早在 1891 年，瑞典就建立了斯堪森露天博物馆[3]（Skansen Open Air Museum），这是文化原状保护中的异地搬迁模式。据生态博物馆理论创始人之一的乔治·亨利·里维埃（George Henri Rivière，1897—1985）回忆，1936 年，法国 Beaux-Arts 博物馆馆长乔治·赫斯曼（Georges Huisman）访问斯堪森博物馆后邀请其在法国也办一所露天博物馆。次年，法国民间艺术和民俗博物馆成立，由里维埃担任馆长，他提出该馆的首要任务是记录和阐释法国的

---

① Krouse, S. A., "Anthropology and the New Museology," *Reviews in Anthropology*, vol. 35, no. 2 (2006), p. 169.

② 指瑞典、挪威、丹麦、冰岛。

③ 位于瑞典斯德哥尔摩的吉尔卡登岛，占地 30 余公顷，1880 年筹建，1891 年建成，是世界上第一所露天博物馆。博物馆有从斯德哥尔摩旧市区迁来的 15 栋店铺和手工作坊，有从瑞典圣地迁来的各个不同时期的 83 栋农舍，还有教堂、钟楼、风车等各种建筑 30 余栋，农舍是博物馆的主体，大体可分为北部地区和南部地区两种类型，都是木结构建筑。为了真实反映各个时期的建筑面貌，所有建筑严格按照原状重建。

传统社会以及向工业社会的发展变化，强调在原生地征集藏品的同时，必须全面记录该物品所需的技术、经济、社会和文化信息。[①] 进入 60 年代，法国中央政府为促进农村地区的经济和文化发展，提供了巨额经费协助地方政府建立地区自然公园（regional nature parks）。[②] 这次里维埃不仅借鉴而且发展了斯堪森露天博物馆理念。不同于斯堪森的异地搬迁模式，自然公园更注重在原址上对原有建筑进行原状修复和保存，可见里维埃等人有关"生态博物馆"的思想已日趋成熟。有学者认为法国自然公园其实就是生态博物馆直接的前生（immediate predecessor）。[③]

第二节　生态博物馆的发展阶段

作为一种新思想，生态博物馆可谓应运而生；作为一个新名词，其诞生却具有偶然性。此概念从提出到发展大致经历了以下阶段：

第一阶段是"生态博物馆"一词的首创。生态博物馆（ecomuseum，法语写作 écomusée）一词最初由国际博协领导人乔治·亨利·里维埃和雨果·戴瓦兰于 1971 年与法国环境部长在交流遗产和环境问题的谈话中偶尔创造出来。由于共同的兴趣，他们在交谈中谈到有关博物馆改革的话题，部长对"博物馆"一词不甚满意，认为缺少新意。戴瓦兰解释道："有人将新博物馆称作生态的博物馆（ecological museums）或绿色博物馆（green museums）等，结合法国地区公园博物馆（regional park museums）考虑，或

---

① 参见宋向光：《生态博物馆理论与实践对博物馆学发展的贡献》，苏东海主编：《2005 年贵州生态博物馆国际论坛文集》，北京：紫禁城出版社，2006 年，第 53 页。

② Francois Hubert, "Ecomuseums in France: Contradiction and Distortions," *Museum International*, vol. 37, no. 4（1985），p. 186.

③ Duarte A., "Ecomuseum: One of the Many Components of the New Museology," *Ecomuseums*, 2012, p. 87.

许可将这种新博物馆称为生态博物馆（ecomuseums）。"① 戴瓦兰尝试着将生态（ecology）一词的前缀"eco"与博物馆（musuem）一词相组合，以突出新型博物馆有别于传统博物馆的新思维，其中"'eco'既不是指经济（economy），也不是泛指生态学（ecology），其本意是指人类或社会均衡系统：社区或者社会。人和人类活动以及社会发展进程是其核心部分"②。这一提法立即得到部长的赞赏，并随着法国环境部长在当年法国巴黎举行的国际博物馆协会第九届大会上的演讲而公之于世，首次得到了国际博协的认可。另外，此次会议还为生态博物馆的下一步发展奠定了基础，如会议对博物馆定义做了进一步修订，增加了博物馆作为社会公共机构等内容；同时，与会的非洲和拉丁美洲代表表达了他们要求建立不同于欧洲模式的另一种新型博物馆的强烈愿望。

　　第二阶段是生态博物馆内涵的进一步明晰。这一阶段生态博物馆主要借助新博物馆学运动的推力继续充实自身的理论体系，以两次国际性研讨会议为契机。首先，是1972年由国际博协召开的国际讨论会，会议明确将生态博物馆与地域（territory）、社区（community）或居民（population）相关联，这是生态博物馆的"里维埃定义"③（Riviere definition）。其次，是同

---

① Sabrina Hong Yi, "The Evaluations of Ecomuseum Success: Implications of International Framework for Assessment of Chinese Ecomuseums," paper presented in *the* 18 *Biennial Conference of the Asian Studies Association of Australia*, July 2010, Adelaide.

② Hugues De Varine, "Ecomuseology and Sustainable Development," paper presented at *Communication and Exploration*, June 2005, Guizhou. p. 60.（此论文集的中文版已正式出版，参见雨果·戴瓦兰：《生态博物馆和可持续发展》，苏东海主编：《2005年贵州生态博物馆国际论坛论文集：交流与探索》，北京：紫禁城出版社，第83页。）原文为"The 'eco' prefix to ecomuseums means neither economy, nor ecology in the common sense, but essentially human or social ecology: the community and society in general, even mankind, are at the core of its existence, of its activity, of its process."

③ Hugues De Varine, "The Orgins of the New Museolgoy Concept and of the Ecomuseum Word and Concept, in the 1960s and the 1970s," paper presented at *Communication and Exploration*, June 2005, Guizhou. p. 53.（此论文集的中文版已正式出版，参见雨果·戴瓦兰：《二十世纪60—70年代新博物馆运动思想和"生态博物馆"用词和概念的起源》，苏东海主编：《2005年贵州生态博物馆国际论坛论文集：交流与探索》，北京：紫禁城出版社，2006年，第72—73页。）

年由联合国教科文组织和国际博协在智利首都圣地亚哥联合召开的"圆桌会议"（Round Table Meeting），讨论主题为"当前博物馆在拉丁美洲的角色"（The Role of Museums in Today's Latin America）。与会人士认为，博物馆丧失了对当代社会的敏感度，演化成为一个自我封闭的机构。[①] 他们主张"当代博物馆应该是一个从事搜集、保存和对自然与人类发展进行解释性展示的社会服务机构，尤其是通过这种展示达到社会教育、文化传播和大众学习的目的"[②]（that the museum is an institution in the service of society which acquires, preserves, and makes available exhibits illustrative of the natural and human evolution, and, above all, displays them for educational, cultural and study purposes）。会议最后通过《圣地亚哥圆桌会议决议》（Resolutions Adopted by the Round Table of Santiago, Chile），首次提出"整体博物馆"（integral museum）这一重要概念。所谓"整体博物馆"，即"每一个展示，无论其主题为何，无论是哪一种博物馆，都必须将物件与其周围环境、居民和历史做有机的联系，这是一种社会学（museum of sociology）的或人类学的博物馆（museum of anthropology）形态"[③]。"这种新型博物馆，由于它的特殊性，似以地区博物馆（regional museum）或以中小型规模人口为对象的博物馆（museum for small – and medium – sized population centres）来运作最为理想"[④]。可见整体博物馆其实已涵盖了生态博物馆，换言之，生态博物馆虽未在此次决议中正式提出，但其内涵与整体博物馆一脉相承，可以说是体现整体博物馆精神的一种具体实践模式。

    第三阶段是生态博物馆从概念走向实践。1974 年，在新博物馆运动领

---

① Mario E. Teruggi, "The Round Table of Santigao (Chile)," *Museum International*, vol. 25, no. 3 (1973), p. 129.

② ICOM, "Round Table Santiago do Chile ICOM, 1972," *Cadernos de Sociomuseologia Centro de Estudos de Sociomuseologia*, vol. 38 (2010), p. 15.

③ Davis Peter, *Ecomuseums: A Sense of Place*, Leicester: Leicester University Press, 1999, p. 53.

④ ICOM, "Round Table Santiago do Chile ICOM, 1972," *Cadernos de Sociomuseologia Centro de Estudos de Sociomuseologia*, vol. 38 (2010), p. 15.

军人物、国际博物馆协会前任秘书长戴瓦兰和里维埃等人的主导下，法国诞生了首座直接以"生态博物馆"命名的博物馆，即"克勒索—蒙特梭人与工业博物馆"（The Musuem of Man and Industry, Le Creusot – Montceau – Les – Mines；法语称作 Ecomusée De La Communauté Le Creusot – Montceau – Mines）①。克勒索（Le Creusot）是法国自 18 世纪晚期到 20 世纪中期的一个生产军事武器和火车机车的工业重镇，而与之呼应的蒙特梭（Montceau – Les – Mines）则是距离克勒索 20 公里外的一个煤矿业城镇。"二战"的结束使得两地工业迅速衰微，沦为法国的贫困区。鉴于该区域工业遗存的历史文化价值，也为了振兴当地经济，创造新的就业机会以激发社区居民士气，里维埃的合作研究者马歇尔·埃瓦德（Marcel Evrard）提议将该区域作为生态博物馆在城市社区（urban community）的实验点。该"博物馆"涵盖两个城镇及周边乡村，占地 500 平方公里，居民约 10 余万人，设有 1 个总部和 6 个分馆（antennae）。② 总部设在克勒索原有施耐德大家族（Schneider Family）的古堡内，各分馆则选择建立在能反映不同历史发展阶段的文化社区，③ 并作为信息收集和研究中心（information – gathering and research）以及教育和文化活动中心（centers for educational and cultural activities）。戴瓦兰曾从"行动范围"（the range of action）、"藏品"（the collection）、"行动者"（the actor）、"行动"（activities）以及"管理"（the management）等五

① Marcel Evrard, "Le Creusot – Montceau – Les – Mines: The Life of An Ecomuseum, Assessment of Ten Years," *Museum International*, vol. 32, no. 4 (1980), pp. 227.

② Marcel Evrard, "Le Creusot – Montceau – Les – Mines: The Life of An Ecomuseum, Assessment of Ten Years," *Museum International*, vol. 32, no. 4 (1980), pp. 227, 228.

③ 1975 年初建成时是 5 个分馆，1980 年已发展成为 6 个，包括建在 Le Creusot 的"矿工住宅区"（a hall of industry: Metalhqy in the Town）、Ecuisses 的"运河馆"（a lock – keeper's house: The Canal in our Midst; The Economic and Ecological Development of the Gommunig）、Blanzy 的"煤矿馆"（an abandoned mine shaft: Men and Mining）、Montceau – les – Mines 的"矿业学校馆"（a school-house built in 1881: One Hundred Years of Schooling）、Perrecy – Les – Forges 的"罗马式修道院"（a Romanesque priory: The History of the Borough）、Saint – Vallier 的"工人运动馆"（an eighteenth – century house: Memories of the wokers' Movement）。

个维度对"克勒索—蒙特梭"进行评析,① 以示与传统博物馆的区别。学界则普遍认为"克勒索—蒙特梭"是开启生态博物馆运动的一个参照性里程碑(referential landmark)。因为它首次将"法国自然公园"与"圆桌会议"上提出的"整体博物馆"这二者理念相结合并付诸实践。

第四阶段是生态博物馆运动得到国际社会的广泛承认,主要表现在生态博物馆在全球的数量增多和1984年首次新博物馆国际研讨会的召开。

1974年法国"克勒索—蒙特梭人与工业博物馆"的建成引起国际社会的广泛关注。此后,比利时、芬兰、瑞典、挪威、丹麦、德国、意大利、葡萄牙、加拿大、墨西哥、巴西、印度、中国、韩国、日本等国都建立了生态博物馆。

而在美国,与法国生态博物馆几乎同时期成长起来的民俗博物馆(folk musuem)或邻里/街坊博物馆(neighborhood museum)在民权运动(Civil Rights Movement)的推力下也正稳步发展,并演变为新近的社区博物馆(community musuem)②。

另外,在英国,"虽然从严格意义上说,没有所谓的生态博物馆,法国的风潮并未跨越海峡"③(Officially, however, there is no ecomuseum in Britain. The fashion has not crossed the Channel.)。但法国生态博物馆思想仍在某种程度上影响并促使英国诞生了一系列社区或景观博物馆(community and landscape museums),它们虽接受生态博物馆的理念(embraces the ecomuse-

---

① Hugues De Varine, "A Fragmented Museum: The Musuem of Man and Industry, Le Creusot - Montceau - Les - Mines," *Museum International*, vol. 25, no. 4 (1973), pp. 242 - 249.
② 最具影响力的如1967年诞生于华盛顿特区、以非洲裔美国人历史与文化为主题的"安那科斯提亚邻里博物馆"(The Anacostia Neighborhood Museum),后更名为"安那科斯提亚社区博物馆"(Anacostia Community Museum, http: //www. anacostia. si. edu/);1991年诞生于亚利桑那州索诺拉沙漠北端(Sonora Desert, Arisona)印第安保留区、以一个印第安族群历史与文化为主题的阿青生活方式博物馆(Ak - Chin Him Dak Ecomuseum, http: //www. azcama. com/museums/akchin),Him Dak 为印第安语,意思是"生活方式"(a way of life)。
③ Hudson Kenneth and Boylan Patrick J. , "The Dream and the Reality," *Museum Journal*, vol. 92, no. 4 (1992), p. 30.

um concept)，却拒绝接受生态博物馆这一名称（spurns the label）。① 与法国
生态博物馆理念最为契合的英国铁桥谷博物馆（Ironbridge Gorge Museum）
的负责人迪汉（David de Haan）就曾解释说："如果当初使用'生态博物
馆'一词来命名铁桥谷博物馆，那我们势必需尽全力服务当地居民……但
实际上我们大部分的收入一直都源于博物馆的观光客，所以我们更愿积极
地将铁桥谷打造成一个国家级胜地（national attraction），而不单纯是地区性
胜地（regional attraction）。"② 由此可知，英国拒绝借用生态博物馆一词源
于经济上的考量。

随着新博物馆学思潮在全球的兴起，1984 年 10 月，国际博协首次"新
博物馆学"（New Museology）国际研讨会在加拿大魁北克省蒙特利尔市
（Montreal）召开，会议通过了《魁北克宣言》（Declaration of Quebec）。《宣
言》提出：应承认过去 15 年以来新博物馆学在世界范围内开展的试验活
动，生态博物馆、社区博物馆和其他各种形式的活动博物馆（active muse-
um）都是这一新型博物馆的类型；必须在国际博物馆理事会（ICOM；Inter-
national Council of Museums）内部设立永久性机构——"国际生态博物馆和
社区博物馆委员会"（International Committee of Ecomuseums/Community Mu-
seums）。③ 这一国际性宣言再次确定并巩固了"生态博物馆"在博物馆学界
的地位。该《宣言》也延续并发展了《圣地亚哥圆桌会议决议》精神，因
此，二者同被认为是博物馆学发展史上具有里程碑意义的文献。如果说 70
年代初生态博物馆还仅限于少数博物馆学家的内部讨论，那么到 70 年代末，
其来势犹如一匹"疾驰骏马（like a horse on fire）……它的思想是如此丰富

---

① Conybeare, C., and S. Smith, "Our Land, Your Land," *Museum Journal – London*, vol. 96, no. 10 (1996), pp. 26.

② Conybeare, C., and S. Smith, "Our Land, Your Land," *Museum Journal – London*, vol. 96, no. 10 (1996), pp. 26.

③ MINOM, "Declaration of Quebec – Basic Principles of a New Museology 1984," *Cadernos de Sociomuseologia Centro de Estudos de Sociomuseologia*, vol. 38, no. 38 (2010), pp. 23 – 25.

壮丽，以至于众人趋之如鹜"①。据意大利都灵的皮埃蒙特大区经济社会研究院（简称 IRES；全称 Istituto di Ricerche Economico Sociali del Piemonte）的最新统计数据显示，全世界大概建有 415 个生态博物馆，其中仅欧洲各国就拥有约 348 个，尤以意大利（143 个）和法国（87 个）数量为首。另外，分析显示 98% 的生态博物馆都位于农村地区（rural areas）。②

第三节　生态博物馆的内涵

　　尽管生态博物馆发展已久，然而关于这个新创名词的确切定义，却一直是当代博物馆学界的争议问题。以下是学者、官方及大众对"生态博物馆"一词的理解，通过比较，有助于我们把握其核心理念，同时也能增进对中国生态博物馆的了解，毕竟中国生态博物馆理论源于西方。

一、学者观点

　　作为生态博物馆的缔造者，里维埃和戴瓦兰对生态博物馆一词的解释对后人影响最甚。尤其是被视为"法国生态博物馆之父"③（father of the ecomuseum）的里维埃，他先后对"生态博物馆"的定义进行过三次修订。1973 年的定义强调了生态和环境，1978 年的定义则突出了地方社区的作用。随着各地实践和新博物馆学理论的发展，1980 年，里维埃以"一个进化的定义"（An Evolutive Definition）为题，对"生态博物馆"的定义进行了第三次修订，这个散文式定义原文如下：

① Francois Hubert, "Ecomuseums in France: Contradiction and Distortions," *Museum International*, vol. 37, no. 4 (1985), p. 190.

② Nunzia Borrelli and Peter Daivs, "How Culture Shapes Natures: Reflections on Ecomuseums Practices," *Nature and Culture*, vol. 1, no. 1 (2012), pp. 33 – 34.

③ René Rivard, "Ecomuseums in Quebec," *Museum International*, vol. 37, vol. 4 (1985), p. 205.

An ecomuseum is an instrument conceived, fashioned and operated jointly by a public authority and a local population. The public authority's involvement is through the experts, facilities and resources it provides; the local population's involvement depends on its aspirations, knowledge and individual approach.

It is a mirror in which the local population views itself to discover its own image, in which it seeks an explanation of the territory to which it is attached and of the populations that have preceded it, seen either as circumscribed in time or in terms of the continuity of generations. It is a mirror that the local population holds up to its visitors so that it may be better understood and so that its industry, customs and identity may command respect.

It is an expression of man and nature. It situates man in his natural environment. It portrays nature in its wildness, but also as adapted by traditional and industrial society in their own image.

It is an expression of time, when the explanations it offers reach back before the appearance of man, ascend the course of the prehistoric and historical times in which he lived and arrive finally at man's present. It also offers vistas of the future, while having no pretensions to decision – making, its function being rather to inform and critically analyse.

It is an interpretation of space – of special places in which to stop or stroll.

It is a laboratory, in so far as it contributes to the study of the past and present of the population concerned and of its environment and promotes the training of specialists in these fields, in cooperation with outside research bodies.

It is a conservation centre, in so far as it helps to preserve and develop the natural and cultural heritage of the population.

It is a school, in so far as it involves the population in its work of study and protection and encourages it to have a clearer grasp of its own future.

This laboratory, conservation centre and school are based on common principles. The culture in the name of which they exist is to be understood in its broadest sense, and they are concerned to foster awareness of its dignity and artistic manifestations, from whatever stratum of the population the derive. Its diversity is limitless, so greatly do its elements vary from one specimen to another. This triad, then, is not self – enclosed; it receives and it gives. [①]

生态博物馆是一种工具，它由公共权力机构和当地居民共同设想、共同修建、共同经营。公共权力机构的参与方式是提供专家、设备和资源；当地居民的参与则基于他们自己的愿望、知识和个人途径。

生态博物馆是一面镜子，当地居民从中关照并发现自我的形象，并对他们目前所居住以及他们祖先所赖以生存的生活领域寻求解释，这一领域或以时间、或以世代连续为局限。它同时也是一面当地人用来向参观者展示，以便能更好地被外界了解，使其行业、习俗和特性能够被访客尊重的镜子。

生态博物馆是人与自然的表征，它将人类置身于周遭的自然环境中，既描绘自然的本性，又被传统的和工业化的社会依照自身的设想而加以改造。

生态博物馆是时间的表征，在寻求解释的过程中，历经人类尚未出现，辗转进入史前、人类史并直至当前人类社会。它也提供对未来的展望，起发点并非出于决策的制定，而仅是提供咨询和批判性的分析。

生态博物馆是对空间的诠释——人们可以在这一特殊空间中

---

① Rivière Georges Henri, "The Ecomuseum: An Evolutive Definition," *Museum International*, vol. 37, no. 4 (1985), pp. 182—183.

或驻足或漫步。

生态博物馆是一所实验室，它有助于研究本地区居民及其环境的过去和现在，促进本领域专门人才的培训并与外界研究机构的相互合作。

生态博物馆是一个保护中心，它有助于保护和发展当地的自然和文化遗产。

生态博物馆是一所学校，促使当地居民参与研究和保护工作，并鼓励他们对自己的未来有更清晰的掌控。

这所实验室、保护中心和学校建立在共同的原则之上，即：以其名字而存在的文化将在最广泛的意义上为人们所理解，不论这些文化出自哪一个阶层，它们都关系到培养自我尊严和艺术表现。生态博物馆的多样性永无止境，不同标本间的元素差异非常大。这个三位一体的机构，并不是自我封闭的，它既接受又给予。①

生态博物馆的另一创始人戴瓦兰对上述表述不甚满意，认为该定义过于模棱两可（ambiguous）②，他曾将生态博物馆与传统博物馆进行对比，认为（1984）：

自然或文化资产意识的培养和展示，并非生态博物馆的首要关怀，因为在这方面，它与传统博物馆没有太大区别，二者的定义也几乎无法比对。生态博物馆的特质在于其民主性，能确保地方族群的积极参与，并在博物馆各层面的营运过程中都能发挥其

---

① ［法］乔治·亨利·里维埃：《生态博物馆——一个进化的定义》，《中国博物馆》1986 年第 4 期，第 75 页。此定义的中文翻译版首见于《中国博物馆》（1986 年第 4 期），本次翻译在此基础上进行了一定改动。

② Sabrina Hong Yi, "The Evaluations of Ecomuseum Success: Implications of International Framework for Assessment of Chinese Ecomuseums," paper presented in *the 18 Biennial Conference of the Asian Studies Association of Australia*, July 2010, Adelaide.

代表性。生态博物馆因此是社区发展的一个关键因素。要言之，传统博物馆的保存功能是为了提供个人享受，生态博物馆则是以集体认同之发展为目的。[①]

随着生态博物馆在全球范围的迅速兴起，各国学者也纷纷撰文发表对生态博物馆的认识，兹以时间顺序摘取原文要点列举如下：

葡萄牙文化遗产研究所专家安东尼（António Nabais）认为（1985）：

The aim of the ecomuseum is to make a useful contribution to the development of the region by encouraging people to make better use of local natural and human resources. [②]

生态博物馆的目的在于鼓励当地人民更好地利用本地自然和人力资源，它对促进区域发展做出了有效贡献。

瑞典原国际博协瑞典国家委员会主席谢尔（Kjell Engström）认为生态博物馆有很多基本原则，其中最重要的三条是（1985）：

This ecological approach requires *an integration of disciplines*: to highlight and describe the interactions between the natural conditions and technical, economic and cultural development it is necessary to call upon various scientific disciplines together.

Another important principle is the *museum's regional character*. A region in this sense is not primarily an area defined by administrative or legal boundaries, unless they happen to coincide with the boundaries of a zone that forms a whole, because of the unity of its traditions, natural setting and economic life – for example a mining region, a river valley, farming country or an industrial zone.

---

① Mayrand P., "A New Concept of Museology in Quebec," *Muse*, vol. 2, no. 1 (1984), pp. 33—37.

② António Nabais, "The Development of Ecomuseums in Portugal," *Museum International*, vol. 37, no. 4 (1985), p. 215.

Lastly, and this is a vital principle, the design of an ecomuseum can not simply be left to some central institution and merely take the form of buildings set aside for academic gatherings, exhibitions and educational activities. It must be brought into being in *collaboration with the population* and reflect their desire to explore, document and explain their own history. ①

第一是整合原则 (*an integration of disciplines*): 突出表现为自然条件与技术、经济和文化发展之间的相互作用, 号召不同学科领域的共同参与合作。

另一个重要原则是地域特点 (*regional character*): 鉴于传统习俗、自然环境或经济生活方式的一致性特点, 除非它们存在的地理范围与行政边界或法定边界的划定区域恰好保持一致, 否则生态博物馆所指的"地域"之涵义不能依据行政或法定边界来确定——例如一个采矿区、一条河谷、一个农村或一个工业区。

最后一个至关重要的原则是居民合作原则 (*collaboration with the population*): 在规划设计生态博物馆时, 不能忽略它兼备学术研究中心、举办展览及教育活动等功能, 而简单视之为某个中心机构, 或只是一栋建筑物, 它必须紧密与当地居民合作, 并且反映他们探究、记录、解释他们自己历史的愿望。

挪威专家约翰·杰斯特龙 (John Gjestrum) 用简洁图示将生态博物馆与传统博物馆的要素进行对比② (1992):

---

① Kjell Engström, "The Ecomuseum Concept Is Taking Root in Sweden," *Museum International*, vol. 37, no. 4 (1985), pp. 206—208.

② John Gjestrum, "Norwegian Experience in the Field of Ecomuseums and Museum Decentralisation", Paper presented at *the ICOM General Conference*, September 1992, Quebec.

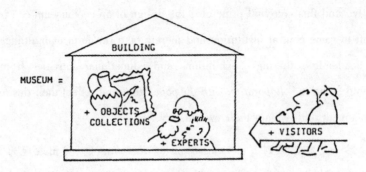

图 1-1　传统博物馆的构成要素（The Components of Museum）

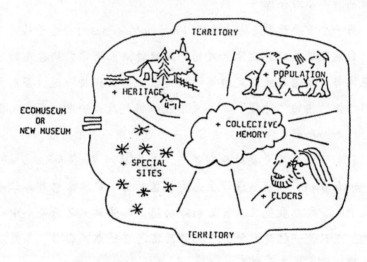

图 1-2　生态博物馆的构成要素（The Components of Ecomuseum）

以上图示可归纳为下列公式：

　　　传统博物馆＝建筑＋收藏/藏品＋专家＋观众

　　　生态博物馆＝地域＋遗产/集体记忆＋居民

美国亚利桑那州立大学玛丽教授（Mary Stokrocki, Arizona State University）在追溯欧洲和美国的生态博物馆发展起源，并对美国印第安部落阿青人生态博物馆（The Ak‑Chin Community Ecomuseum）进行考察后，认为（1996）：

Thm ecomuseum is a communal place of integral relationships—one of organisms living in harmony with their past, present, and future environment. ①

生态博物馆是一个对各种关系进行整合的公共场所——保障
当地过去、现在和将来的环境均能和睦相处的一个有机体。

意大利社会和经济研究所教授毛里齐奥·马吉（Maurizio Maggi）指出
（2002）：

A very special kind of museum based on an agreement by which a local community takes care of a place, where:

• agreement, means a long term commitment, not necessarily an obligation by the law;

• local community, means a local authority and a local population jointly;

• take care, means that some ethic commitment and a vision for a future local development are needed;

• place, means not just a surface but complex layers of cultural, social, environmental values which define a unique local heritage. ②

生态博物馆是一个非常特殊的博物馆形式，它是建立在这样
一个认同基础之上的，即建立生态博物馆是因为与当地社区达成
了"由社区自我管理所在地的这样一个协议"。其中，"协议"是
指长期的承诺而不是迫于法律的强制力；"当地社区"指地方权力
机构和社区居民组成的共同体；"自我管理"意味着某种道德层面
的承诺，且在管理中关注社区未来发展前景；而"所在地"的深

---

① Mary Stokrocki, "The Ecomuseum Preserves an Artful Way of Life," *Art Education*, vol. 49, no. 4 (1996), p. 35.

② ECOMEMAQ, "Draft of Model for Ecomuseum District Development for the Mediterranean Maquis", Paper presented at *Conference on ECOmuseum Districts network of the MEditerranean MAQuis*, October 2007, Heraklion Crete, Greece. p. 3.

层次涵义则是指具有独特价值的地方遗产，具体体现为文化、社会和环境等多层面的综合价值。

澳大利亚昆士兰大学教授阿玛雷斯沃·噶拉（Amareswar Galla）基于他协助越南政府建设下龙生态博物馆（The Ha Long Ecomuseum）的经验，认为生态博物馆可作为一个保护地方文化多样性和促进社区可持续性发展的项目（2005）：

The Ecomuseum project assumes that all human and natural eco – systems are living, developing organisms that cannot be 'preserved' in a particular isolated state and that human and natural eco – systems are interdependent. The ultimate goal of conservation is the sustainable development of Ha Long Bay. [1]

（下龙）生态博物馆项目设定所有人类和自然生态系统都是鲜活的、不断发展的有机体，它们相互依存，不可能彼此孤立而得以保存。建立下龙湾保护区的最终目的就是为了下龙湾[2]的可持续发展。

日本岩手大学的向井田善朗（Mukaida Yoshiaki, Iwate University）等人在对本国的朝日町生态博物馆（Asahi Ecomuseum；朝日町エコミュージアム）的个案分析中，更重视地域性之特征；并且从构词上看，"生态博物馆"这一外来词与日本语词汇"地域博物館"非常接近（2005）：

博物館は、資料を収集・保管・展示し、また調査研究を行う社会教育施設だが、博物館の収集資料が地域の生活文化や自然に向けられ、また博物館の調査研究や運営に地域の住民が参加するようになると、そこに地域づくりとの接点が生まれる。たとえば、「地域博物館」と呼ばれる

---

[1] Amareswar Galla, "Cultural Diversity in Ecomuseum Development in Viet Nam," *Museum International*, vol. 57, no. 3 (2005), p. 105.

[2] 下龙湾是越南旅游地的一个缩影，它体现了保护文化遗产与促进工业、经济和旅游可持续发展之间的明显矛盾。

地域志向型の博物館は、地域の中に課題を発見し、地域住民の主体的な参加を重視して、住民とともに課題解決に取り組む姿勢を有している点で、地域づくりの担い手の一つとして注目しうるし、近年関心を集めているエコミュージアムも地域に固有の歴史・文化・自然を対象として、それらを現地において復元・保存しようとする点、そして住民参加を要件とする点で、地域づくりと密接な関係を持ちうると考えられる。[①]

博物馆是收集、保管和展示资料，并进行调查研究的社会教育设施。不过，如果博物馆收集资料工作是面向地域的生活文化和自然，并且地域居民也加入到博物馆的调查研究和营运当中的话，那么，在这里就会产生与地域发展（建设）的接触点。比如"地域博物馆"这种地域型博物馆，它的特点是在地域中发现问题，重视地域居民自主参加，并致力于与居民一起解决问题，我们可以关注这一姿态作为旗手之一在地区发展中的作用。还有，近几年备受瞩目的生态博物馆是以在地域固有的历史、文化以及自然作为对象，并尝试在当地将其复原并保存下来，而且它以居民参加作为必要条件，可以认为，这些都与地区发展密切相关。

英国博物馆学教授彼特·戴维斯（Peter Daivs）在对意大利、日本和中国的生态博物馆的实地考察后，将生态博物馆简要归纳为（2007）：

Ecomuseum is a communitity – driven museum or heritage project that aids sustainable development. [②]

---

① Yoshiaki Mukaida and Jun – ichi Hirota, "The Possibility of Relations in Museum to Revitalization of Rural Community: In Case of Asahi – Ecomuseum," *Journal of Rural Planning Association*, vol. 24, Special, (2005), p. 223.

② Davis Peter, "Ecomuseum, Tourism and the Representation of Rural France," *International Journal of Tourism Anthropology*, vol. 1, no. 2 (2011), p. 143. （此定义转引率较高，可以说是继里维埃经典定义之后，目前学术界较为公认的"生态博物馆"定义。）

以社区力量为其动力，旨在可持续发展的博物馆或遗产保护项目。

俄罗斯克麦罗沃国立大学的基麦夫（V. M. Kimeev；Kemerovo State University）等人在考察西伯利亚（Siberia）地区的生态博物馆后，也充分肯定了生态博物馆是一种文化遗产保护的有效方式（2008）：

Ethno – ecological museums or ecomuseums represent a new type of multidisciplinary open – air museums focused both on the natural and the cultural environment of native groups. Their aim is to assist in implementing socio – cultural and ecological programs which include large – scale involvement of the local community in the preservation and use of its cultural and natural heritage as integral parts of the greater landscape. [1]

生态博物馆代表的是一种多学科参与的新型露天博物馆类型，它不仅关切当地居民的自然居住环境，而且也关切他们的文化环境。生态博物馆的目标在于协助社区居民更广泛地参与有关当地自然、文化遗产保护和利用的社会、文化和生态项目，它们都是社区美好远景不可或缺的一部分。

伊朗马赞德兰大学的贝图拉赫·马哈茂迪（Beytollah Mahmoudi）等人则观察到生态博物馆发展的最新动向（2012）：

Ecomuseum is considered as a new and specialized field of study in ecotourism and is believed to lead to sustainable development in tourist industry, while preserving natural, cultural, and spiritual heritage and the rural and tribal contexts. Development of ecomuseums was first introduced in countries with developed

---

[1]　V. M. Kimeev, "Ecomuseum in Siberia as Centers for Ethnic and Cultural Heritage Preservation in the Natural Environment," *Archaeology, Ethnology and Anthropology of Eurasia*, vol. 35, no. 3（2008）, p. 119.

tourist industry, in order to create a variety of tourism activities and provide job opportunities for local communities. …In general, ecomuseum is an organization appreciating, maintaining, and developing natural, historical, cultural, and industrial heritage. [1]

> 生态博物馆被认为是生态旅游研究领域中的一个新课题，它通过对自然、文化和精神遗产以及乡村、部落环境的保护，可促进旅游产业的可持续发展。为创造多种旅游活动项目并为当地提供就业机会，生态博物馆逐渐发展并被优先引入到旅游产业已趋成熟的国家……总的来说，生态博物馆是一个重视、维护、发展自然、历史、文化和工业遗产的机构。

2012年，英国的生态博物馆研究专家彼特·戴维斯又进一步补充和完善了他之前对生态博物馆的解读，他认为：

However, ecomuseum practices are not simply dedicated to conserving aspects of heritage, but also provide a system of norms and values that contribute to shaping habitus and where "genius loci" or sense of place can manifest itself. [2]

> 然而，生态博物馆不仅仅是有助于遗产保护，同时它还提供了一套帮助形塑当地习俗的价值准则体系。通过它，当地社会风气和文化特色或者说是当地的地方感觉能得以展现。

分析以上各国学者对生态博物馆的界定，可以得出两个结论。第一，里维埃定义堪称经典，以后各国学者对生态博物馆内核的解读无出其右。第二，生态博物馆确如里维埃所描述的那样，是一个不断发展（evolutive）

---

[1] Beytollah Mahmoudi and Naghmeh Sharifi, "Planning of Rural Ecomuseum in Forest Rurals in Mazandaran Province, Iran," *Journal of Management and Sustainability*, vol. 2, no. 2 (2012), p. 241.

[2] Nunzia Borrelli and Davis Peter, "How Culture Shapes Nature: Reflections on Ecomuseum Practices," *Nature and Culture*, vol. 7, no. 1 (2012), p. 31.

的概念，主要体现在：

从性质上看，生态博物馆作为博物馆机构的角色被逐渐淡化，从最初被视为具有典型"地域性"（regional）特征的一种新型博物馆类型，逐渐被学界公认是一种有效的文化遗产保护项目或方式。

从目标上看，社区认同和社会发展二者关系得以进一步加强。戴瓦兰指出生态博物馆有两个起源：拉丁美洲的起源，在智利首都圣地亚哥会议上的"整体博物馆"的影响下，强调博物馆的政治和社会目的；而其他国家是在法国克勒索生态博物馆的影响下，强调保存社区记忆。[①] 进入 21 世纪后，生态博物馆的政治功能已经明显弱化，各国转而将社区记忆保存与社区整体发展二者紧密结合。具体来说，生态博物馆作为一种有效手段，通过恢复、形塑、加强社区居民的集体记忆，进而促进当地物质、精神文明的共同进步。尤其近年来，不论是西方发达国家还是东方发展中国家，均将社区记忆视为一种可开发利用的文化资本，由此生态博物馆顺理成章被纳入各国旅游产业的链条中，并作为社区可持续发展的重要途径之一。

从原则上看，"整合"是生态博物馆最为关键的操作要则。时间上，它连接"过去"、"现在"和"未来"；资源上，它结合地域自然、生态环境和社区内（制度、行为、心态）外（物态）文化[②]于一体；力量上，它不仅反复强调社区居民的参与，而且重视科际（interdisciplinary）合作。

---

① Hugues De Varine, "The Origins of the New Museology Concept and of the Ecomuseum Word and Concept, in the 1960s and the 1970s," paper presented at *Communication and Exploration*, June 2005, Guizhou. p. 54. （此论文集的中文版已正式出版，参见雨果·戴瓦兰（Hugues De Varine）：《二十世纪 60－70 年代新博物馆运动思想和"生态博物馆"用词和概念的起源》，苏东海主编：《2005 年贵州生态博物馆国际论坛论文集：交流与探索》，北京：紫禁城出版社，2006 年，第 74 页）。

② 此处借鉴了文化四层次说：由人类加工自然创制的各种器物构成的"物态文化层"；由人类在社会实践中建立的各种社会规范、社会组织构成的"制度文化层"；由人类在社会实践，尤其是在人际交往中约定俗成的习惯性定势构成的"行为文化层"；由人类社会实践和意识活动中长期绷蕴化育出来的价值观念、审美情趣、思维方式等构成的心态文化层（摘自张岱年、方克立：《中国文化概论》（修订版），北京：北京师范大学出版社，2004 年，第 4 页）。

二、官方定义

随着各国生态博物馆建设的兴起，政府相关部门和社会组织也陆续为"生态博物馆"做了相关定义。如法国政府于 1981 年 3 月 4 日颁布了生态博物馆的官方定义：

> 生态博物馆是一个文化机构，这个机构以一种永久的方式，在一块特定的土地上，伴随着人们的参与、保证研究、保护和陈列的功能，强调自然和文化遗产的整体，以展现其有代表性的某个领域及继承下来的生活方式。[①]

国际博物馆协会自然历史委员会（The Natural History Committee of ICOM）对生态博物馆的定义是：

The Ecomuseum is an institution which manages, studies, and exploits – by scientific, educational and generally speaking, cultural means – the entire heritage of a given community, including the whole natural environment and cultural milieu. Thus the ecomuseum is a vehicle for public participation in community planning and development. To this end, the ecomuseum uses all means and methods at its disposal in order to allow the public to comprehend, criticize and master – in a liberal and responsive manner – the problems which it faces. Essentially the ecomuseum uses the language of the artifact, the reality of everyday life and concrete situations in order to achieve desired changes.

> 通过科学、教育及文化方式，管理、研究和开拓利用全部的

[①] 苏东海：《国际生态博物馆运动述略及中国的实践》，《中国博物馆》2001 年第 2 期，第 4 页。这个官方定义是根据弗朗索瓦·密特朗（François Mitterrand）政府官员马克·凯瑞恩（Max Querien）的一份文化改革报告的精神制定的，强调遗产应该"原地保护"，而不是将遗产"博物馆化"。

社区遗产，包括自然环境和文化遗产。因此，生态博物馆是一种公共参与计划和发展的手段。归根到底，生态博物馆应用所有可利用的方式方法，允许居民以自由和负责任的方式理解、批评和驾驭本社区所面临的问题。本质上，生态博物馆应用当地语言，日常真实生活，具体有形的环境获得渴望的变化。[①]

中国国家文物局对生态博物馆的定义是（2012）：

> 生态（社区）博物馆是一种通过村落、街区建筑格局、整体风貌、生产生活等传统文化和生态环境综合保护和展示，整体再现人类文明发展轨迹的新型博物馆。[②]

与学者较为一致，官方定义同样阐述了生态博物馆促进社区"保护与发展"的目标，并更为突显其社会功能。

三、大众解释

生态博物馆思想最早由学者提出，但最终利益目标却是社会大众。在我国，首座生态博物馆诞生后，相关媒体也试图对这一新名词做一个解释，如《北京周报》（Beijing Review）[③] 报道（1997）：

Different from traditional museums in form, an ecomuseum may be a community devoted to the protection of natural and human heritages. Rather than exhibits in a building, the design of an ecomuseum is more flexible. [④]

> 生态博物馆不同于传统博物馆形式，它可能是一个社区投入

---

① 博物馆学教育资源中心：博物馆理念（台南艺术学院博物馆学研究所副教授张誉腾翻译），http://art. tnnua. edu. tw/museum/html/comp4_ 3. html, 2012 年 3 月 23 日。
② 国家文物局：《关于命名首批生态（社区）博物馆示范点的通知》，2011 年 9 月 9 日，http://www. sach. gov. cn/tabid/343/InfoID/30318/Default. aspx, 2012 年 3 月 23 日。
③ 该刊是中国国家级英文新闻周刊，其观点具有代表性。
④ "China Builds First Ecomuseum," *Beijing Review*, vol. 40, no. 51 (1997), p. 27.

到对当地自然和人类遗产的保护中，而不是将它们放置在一栋建筑中进行展示，生态博物馆的设计更为灵活。

维基百科全书①（Wikipedia）对"生态博物馆"一词的解释是：

An ecomuseum is a museum focused on the identity of a place, largely based on local participation and aiming to enhance the welfare and development of local communities. ②

在当地居民广泛参与的前提下，旨在提高当地社区福祉、促进社区发展并注重培养地域认同感的博物馆。

综上所述，正如戴瓦兰承认"生态博物馆"的定义没有绝对的正确也没有绝对的错误③（there were no absolutely true or false definitions）。在"什么是生态博物馆?"的问题上，仁者见仁，智者见智。世界各地在实践中也赋予它不同的称呼。例如，美国倾向称其为"邻里/街区博物馆"（neighborhood museum）；西班牙则用"文化公园"（cultural park）；而在巴西、澳大利亚、加拿大和印度等地，一般以"遗产项目"（heritage program）命名；日本最初称"乡村环境博物馆"④（rural environmental museum）。据挪威专家约翰·杰斯特龙 1995 年介绍，世界上已有 300 多座生态博物馆，另据彼

---

① 维基百科（英语：Wikipedia，是维基媒体基金会的商标）是一个自由、免费、内容开放的百科全书协作计划，参与者来自世界各地。这个站点使用 Wiki，这意味着任何人都可以编辑维基百科中的任何文章及条目。维基百科是一个基于 wiki 技术的多语言百科全书协作计划，也是一部用不同语言写成的网路百科全书，其目标及宗旨是为全人类提供自由的百科全书——用他们所选择的语言来书写而成的，是一个动态的、可自由访问和编辑的全球知识体，也被称作"人民的百科全书"。笔者认为引用维基百科的定义有失学术严谨，但通过维基百科中对"ecomuseum"的解释，在某种程度上可以了解西方社会对这一新词语的理解，毕竟牛津、朗文等英文辞典仍未将该词收录。

② http：//en. wikipedia. org/wiki/Ecomuseum。

③ Hugues De Varine, "The word and beyond," *Museum International*, vol. 37, no. 4 （1985）, pp. 185.

④ Kazuoki Ohara, "Ecomuseums in Japan Today", paper presented at *Communication and Exploration*, June 2005, Guizhou. p. 131. （此论文集的中文版已正式出版，参见大原一兴：《当今日本的生态博物馆》，苏东海主编：《2005 年贵州生态博物馆国际论坛论文集：交流与探索》，北京：紫禁城出版社，2006 年，第 180 页）。

特·戴维斯 1999 年提供的统计数据，全球共有生态博物馆 163 座，分布于 26 个国家。① 生态博物馆的称呼不尽相同可能是导致两位专家统计数据不一致的原因，但这种新型博物馆在全球范围内得以探索实践已成为不争的事实，其核心理念也深入人心。首先，生态博物馆与传统博物馆存在区别；其次，"生态"（eco）在本质上指包含社会、文化和自然环境在内的人类社会生态系统，强调保护的原地性和整体性；再次，社区文化保护与发展同等重要，"发展"不仅指社区文化的自身传承与创新，也指社区人们生活质量的提高与改善；最后，里维埃提出的多元化定义中的观点仍被不同程度地视为生态博物馆建设的主要原则，如关于公共机构和公众参与；镜子的观点；时空特征和遗产特征；实验室、学校和保护中心的观点等。

由于生态博物馆的前缀"生态"过于宽泛，加之它是在对传统博物馆的反叛中诞生，因此生态博物馆的思想和理论基础还不够成熟。作为"一种进化的定义"，它必须在不断地实践和探索中校正、完善和充实自身理论体系。正如西方学者们在总结各国专家对生态博物馆定义后所做出的结论："在给生态博物馆下定义时，应定义'生态博物馆是干什么的'（what they do），而不是'生态博物馆是什么'（what they are），这才是更为恰当的方式"②。

四、相关概念辨析

在生态博物馆研究中，有另外两个词汇较高频率地与它同时出现，即新博物馆学（New Museolgoy）与社区博物馆（Community Museum）。

---

① 苏东海：《国际生态博物馆运动述略及中国的实践》，《中国博物馆》2001 年第 2 期，第 4 页。

② http：//en. wikipedia. org/wiki/Ecomuseum。原文是"ecomuseums are more properly defined by what they do rather than by what they are ."

（一）生态博物馆与新博物馆学

虽然早在 20 世纪 60 年代，"新博物馆学"运动已经轰轰烈烈地展开，然而这一提法确切来说却是始于 80 年代。1984 年的《魁北克宣言》、1985 年的"国际新博物学运动"组织①的建立，以及 1989 年《新博物馆学》（*The New Museology*）一书的出版，共同奠定了"新博物馆学"的理论基础。②《新博物馆学》的作者彼得·弗格（Peter Vergo）讥讽传统博物馆已经丧失原旨而沦为身躯庞大臃肿的"活化石"（living fossils），他提出"新博物馆学"：

> 就最简单的层面来说，所谓的"新"其实是来自博物馆专业和外界对"旧"博物馆学的不满。旧博物馆学之所以被广泛质疑，是因为它谈了太多有关博物馆的"方法"而甚少着墨于其"目的"的阐述；作为一门学科，过去的博物馆学很少触及理论或人文层面的探讨。③

由此可见，新博物馆学是在批判传统博物馆过程中产生的一个学派，而生态博物馆只是伴随这一思想流派产生的一种具体实践模式。"生态博物馆"一词只能作为新博物馆学的关键词（keywords）之一，是新博物馆学运动众多发展动力中的一股力量而已。④ 戴瓦兰也指出"生态博物馆"并不能恰如其分地诠释出新博物馆运动的革新理念⑤（the word ecomuseum was an

---

① 组织名称为 ICOM International Movement for A New Museology（简称 MINOM），网址是 http：//www. minom - icom. net/.

② Duarte A. ，"Ecomuseum: One of the Many Components of the New Museology," *Ecomuseums*, 2012, p. 87.

③ Peter Vergo, *The New Ecomuseum*, London: Reaktion books, 1989. p. 3.

④ Duarte A. ，"Ecomuseum: One of the Many Components of the New Museology," *Ecomuseums*, 2012, p. 85.

⑤ Sabrina Hong Yi, "The Evaluations of Ecomuseum Success: Implications of International Framework for Assessment of Chinese Ecomuseums," paper presented in *the 18 Biennial Conference of the Asian Studies Association of Australia*, July 2010, Adelaide.

inadequate solution for museums to achieve new innovations）。

（二）生态博物馆与社区博物馆

社区（community）一词是由拉丁词"com"（with or together；一起或共同）和"unus"（the number one or singularity；一个或单个）组合而成,[1]它的内涵随着社会变迁和社会学学科的发展不断得到充实，较为普遍的一种认识是：

A common definition of community emerged as a group of people with diverse characteristics who are linked by social ties, share common perspectives, and engage in joint action in geographical locations or settings.

　　社区一般是指，在同一个地理位置或环境里，不同性格的一群人以社会关系为纽带，享有共同观点并采取共同行动。[2]

换言之，社区是指在一个地区内共同生活的有组织的人群，即地域性社区，体现的是地域主义观点。这无疑与"生态博物馆"的"地域性"特点相契合。因此，"生态博物馆"和"社区博物馆"在很多场合下都被相提并论。例如，《魁北克宣言》提倡建立"国际生态博物馆和社区博物馆委员"（International Committee of Ecomuseums/Community Museums）；日本学界直接以本土词汇"地域博物館"来指代"生态博物馆"；我国国家文物局在界定"生态（社区）博物馆"的内涵时表述完全一致。可见，二者并无本质差异。

然而，如果非要究其不同名称差异的原因，那就涉及源流问题了。欧洲国家（如葡萄牙、意大利、瑞典）及一些前殖民地国家（如越南）多受法国影响，因此多用"生态博物馆"；而美国是"社区博物馆"的发源地，因此受它影响的一些国家（如墨西哥）更趋向用"社区博物馆"。

---

[1]　Gerard Delanty, *Community: 2nd edition*, New York: Routledge, 2009. p. x.

[2]　Kathleen MacQueen and Eleanor McLellan, "What is Community? An Evidence – Based Definition for Participatory Public Health," *American Journal of Public Health*, vol. 91, no. 12 (2001), p. 1929.

在我国，"生态博物馆"的提法要早于"社区博物馆"，这是由于苏东海、安来顺等开创者最早是将"ecomuseum"直译为"生态博物馆"引入中国的。随着时代进步，也由于该词中的"生态"较难为外界理解，因此，近年才出现了"社区博物馆"一词的提法。后者不仅越加凸显了新型博物馆服务社区的社会功能和"地域"的归属性特点，从字面意义上也更能被大众直观理解和广泛接受；而且"社区"一词的应用也更为广泛，范围可大可小，既可以指整个村落（镇），也可以指城镇中的某个街区，尤其后者在原先"生态博物馆"强调"地域性"社区的基础之上又增添了"功能性"社区的含义，从而鼓励并促使国内不少城市纷纷以某一历史文化或商业圈、建筑群等老街区作为"社区博物馆"的建设对象，较为典型的如福州三坊七巷社区博物馆。

总而言之，现阶段我国出现的生态博物馆或是社区博物馆的内涵基本一致，只是以整体村镇为试验点时通常使用"生态博物馆"，以街区为试验点时通常使用"社区博物馆"，① 从表述角度来讲，后者可视为对前者的一种补充。

第四节　生态博物馆理论在中国的实践

中国学术界于20世纪80年代开始关注国际生态博物馆建设，新博物馆

---

① 参见国家文物局网站于2011年7月20日发布的《关于召开"全国生态（社区）博物馆研讨会"的通知》[办博函（2011）518号]（http：//www. sach. gov. cn/tabid/343/InfoID/29898/De-fault. aspx），文件中提到：拟建生态博物馆的历史文化名村（镇）所在地县级包括天津市西青区杨柳青镇；山西省临县碛口镇西湾村；辽宁省新宾满族自治县永陵镇；吉林省叶赫满族镇；安徽省黟县西递镇西递村；浙江省舟山市；江西省婺源县；河南省平顶山市郏县堂街镇临沣寨（村）；山东省章丘县官庄乡朱家峪村；湖北省恩施市崔家坝镇滚龙坝村；湖南省永州市江永县夏层铺镇上甘棠村；广东省中山市南朗镇翠亨村；陕西韩城市西庄镇党家村。拟建社区博物馆的历史文化名街所在地县级包括北京国子监街；天津市和平区"五大道"；山西平遥南大街；黑龙江齐齐哈尔昂昂溪区罗西亚大街；上海市虹口区多伦路文化名人街；江苏苏州平江路；浙江杭州清河坊；安徽黄山屯溪老街；福建漳州历史文化街区、泉州中山路；山东青岛八大关；广东潮州太平路义兴甲巷；重庆沙坪坝区瓷器口古镇传统历史文化街区。

思想的引入不仅顺应了当时中国国情，同时也是中国博物馆事业发展的自身要求。一方面，长达十年的"文革"浩劫，中断并重创了中国悠久的传统文化，大量文物被毁坏，优秀文化传统被抛弃，复苏后的中国社会渴望回归传统文化及价值观。与此同时，改革开放也成为当时中国经济的主旋律，处于经济迅速发展阶段的中国同样遭遇西方国家工业化和现代化进程中的诸如生态失衡和环境破坏等问题。另一方面，20世纪80年代正是中国博物馆事业发展的新高潮时期，传统博物馆的数量已达到上千座。① 博物馆事业的自身发展要求在质上得到突破，它迫切需要寻找一种能突破传统博物馆形式并拓宽其文化遗产保护的新路子，以便进一步提升博物馆的社会服务及社会教育功能。无疑，西方新博物馆运动所倡导的生态环境均衡理念和对传统文化保护的新思路符合中国社会发展的深层次需求。通过学者的介绍，"生态博物馆"一词进入中国读者的视野，并逐步发展成为当前政府、学者、民间所共同关注、研究、讨论、从事的热点领域。根据中国生态博物馆建设的特点，可将其划分为理论准备、实践初探、迅速发展等三个阶段。

一、理论准备阶段

这一阶段以中国学者编译并转载国际生态博物馆运动的有关论文、介绍国际博物馆会议的重要精神以及初步探索博物馆与生态科学、环境科学的关系为主要活动。如前文所述，自1986年，《中国博物馆》就开始系列刊载了生态博物馆创始人里维埃和戴瓦兰的相关论文的中译文，并对西方早期的生态博物馆进行了介绍，如法国地方自然公园、克勒索生态博物馆及加拿大、美国的生态博物馆。另外，《中国博物馆》杂志还传递了国际博

---

① 苏东海：《生态博物馆的思想及中国的行动》，《国际博物馆》（全球中文版）2008年第1—2期，第29页。

物馆会议有关生态博物馆的重要信息，如 1972 年在智利圣地亚哥举行的国际博物馆协会圆桌会议上提出的"整体性博物馆"的概念，1984 年在加拿大魁北克蒙特利尔举行的国际新博物馆学联盟会议及宣言，1987 年在西班牙举行的新博物馆学国际学术讨论会及决议等。此外，中国博物馆界学者也因对环境科学的关注撰写了相关学术论文①。这一阶段的理论准备为中国生态博物馆后来的实践奠定了必要的思想基础。

二、实践初探阶段

这一阶段以 1997 年 10 月 23 日，中挪双方最高领导人在人民大会堂出席《挪威开发合作署与中国博物馆学会关于中国贵州省梭戛生态博物馆的协议》之签字仪式，中国国家文物局长张文彬和挪威外交大臣沃勒拜克在协议上签字为中心事件，这标志着中国第一座生态博物馆即将诞生，其后产生的"六枝原则"奠定了中国生态博物馆的主要原则。

其实，早在 20 世纪 80 年代初，贵州就率先在全国展开了民族村寨的保护与开发。贵州文化厅的吴正光等人提出："将一个典型的村寨立体地保护起来……有选择地保护一批具有地方特色和民族风格的民族村寨（包括汉族村寨）……对于研究贵州的建筑艺术、民族历史，进而建立一批露天的民族、民俗博物馆，具有十分重要的意义。"② 随后，贵州省文化部门组织全省各级文化文物工作者，在广泛开展民族村寨调查后，建立了首批省级保护重点村寨，如苗族聚居的雷山县上郎德，布依族聚居的关岭县滑石硝，侗族聚居的从江县高增寨、黎平县肇兴寨等。贵州省文化厅还要求"对原有建筑物，按照'恢复原状'的原则，发动群众整修；在保护范围内不得修建与原有建筑风格不协调的新建筑物，如要新建，需保持一定距离；大

---

① 相关文章参见绪论部分的相关研究回顾，此处不再赘述。
② 吴正光、庄嘉如：《关于民族村寨保护工作的调查报告——兼谈露天民族民俗博物馆的建设》，《贵州民族研究》1985 年第 2 期，第 58 页。

力扶持民族民间文化组织（如芦笙队、地戏班、侗戏团和各种歌队等）开展丰富多彩的民族文化活动。"① 由此可见，在中国尚未引入"生态博物馆"这一名词之前，贵州已然开始了露天民族民俗博物馆的相关探索。因此，在一定程度上讲，"生态博物馆"虽是西方舶来品，然而其思想在中国本土早已自然萌生，这也是后来"生态博物馆"第一站选择落户贵州省的重要原因之一。

时至 1986 年，中国博物馆建设的先驱苏东海先生在《贵州"七五"期间发展博物馆事业规划》论证会上第一次呼吁建立中国的生态博物馆，但由于这种新博物馆思想在当时的中国仍处于理论传播阶段，缺少广泛的社会基础和必要的资金来源，所以该提议直到 1994 年在北京举行的国际博物馆学和新博物馆学专业委员会年会时才取得实质性进展。"其间，中方学术委员会、中国博物馆学会常务理事、中国博物馆学会会刊主编苏东海研究员与国际博物馆学委员会理事、挪威《博物馆学》杂志主编约翰·杰斯特龙进行学术交流，特别是就生态博物馆和国际新博物馆学运动进行了深入的探讨"②。1995 年 1 月，贵州省文化厅文物处胡朝相副处长在赴美国夏威夷进行民族文化和旅游经济考察后，萌生出建设新博物馆的想法，这一愿望与时任贵州省文化保护顾问的苏东海先生一拍即合，苏东海先生还推荐了在国际上颇有名望的杰斯特龙先生，建议成立课题考察小组。同年 3 月，贵州省文化厅委托苏东海、杰斯特龙、胡朝相、安来顺组成课题组，研究在贵州建设生态博物馆的可行性。在"先后考察了贵阳市花溪区镇山村、六盘水市六枝特区梭戛乡、黔东南的榕江县、从江县、黎平县和镜屏县的

① 吴正光：《贵州民族村寨的保护与开发》，邓康明主编：《文化的差异与多样性——贵州省民族文化学会第六届年会学术论文集》，香港：香港世界华人艺术出版社，1999 年，第 204 页。
② 中国贵州六枝梭戛生态博物馆编：《中国贵州六枝梭戛生态博物馆资料汇编》（内部资料），准印字第 091 号，贵阳宝莲彩印厂印刷，1997 年，第 125 页。

近十个布依、苗、侗和汉等民族村寨"① 后，课题组成员认为"梭戛社区居住着一个稀有的、具有独特文化的苗族分支。这一分支有 4000 多人……他们常年居住在高山之中，与外界很少联系……在他们之中存在和延续着一种古老的、以长牛角头饰为象征的独特苗族文化。目前，仍相当完整地保存和延续着他们的这种文化传统。"② 因此，课题组于 5 月向省文化厅递交了《在贵州省梭戛乡建立中国第一座生态博物馆的可行性研究报告》，这一项目获得国家文物局和贵州省政府的批准，同时也得到挪威政府的财政支持，并被列入《中挪 1995 年至 1997 年文化交流项目》。1997 年 10 月 23 日，时任中国国家主席江泽民与挪威国王哈拉尔在北京出席了《挪威开发合作署与中国博物馆学会关于中国贵州省梭戛生态博物馆的协议》的签字仪式。苏东海被任命为这一项目的领导小组组长，杰斯特龙为顾问，胡朝相为地方政府代表，安来顺为项目协调人。经过三年多的筹建，1998 年 10 月 31 日中国贵州六枝梭戛生态博物馆资料信息中心（Documentation Center of Ecological Museum of Suojia）建成开馆，标志着中国第一座生态博物馆的正式诞生，实现了中国生态博物馆从理念到实践的飞跃。

然而，"贵州梭戛生态博物馆在建立之初就面临着一个问题，即生态博物馆的中国化问题。中挪专家在贵州考察时，就对是否要坚持国际生态博物馆的理论，是否要坚持本土化的问题进行了激烈的争论"③。中国专家提出，鉴于挪威和中国的文化背景存在差异，中国生态博物馆的标准和模式也应有所差别，中国的生态博物馆不应该是挪威式的、法国式的，它应该是中国式的。为解决这一问题，中挪生态博物馆国际研讨班于 2000 年分别

---

① 中国贵州六枝梭戛生态博物馆编：《中国贵州六枝梭戛生态博物馆资料汇编》（内部资料），准印字第 091 号，贵阳宝莲彩印厂印刷，1997 年，第 42 页。

② 安来顺执笔：《在贵州省梭戛乡建立中国第一座生态博物馆的可行性研究报告（中文本）》，中国贵州六枝梭戛生态博物馆编，《中国贵州六枝梭戛生态博物馆资料汇编》（内部资料），准印字第 091 号，贵阳宝莲彩印厂印刷，1997 年，第 9 页。

③ 摘自笔者 2011 年 2 月 22 日对梭戛生态博物馆首任馆长徐美陵的采访录音。

在中国六枝和挪威图顿举行，"六枝原则"（The Liuzhi Principles）是此次研讨班的重要成果，此原则的具体内容有九条①：

一、村民是其文化的拥有者，有权认同与解释其文化；

The people of the villages are the true owners of their culture. They have the right to interpret and validate it themselves.

二、文化的含义与价值必须与人联系起来，并应予以加强；

The meaning of culture and its values can be defined only by human perception and interpretation based on knowledge. Cultural competence must be enhanced.

三、生态博物馆的核心是公众参与，必须以民主方式管理；

Public participation is essential to the ecomuseums. Culture is a common and democratic asset, and must be democratically managed.

四、当旅游和文化保护发生冲突时，应优先保护文化，不应出售文物但鼓励以传统工艺制造纪念品出售；

When there is a conflict between tourism and preservation of culture the latter must be given priority. The genuine heritage should not be sold out, but production of quality souvenirs based on traditional crafts should be encouraged.

五、长远和历史性规划永远是最重要的，损害长久文化的短期经济行为必须被制止；

Long term and holistic planning is of utmost importance. Short time economic profits that destroy culture in the long term must be avoided.

六、对文化遗产进行整体保护，其中传统工艺技术和物质文

---

① 中文参见苏东海主编：《中国生态博物馆》，北京：紫禁城出版社，2005 年，第 18 页。英文摘自 2005 年召开的贵州生态博物馆国际论坛会议资料（此论文集的中文版已正式出版，苏东海主编：《2005 年贵州生态博物馆国际论坛论文集：交流与探索》，北京：紫禁城出版社，2006 年）。

化资料是核心；

Cultural heritage protection must be integrated in the total environ-mental approach. Traditional techniques and materials are essential in this respect.

七、观众有义务以尊重的态度遵守一定的行为准则；

Visitors have a moral obligation to behave respectfully. They must be given a code of conduct.

八、生态博物馆没有固定的模式，因文化及社会的不同条件而千差万别；

There is no bible forecomuseums. They will all be different accord-ing to the specific culture and situation of the society they present.

九、促进社区经济发展，改善居民生活。

Social development is a prerequisite for establishing ecomuseums in living societies. The well – being of the inhabitants must be enhanced in ways that do not compromise traditional values.

对比国际生态博物馆思想和"六枝原则"，不难发现二者是一脉相承，都强调居民的主导性、文化遗产的整体性保护、保护与发展的关系、生态博物馆模式的灵活性等观念。"六枝原则"的确定，为中国生态博物馆实践提供了总体的理论指导、灵活的建设方式及广阔的发展空间，对于民族文化的保护更是具有普遍的前瞻性的指导意义。然而，相对中国国情而言，这些原则过于理想化，且缺少实际可操作层面的技术指标，这点随着后来梭戛生态博物馆发展中出现的种种矛盾和问题而逐渐显露出来。

但无论如何，作为"中国第一座生态博物馆"和"中挪国际友谊见证"的梭戛生态博物馆的确让这个深藏在大山里的无名小山村一夜成名，世人的瞩目和政府的重视无疑在一定程度上推动了该社区的发展。一方面，传统文化保护和记忆工程逐步开展。如集合档案室、工作人员办公室、展览厅、和专家公寓等为一体的信息资料中心建筑群为当地文化的收藏保护与对外展示提供了必要的场所。另一方面，基础设施的修建直接改善了梭戛社区落后的生活状况。如陇嘎新村的建成，希望小学的竣工，自来水的入户等。此外，众多的头衔与外界的关注又直接刺激了梭戛社区人们对自身文化的自豪感与自信心，因此，应该承认中国生态博物馆的初期实践取得了一些成效。

综上所述，作为揭开中国生态博物馆建设新篇章的初期探索阶段，它虽未能将之真正"中国化"，但确为其烙上了"中国制造"的标签。首先，中国生态博物馆是在中国专家的热情倡导和中国政府的大力支持下合作催生出来的"早产儿"，是"在不具备建生态博物馆的条件下建了生态博物馆"①。其次，梭戛当选为第一座中国生态博物馆的实验点并非偶然。中国民族地区蕴含着大量丰富多彩的传统而古老的文化，而这些地区大部分处于较为封闭的农村，生态环境也都保存尚好，理应成为生态博物馆的最佳试验田。以上中国生态博物馆初创阶段的特点与其后来的发展有着密切联系，发展中出现的许多问题都可以在此找到源头。

三、迅速发展阶段

如前文所述，梭戛生态博物馆在问世之初即以其耀眼的光环和新颖的理念吸引了中国社会各界人士的眼球。自本世纪初，中国生态博物馆建设进入迅速发展阶段，这一阶段以社会各界的广泛参与为主要特点。

首先，地方政府开始积极响应、仿效并创新"中国化"生态博物馆，一批新生的中国生态博物馆在各民族地区产生。在贵州，续梭戛苗族生态博物馆之后，又陆续建成镇山布依族生态博物馆（2002 年）、隆里汉族生态博物馆（2004 年）、堂安侗族生态博物馆（2005 年），构成中挪合作贵州生

---

① 采自胡朝相访谈。

态博物馆群。2006 年，贵州又提出了第二轮生态博物馆建设计划，规划建设中国水族文化生态博物馆（三都县都江镇怎雷村）、毕节彝族文化生态博物馆、安顺屯堡文化生态博物馆和铜仁傩文化生态博物馆等四个生态博物馆，构建贵州新的生态博物馆群；在广西，最初以南丹白裤瑶生态博物馆（2004 年）、三江侗族生态博物馆（2004 年）和广西靖西旧州壮族生态博物馆（2005 年）为区民族生态博物馆三个试点项目，此后又提出了在已有的三个试点的基础上发展广西民族生态博物馆建设"1 + 10"工程。具体地说，"1"是指发挥龙头地位和作用的广西民族博物馆，"10"① 是指已建、在建和待建的遍布广西壮族自治区的民族生态博物馆，这个联合体是总站与工作站的关系，旨在实现资源和优势互补。苏东海认为广西的民族生态博物馆相较于贵州生态博物馆群来说更为专业化、博物馆化，并将之称做中国生态博物馆的第二代模式②；在云南，建有西双版纳布朗族生态博物馆（2006 年），红河州正筹建元阳梯田生态博物馆和个旧锡工业生态博物馆；在内蒙古，也诞生了中国第一座北方草原文化生态博物馆——达茂旗敖伦苏生态博物馆（2007 年）。值得一提的是，2010 年，浙江湖州安吉县考虑到"生态博物馆建设大多选择了民族文化丰厚，居民生活却极为贫困的落后地区，它们的建设往往承担着社区发展和文化遗产保护的双重重任。在经济相对发达的东部，却一直缺乏这样一个生态博物馆"③，遂提出在安吉建设生态博物馆的设想，并希望中国（安吉）生态博物馆能提供"有别于其他模式生态博物馆的建设思路"④。

---

　　① 包括前述建成的 3 个馆加后来追加的 7 个馆：贺州市莲塘镇客家围屋生态博物馆、融水苗族生态博物馆、灵川县灵田乡长岗岭村汉族生态博物馆、那坡达文黑衣壮生态博物馆、东兴京族三岛生态博物馆、龙胜龙脊壮族生态博物馆和金秀县瑶族生态博物馆。

　　② 参见苏东海主编：《中国生态博物馆》，北京：紫禁城出版社，2005 年，第 19 页。

　　③ 浙江大学生态规划与景观设计研究所编：《中国（安吉）生态博物馆总体规划》，安吉县文化文电新闻出版局，2009 年 5 月，第 1 页。

　　④ 浙江大学生态规划与景观设计研究所编：《中国（安吉）生态博物馆总体规划》，安吉县文化文电新闻出版局，2009 年 5 月，第 1 页。

其次，基于文化遗产保护为目的民间组织也开始涉足生态博物馆领域，为中国生态博物馆新模式的探索和资金投入作出贡献。如 2005 年由香港明德创意集团出资、中国西部文化生态工作室负责建设和管理营运的贵州地扪侗族人文生态博物馆，它是中国较早利用社会力量兴建，而非政府占主导角色的民营生态博物馆。

再次，不同专业的学者从民族学、生态学、建筑学、美学等不同的视角展开实地考察及研究，这种研究随着梭嘎生态博物馆发展中矛盾和问题的出现而逐渐具体和深入。学术界较一致地认为生态博物馆建设现存的主要问题表现在：生态博物馆与社区缺少内在联系，有沦为传统博物馆的危险；社区旅游被过度开发，造成经济发展与文化保护两者关系的失衡；无论从当地居民的文化自觉程度还是生态博物馆本身的经营管理体制，当地居民都不能顺利完成从"被保护对象"到"文化保护主体"的身份转换。

最后，国内外大量旅游者的造访为中国生态博物馆的发展提供动力。本世纪初，随着中国与世界接轨的步伐加快，中国传统文化也在全球化、现代化、信息化的车轮中飞速丧失，工业化带来的生态环境问题更是愈演愈烈，社会上由此刮起一股"怀旧风"；与此同时，20 世纪 90 年代末兴起的旅游业亦不能满足旅游者深层次的审美和精神需求，民众对传统文化和自然和谐生态环境的向往，滋生出以"农家乐"、"民俗村"为代表的生态旅游这一新名词，而以"文化原地整体性保护"为特点的生态博物馆顺理成章地成为生态旅游的首选地。

除了上述社会各界的广泛参与，这一阶段的另一标志性事件就是前文提到的 2005 年 6 月在贵阳召开的以"交流和探索"为主题的"贵州省生态博物馆群建成暨生态博物馆国际论坛"。在此次论坛上，除各国交流经验教训外，中国生态博物馆首次被置于国际舞台，接受来自包括国际生态博物馆先驱戴瓦兰在内的 15 个国家的百余名博物馆学家的审视。此次国际博物馆学术论坛选择在中国召开，其本身就宣告了中国生态博物馆已取得阶段性成果；再者，各国的评价和建议也促使中国学者对生态博物馆"中国化"的全面反思。

纵观中国生态博物馆三阶段的发展，不难发现这是一场以"理念先行"、"自上而下"为良好开端，"我（政府与学者）帮你（村民）建，而非我（村民）想建"的民族地区文化与生态原地整体性保护项目，其"中国制造"的特点注定它将在不断探索与反思中前进。

总而言之，生态博物馆理论不仅是在对传统博物馆的弊端进行批判下的产物，也是博物馆界对工业化带来的生态破坏及环境恶劣等系列问题的一种积极反思。尽管生态博物馆最初生长的土壤是像西方那样已经具备高度文化自觉且物质水平相当发达了的社区，但它强调通过探究地域社会人们的生活及其自然环境、社会环境的发展演变过程，对当地的自然遗产和文化遗产实施就地保护、培育和展示，从而促进地域社会经济和文化的全面发展的核心理念，不论是在社区发展层面还是在文化保护的层面皆具有普适性的指导意义。因此，这种新博物馆实践迅速在全球蔓延。

广大的发展中国家不仅同样遭遇到西方工业化进程中的生态恶化，还面临着全球化带来的文化多样性丧失等新的危机。拥有多彩民族文化的中国，是亚洲较早传播和实践西方生态博物馆理论的国家之一，目前它的生态博物馆发展态势仍呈燎原之势。基于中国生态博物馆大多选择在"经济落后且缺乏文化自觉意识"的民族地区，它的建设具有重要意义。于内，中国生态博物馆建设不仅将促进不同民族文化群体之间的相互尊重、理解与对话，也能为文化多样性的保护创新及社区的和谐发展注入新活力；于外，"中国化"生态博物馆将丰富世界生态博物馆的实践模式，充实世界生态博物馆的理论体系。此外，它的经验与教训也将为广大的发展中国家的生态博物馆建设提供参照与借鉴。

第二章 "政府机构主导型"生态博物馆

　　"政府机构主导型"生态博物馆（以下简称"政府主导型"）是指由政府行政或事业单位组织、整合各方人力、物力、财力建设的生态博物馆。

　　20 世纪 80 年代，《中国博物馆》杂志对国际生态博物馆理念进行了引介，并呼吁建设中国自己的生态博物馆，但这种呼声并未得到中央和地方有关部门的回应。直到 20 世纪 90 年代，贵州省文化厅文物处的胡朝相先生与《中国博物馆》杂志主编苏东海的一次会面，才真正开启了中国生态博物馆事业的大门。1995 年 1 月，胡朝相出访美国夏威夷，回国途经北京，因病在北京滞留，离京前一天，他前往拜访了贵州省文物保护顾问苏东海。两人兴致勃勃地畅谈了贵州的文物与博物馆事业。胡朝相提出，请苏东海指导，在贵州建立一座生态博物馆，苏东海欣然同意了胡朝相的建议。1995 年 4 月，苏东海、胡朝相、安来顺等人组成贵州生态博物馆建设课题组，并以中国博物馆协会的名义邀请挪威著名生态博物馆学专家约翰·杰斯特龙担任顾问。"课题组"在贵州进行了为期 10 天的民族文化社区考察,撰写了《在贵州省梭戛乡建立中国第一座生态博物馆的可行性研究报告》。1995年 6 月,苏东海在挪威出席国际博协大会期间,向挪威开发合作署提交了在贵州调查的报告,希望中挪合作在贵州建设一座生态博物馆,挪威开发合作署认真研究了"报告",认为该项目对保护自然环境和民族文化遗产有重要意义,中国国家文物局也批准了这一国际文化交流项目。1997 年 10 月 23日,中国国家主席江泽民和挪威国王哈拉尔五世在北京出席了中挪合作建设贵州梭戛生态博物馆项目的签字仪式。至此,在中国和挪威两国政府的关注和主导之下,生态博物馆这一新型博物馆的建设在中国启动。

第一节 "政府机构主导型"生态博物馆概要

1997 年,中国第一个生态博物馆——六枝特区生态博物馆(中国贵州六枝梭戛生态博物馆)① (以下简称梭戛生态博物馆) 立项后,在国内外产生了广泛影响。随后,贵州省、州、县政府部门又积极推动,先后在贵阳花溪的镇山、锦屏县的隆里、黎平县的堂安建立了 3 个生态博物馆,初步形成了"政府主导"下的贵州生态博物馆群。此后,云南、广西、内蒙及中东部一些地区,在政府部门主导下,也陆续开始生态博物馆的建设,"政府主导型"的生态博物馆在中国蓬勃发展起来。

根据国家文物局相关通知、国内媒体的报道、学术论文披露的信息,本书将 10 年来国内"政府主导型"生态博物馆的建设情况初步统计如下:

---

① 参见中国贵州六枝梭戛生态博物馆的事业单位法人证书。

表 2 - 1   "政府机构主导型"生态博物馆的地区分布①

地区	已建生态博物馆	在建生态博物馆	拟建生态博物馆
贵州	(1998)梭戛苗族		(2006)毕节彝族
	(2002)镇山布依族		(2006)安顺屯堡文化
	(2004)隆里汉族		(2010)兴义南龙布依族
	(2005)堂安侗族		
	(2007)兴义坡岗布依族		
	(2008)三都水族		
广西	(2004)南丹里湖白裤瑶	(2009)龙胜龙脊壮族	
	(2004)三江侗族		
	(2005)靖西旧州壮族	(2009)金秀坳瑶族	
	(2007)贺州客家		
	(2008)那坡黑衣壮		
	(2009)灵川长岗岭商道古村		
	(2009)东兴京族		
	(2009)融水安太苗族		
云南	(2006)西双版纳布朗族	元阳梯田文化	个旧锡工业
内蒙古	(2005)敖伦苏木蒙古族		
重庆	(2010)武陵山土家族		
浙江	(2011)浙江安吉		
	(2011)泽雅传统造纸		

表 2 - 1 的数据显示了"政府主导型"具有如下特点：

第一，从数量上看：中国西南民族地区，尤其贵州和广西是"政府主导型"生态博物馆的主要建设区域；云南和内蒙古虽然在数量上不占优势，但起步较早。民族地区在生态博物馆建设中占有明显的区域文化优势，同时，也反映了中国政府对少数民族文化的一贯尊重与重视。

---

① 数据统计及截止日期均为 2011 年年底，仅限于以"生态博物馆"正式（或拟）命名的建设试点；试点名称的表述均省略掉"生态博物馆"一词。"在建"时间指建设起始时间；"拟建"时间指拟建项目消息的发布时间。

第二，从时间上看："政府主导型"生态博物馆的覆盖面正逐渐从边疆民族地区村寨向中东部经济较发达的城市地区（如浙江安吉生态博物馆）以及富裕农村（如泽雅传统造纸生态博物馆）等方向延伸。

第三，从文化层面上看：首先，已建生态博物馆涵盖了苗、布依、侗、水、彝、瑶、壮、京、布朗、蒙古、土家、汉等多个民族，多种文化类型的村寨；其次，民族村寨文化保护逐渐从宏观向微观转变，如浙江泽雅传统造纸生态博物馆将泽雅水碓坑村、唐宅村、四连碓造纸作坊群作为生态博物馆建设的主要内容，文化保护的对象更为具体和明确；再次，一些地区正在积极探索生态博物馆的新类型，如云南省拟建中国第一座工业遗产类型的生态博物馆——云南个旧锡矿生态博物馆。自2008年以来，浙江安吉县开始着力打造东部发达城市生态博物馆类型。近年来，北京、天津、南京、杭州、福州等地也已经出现了多个社区博物馆的建设实践，如福州市三坊七巷社区博物馆，以整个三坊七巷为依托，通过科学研究、合理规划、有效展示，保护了社区独特的地域文化与民间非物质文化遗产，为我国社区博物馆建设提供了良好范例。中国生态博物馆的类型正呈现多元化发展的趋势，生态博物馆不再是民族地区村寨文化保护的专属名词。

第四，生态博物馆主管部门的"多样性"和项目来源的"多源性"也是"政府主导型"生态博物馆的一大特点。例如，贵州生态博物馆群是国家文物局直接批示、贵州省文物局直接业务指导，六枝特区文体广播电视局主管的中挪国际合作项目；兴义南龙布依族生态博物馆则由黔西南州委宣传部和兴义市委宣传部主管；浙江泽雅传统造纸生态博物馆是由瓯海区文化广电新闻出版局主管，属于国家"指南针计划"专项——"中国古代造纸术的生产性传承与示范基地"试点项目。不同地区的生态博物馆分属于党委和政府下的不同职能部门管理，在建设生态博物馆的过程中，他们的关注点和侧重点则有所不同。

生态博物馆是一项新兴的文化保护方式，国家文物局从政府角度给予了大力的支持和推广。2011 年 4 月 28 日，国家文物局向北京、天津、辽宁、上海、江苏、浙江、福建、山东、广东、安徽、江西、海南省（直辖市）文物局（文化厅）发出了《关于开展东中部地区生态博物馆、社区博物馆示范点建设调研的通知》（办博函〔2011〕243 号）①。同年 9 月 9 日，国家文物局下发《关于命名首批生态（社区）博物馆示范点的通知》（文物博函〔2011〕1459 号）②，将"浙江省安吉生态博物馆、安徽省屯溪老街社区博物馆、福建省福州三坊七巷社区博物馆、广西龙胜龙脊壮族生态博物馆、贵州黎平堂安侗族生态博物馆"命名为首批生态（社区）博物馆示范点。这些官方文件的出台，对推动"政府主导型"的生态博物馆建设，产生重要的影响。

第二节　个案研究：贵州六枝梭戛生态博物馆

梭戛生态博物馆是中国第一个"政府主导"建设的生态博物馆。较之其他生态博物馆而言，该馆在中国生态博物馆建设史上具有示范性、经典性、持久性三大特点：

示范性。作为中国第一座生态博物馆，梭戛生态博物馆开创了第一代生态博物馆模式，领头羊的建设经验直接为邻近的省份及民族地区的生态博物馆建设起到了示范性作用。

经典性。梭戛生态博物馆的创建者苏东海、安来顺、杰斯特龙等人是国际生态博物馆理论在中国最早的传播者，他们秉承了西方生态博物馆创始者里维埃等人有关生态博物馆的建设宗旨。学者与有职有权又想做事的

①　国家文物局：《关于开展东中部地区生态博物馆、社区博物馆示范点建设调研的通知》，2011 年 5 月 10 日，http：//www. sach. gov. cn/tabid/343/InfoID/29029/Default. aspx，2011 年 7 月 18 日。

②　国家文物局：《关于命名首批生态（社区）博物馆示范点的通知》，2011 年 9 月 9 日，http：//www. sach. gov. cn/tabid/343/InfoID/30318/Default. aspx，2012 年 3 月 23 日。

官员，在思想上和行动上均达成共识，使"政府主导型"的梭戛生态博物馆充分吸收了国际生态博物馆的理论精髓，而六枝原则正是这一精髓的延续。

持久性。与同类生态博物馆比较，梭戛生态博物馆是目前唯一一个有机构、有编制、有预算的，政府领导下的独立事业单位，是目前西南地区乃至全国范围内"政府主导型"生态博物馆运转时间最长的一个，在长达十三年的建设实践中积累了丰富的经验。

基于以上特点，贵州六枝梭戛生态博物馆可谓是国内"政府主导型"生态博物馆的代表之作，此个案分析对认识和探索这一类型生态博物馆有着重要的理论和现实意义。

一、梭戛概况——高山上的箐苗

（一）行政分布

梭戛生态博物馆地处中国贵州省六枝特区与毕节织金县的交界处，该馆包括1个资料信息中心和12个箐苗村寨的社区整体，面积120平方公里。资料信息中心建立在梭戛乡高兴村的陇嘎寨，距六枝特区政府所在地42公里。12个箐苗村寨分别是：六枝梭戛乡的安村（上、下）安柱寨，高兴村陇嘎寨、补空寨、小坝田寨、高兴寨；新华乡新寨村大湾新寨、双屯村新发寨；织金县阿弓镇长地村后寨，官寨村苗寨、小新寨，化董村化董寨，依中底寨。其中陇嘎寨、小坝田寨、高兴寨、大湾新寨、小新寨、补空寨为生态博物馆的6个重点建设村寨。

关于梭戛地名的含义和当地苗族的来源，梭戛生态博物馆第一任馆长徐美陵解释说：

> 六枝这个地方，最早是彝族居住的地方，苗族是外来民族，不是世居。梭戛（念jiá，没有口字旁）是彝话，梭是杉树的意思。贵州毕节地区，所有带"戛"的地方都是彝族的地方，"戛"翻译

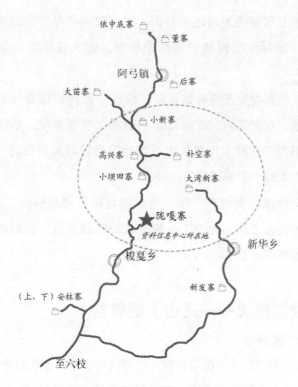

图 2-1　梭戛生态博物馆社区 12 村寨相对位置图

（基于梭戛生态博物馆提供的原图上改绘）

出的意思是"村寨"的意思，意思就是"杉树林很多的村寨"。

（二）自然环境

梭戛社区地处贵州乌蒙山腹地，12 个村寨大多坐落在海拔 1400～2200 米的高山上，境内喀斯特地质特征明显，是典型的深山区，石山区。徐馆长边说边用大拇指和食指做成圈型：

梭戛最大的缺点就是喀斯特地貌的石漠化非常严重，没水，再好的玉米、土豆种子栽进来也只能（长）这么大。

由于当地自然条件恶劣、土地贫瘠，梭戛至今仍是贵州贫困程度最深的地区之一。

图2-2 背水的梭戛妇女

图2-3 村民在参加婚礼的路上(陇嘎寨)

（三）人口与民族

梭戛社区 2011 年 5000 余人，相较 1996 年的 996 户、4069 人①，社区人口增长幅度较为缓慢。这里的少数民族是一支以头戴形似牛角头饰的苗族支系，他们主要聚居在社区的 12 个村寨里，少量散居在周边的村寨。关于长角苗的称呼因何而来，就职于梭戛博物馆的当地苗族青年小熊说：

> 我们有语言没文字，以前贵州这边一般就叫我们"苗子"。1998 年博物馆开馆后，我们长角苗走出社区，外面人看到这个长角头饰之后，就叫我们"长角苗"，但书上一般叫菁苗，好像是好多树的意思。但是要用我们民族的话来说，就叫"MU"，相当于"母亲"的"母"那个字。

图2-4　身着传统服装的老人、妇女、男青年（梭戛生态博物馆提供）

---

① 贵州生态博物馆建设课题组：《六枝、织金交界苗族社区社会调查报告》，六枝梭戛生态博物馆编：《中国贵州六枝梭戛生态博物馆资料汇编》（内部资料），准印字第 091 号，贵阳宝莲彩印厂印刷，1997 年，第 79 页。

图2-5 平时生活劳动中梭戛妇女的穿着

(四) 村落形成历史

民间流传"桃树开花，苗族搬家"，苗族历史上就是一支不断被动迁徙的民族，梭戛这支苗族也不例外。据村寨老人回忆，他们大概是在清代初年迁到现在所居住的崇山峻岭之中。清初，平西王吴三桂奉命"剿"水西彝族宣慰使安坤（今黔西、大方一带），清军打败水西后，许多依附于安氏的苗族群众四处逃散。[①] 一部分人躲到织金、郎岱（今六枝郎岱镇）交界的大森林中，被称作"箐苗"。"箐"意为"山间的大竹林，泛指树木丛生的山谷"[②]。这支苗族迫于战乱不得不在艰苦的高寒山地、丛林中讨生活，并逐渐聚居形成了以陇嘎寨为中心的12个苗族村寨。四面环山加上茂密森林

---

① 贵州生态博物馆建设课题组：《六枝、织金交界苗族社区社会调查报告》，六枝梭戛生态博物馆编：《中国贵州六枝梭戛生态博物馆资料汇编》（内部资料），准印字第091号，贵阳宝莲彩印厂印刷，1997年，第80页。

② 中国社会科学院语言研究所词典编辑室编：《现代汉语词典》，北京：商务印书馆，2006年，第1119页。

等天然屏障，将这里与世隔绝，因而完整保存了传统的文化特征，这也正是生态博物馆选择此处建馆并将资料中心选定在陇嘎寨的主要原因。

有关这支苗族的典型特征——牛角头饰的由来，据说与村落形成历史有很大关系。博物馆的小熊介绍：

> 老人们说，当时逃难进来时，野兽很多。听说野兽怕牛，干活时就戴着个角，有点辟邪的那个意思，后来发展为在角上缠上了头发和麻，有些戴了3辈人，有些戴了5辈人，比如我家是到第6辈时，那个头发就不能用了。

而另外一位汉话很好的中年妇女解释说：

> 刚来这里，山里老虎什么的又多，那个角看上去比较厉害，（老虎）看了那个角它就不敢上来了嘛。最早的时候是男的、女的都戴，我也是听老一辈那么讲。现在男的基本就不戴了。

此外，还有一些调查者在采访中得出"以长角为识别物，同族相识、异族相别"的说法。① 也有民族学家认为苗族是农耕民族，耕地离不开牛，头上戴木角是对牛的一种崇拜。总之，长角头饰的含义已经远远超出服饰这一物质层面，成为当地苗族认同的象征物，也正是因为这一头饰，使其在众多苗族支系中特色更为鲜明，成为世界上独一无二的苗族分支。

图2-6（a）　梭戛中年妇女长角

---

① 贵州生态博物馆建设课题组：《六枝、织金交界苗族社区社会调查报告》，六枝梭戛生态博物馆编：《中国贵州六枝梭戛生态博物馆资料汇编》（内部资料），准印字第091号，贵阳宝莲彩印厂印刷，1997年，第80页。

图 2 - 6（b） 麻线

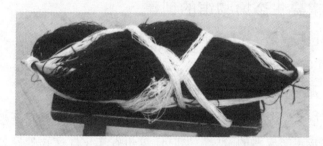

图 2 - 6（c） 传统头饰（背后）

图 2 - 6（d） 佩戴长角的中年妇女

（五）生计方式

梭戛境内无矿藏资源，是一个典型的农业乡。该地属中亚热带季风气候，年均气温14℃，年降雨量1342.4mm，因喀斯特地貌，土壤贫瘠，只能以玉米、马铃薯等适合高寒山地种植的粮食作物为主。此外，村民还种植少量的油菜、花生等经济作物。近年来，白菜、鱼腥草、大豆等经济作物和养殖业逐步开始发展。

梭戛的自然环境和人文特色，似乎整合了中国早期生态博物馆实践者的认知，于是天时、地利、人和促成了中国第一座生态博物馆的诞生。

二、梭戛生态博物馆的创建

从生态博物馆概念在贵州的提出，到梭戛生态博物馆的正式开馆，整整用了12年的时间。

（一）酝酿阶段（1986年10月—1995年2月）

这一阶段是生态博物馆理论积累的阶段，也是一些具有远见的政府官员思想上逐步走向成熟的阶段。据时任贵州省文化厅文物处副处长的胡朝相讲述，1986年10月下旬，贵州省邀请了北京一批资深的文博专家到贵州文物保护单位进行考察，苏东海就在其中，苏东海在自己的报告《国际博物馆发展趋势以及我对贵州"七五"期间文博事业发展规划的论证》一文中介绍了国际生态博物馆这一新型博物馆模式。自那次座谈会后，胡就开始了在贵州建设中国第一座生态博物馆的初期探索。起初他是想以镇山布依族村寨为依托建设一座露天民族博物馆（1993年），在阅读到一份梭戛苗寨资料后（1994年）他曾考虑梭戛是否可以成为一个试点，这些想法直到1995年胡朝相从夏威夷考察回国后才开始有了实质进展。夏威夷当地的波利尼西亚文化中心将岛上环境和土著文化结合起来加以保护与利用，国外成功的经验给予胡朝相很大的触动。回京后，他直接找到苏东海请求其协助在贵州建设生态博物馆，苏先生也爽快答应胡朝相的请求，并推荐挪威生态博物馆学专家杰斯特龙作为科学顾问。自此，通过务实的政府官员与学者的沟通，中国生态博物馆事业的发展迈出了实质性的第一步。

图2-7 苏东海（右）与胡朝相（左）（胡朝相提供）

（二）调研论证阶段（1995年3—4月）

1995年3月，苏东海草拟了贵州生态博物馆调研工作计划，为实施这一计划，提出成立"建设贵州生态博物馆可行性课题调研小组"（以下简称调研组），调研组由苏东海、杰斯特龙、胡朝相和曾就读于国际博协委员前主席门下的青年博物馆学家安来顺等4人组成，贵州省文化厅厅长和副厅长作为调研组的顾问。贵州省文化厅迅速对这一计划做出批复，并明确调研组工作由胡朝相具体负责。于是，起先只是个别地方政府官员关注的生态博物馆问题，逐渐引起更高层面政府部门的关注，这是生态博物馆建设中不可忽略的一个环节。

调研前的选点工作由胡负责，他解释在选点中遵循的原则：

1. 有很高的学术含量，即具有独特的文化价值；

2. 突破单纯的行政区划，更加注重文化社区，这一社区可能超出县界甚至省界；

3. 兼顾到不同的民族文化；

4. 交通条件是否便利不是选点重点，因为在城镇附近或交通线附近的村寨可能"汉化"程度高。但是相同民族的社区选择上，优先选择更具备发展前景的社区。

基于以上原则，胡朝相初步确定六枝梭戛、花溪镇山、榕江摆贝、锦屏隆里和黎平堂安作为调研组重点考察对象。六枝梭戛由于长期交通闭塞，文化保存完整且与其他苗族相区别；花溪镇山虽位于贵阳郊区，但仍保存布依族民族文化特征，是少见的民族融合典型；榕江摆贝的苗族服饰相当有特色，男女都穿着"鸡毛裙"；隆里是明代"千户所"遗址，古城屯堡文化保存完整；堂安是侗族南部方言区的中心地带，又处于黔、桂、湘三省交界，尤其与旅游发展已经相当成熟的桂林距离较近，从长远发展看，可以结合广西共同打造广西至贵州的文化旅游线路。值得一提的是，梭戛这个点最初是由徐美陵向胡朝相推荐的，谈到选点的理由，徐美陵说：

> 我以前是搞音乐的，1972 年来梭戛采风时就感觉这里很好，加上后来（1993 年）又搞旅游……选这里是因为有这么几点原因：第一点是服饰的特点，代表西部的苗族，属于箐苗。第二个，文化内涵，虽然音乐舞蹈这些不如黔东南丰富、内涵那么深，但是保存原生态，基本没有变。第三，除了少数生活习惯随着社会大气候在变以外，他的很多传统习俗没变，比如丧葬仪式没变，照他原来的风俗。第四，语言没变。第五，传统的村寨管理方式还很完整，寨老、寨主、鬼师三级管理班子。现在很多事还是通过这三个人，比如要结婚了，他们同意了才行。婚嫁的时候，同姓可以结婚，但是同宗不能结婚，那怎么区分同宗呢，就问家师，没得文字嘛，他就算，什么三限、五限①啰。可以，点头，双方就谈成了。反正我考察这

---

① 指同宗三代以内或五代以内通婚受限制。

12 个村子还没发现身体有缺陷的。第六,12 个寨子原来是 4000 多人,现在 5000 多一点,人口少,所以其文化更加珍贵。

1995 年 4 月,调研组先后考察了以上 5 个点,最后撰写了《在贵州梭戛乡建立中国第一座生态博物馆的可行性研究报告》(以下简称《报告》)。《报告》指出:

> 梭戛社区居住着一个稀有的、具有独特文化的苗族分支。这一分支有 4000 多人,分布在附近 12 个村寨中。他们常年居住在高山之中,与外界很少联系。在他们之中存在和延续着一种古老的、以长角牛饰为象征的独特苗族文化。目前,仍相当完整地保存和延续着他们的这种文化传统。这种文化非常古朴;有着十分平等的原始民主;有着十分丰富的嫁娶、丧葬和祭祀的礼仪;有别具风格的音乐舞蹈和十分精美的刺绣艺术。他们过着男耕女织的自然经济生活。①

从这段描述中,可以看到除了长角牛头饰的独特性外,这支苗族的文化与贵州其他民族村寨区别不大。梭戛社区入选的原因主要是生存环境的封闭性,正是凭借它几乎完全封闭的自然环境这一"优势",才保存了其不受外界"污染"的原汁原味的文化。

专家和政府部门建立梭戛生态博物馆的目的在《报告》中有明确的表述:

> 建立一个生态博物馆,把这个宝贵的民族文化加以保护并使其延续下去,必定会受到民族学、人类学家、社会学家、文化学家、民俗学家等科学工作者的普遍欢迎,同时也必将为推动梭戛

---

① 安来顺执笔:《在贵州省梭戛乡建立中国第一座牛态博物馆的可行性研究报告(中文本)》,六枝梭戛生态博物馆编:《中国贵州六枝梭戛生态博物馆资料汇编》(内部资料),准印字第 091 号,贵阳宝莲彩印厂印刷,1997 年,第 9 页。

社区的社会、经济发展，为贵州，为中国乃至全人类文化遗产的保护作出贡献。①

可见，梭嘎生态博物馆的创建初衷就是为了保护当地文化，推动当地经济发展，并因此成为各个领域研究者的科研基地，兼具学术价值和现实意义。为达到这一目的，《报告》提出："在操作中，生态博物馆包括两个最重要的部分：关于本社区情况的'资料信息中心'和对本社区文化遗产尽可能原状的保护。"②

此外，《报告》对建设阶段的组织结构进行了细分，分别是：监管领导小组，由省、市、区政府文化文物主管部门代表组成；科学咨询小组，由中国博物馆学会和挪威的专家组成；策划建设小组，由市、区级文化文物部门代表、12 个苗寨的代表和具有相应资格的建筑技术人员、管理人员组成。《报告》还指出"随着项目建设的结束，生态博物馆的组织结构中心和管理权将逐渐向梭嘎社区转移"。③

（三）报请审批阶段（1995 年 6 月—1996 年 11 月）

1995 年 6 月，贵州省人民政府对贵州省文化厅呈交的《关于在我省六枝梭嘎乡建立中国第一座生态博物馆的请示》做出批示，批文被同时抄送至国家文物局、中国博物馆学会；贵州省计委、民委、财政厅、建设厅、旅游局、六盘水市人民政府、六枝特区人民政府。批示明确"有关建馆具体事宜，请你厅与有关部门联系办理"。

---

① 安来顺执笔：《在贵州省梭嘎乡建立中国第一座生态博物馆的可行性研究报告（中文本）》，六枝梭嘎生态博物馆编：《中国贵州六枝梭嘎生态博物馆资料汇编》（内部资料），准印字第 091 号，贵阳宝莲彩印厂印刷，1997 年，第 12 页。

② 安来顺执笔：《在贵州省梭嘎乡建立中国第一座生态博物馆的可行性研究报告（中文本）》，六枝梭嘎生态博物馆编：《中国贵州六枝梭嘎生态博物馆资料汇编》（内部资料），准印字第 091 号，贵阳宝莲彩印厂印刷，1997 年，第 8 页。

③ 安来顺执笔：《在贵州省梭嘎乡建立中国第一座生态博物馆的可行性研究报告（中文本）》，六枝梭嘎生态博物馆编：《中国贵州六枝梭嘎生态博物馆资料汇编》（内部资料），准印字第 091 号，贵阳宝莲彩印厂印刷，1997 年，第 15 页。

与此同时,中国博物馆学会也开始积极争取挪威方面的合作,先后与挪威开发合作署负责人进行了两次会谈,探讨中挪联合建设生态博物馆的项目可行性问题。第一次会谈于 1995 年 6 月在挪威举行,第二次于 1996 年 8 月在北京举行。项目得到了挪威开发署的支持,挪威方面承诺提供 70 万元挪威克朗,折合人民币 88 万元的资金支持,并表示存在继续支持和扩大合作的意愿。1996 年 11 月,国家文物局对中国博物馆学会递交的《中国博物学会与挪威开发合作署关于合作建设贵州梭戛生态博物馆第二次会谈的报告》做出批复,对这一国际合作项目表示肯定并给予支持。

图 2-8 "中挪友谊林"纪念碑

(四)正式建馆(1996 年 9 月—1998 年 10 月)

在获得省级、市级到县级人民政府及相关主管部门的支持后,借助中国博物馆协会这一非政府性机构取得的国际援助,梭戛生态博物馆建设背后的各项支撑犹如滚雪球一样,越滚越大,直至 1997 年 10 月 23 日中挪两国最高领导人在北京人民大会堂出席的合作协议签字仪式将这一建设项目推向舆论的最顶峰。以下是建馆前相关大事列表：

表 2 - 2　梭戛生态博物馆正式建馆前大事记列表

时间	内容	参与者	直接成果	间接影响
1996 年 9 月	梭戛社区文化调查	贵州文化厅组织由文物部门为主体的包括特区、乡领导、村长参加的文化调查小组	为"资料信息中心"提供数据，编成 3 万余字的《六枝、织金交界苗族社区社会调查报告》	为后来的"箐苗记忆"奠定前期调研基础
1996 年 9 月	确定选址	苏东海、特区党委	确定陇嘎寨神山旁的一块台地，实际建筑用地 4 亩	不利于今后博物馆的扩建
1996 年 9 月	选址用地的审批	市、特区土管局	获得土地使用证	
1996 年 10 月	图纸设计	省建筑设计研究院	符合《可行性研究报告》要求，即建筑外观与陇嘎寨建筑风格一致	
1997 年 1 月	梭戛建设会议	省文化厅、特区党委、特区副区长	最后确定用地、设计图和经费问题。经费包括国家文物局、省政府、文化厅、挪威方面各 20 万元，总计 80 万元	
1997 年 6 月	破土动工	徐美陵负责，贵州镇远古建工程队承建，陇嘎妇女挖土方、青壮年男子开山采石		提供陇嘎村民就业机会、增加了陇嘎村民的收入

资料来源：采自对胡朝相的访谈

1998 年 8 月竣工后，只用了短短两个月的时间，建设小组在村民的直接参与下，迅速完成了陈列布展、资料信息中心的设备购置及开馆仪式准备工作等。10 月 31 日，来自贵州政府各级文化局、众多新闻媒体及诸如省委宣传部、省民委、省财政厅、省计委、省环保局、省旅游局等多达 30 个单位参加了开馆仪式。

原梭戛乡党委书记、现博物馆负责后勤工作的毛仕忠这样描述当时的场面：

图 2 - 9　梭戛生态博物馆开馆仪式（梭戛生态博物馆提供）

　　哦哟，不得了啊！那个场面啊！那个热闹啊！怕你都没见过，我们也从来没见过，哪个坎坎上到处都站的是人！穿上民族服装，还不是你看到的普通的服装，一个个都是盛装，整个（资料信息中心）一下被围起，省里的大领导都来了哦，还有好多新闻媒体。（村民）都睡不着觉啊，高兴嘛！当然高兴嘛，我们是国家最高领导人亲自审批下来的，人民大会堂签的字啊！合作协议（复印件）就放在我们这里，不信你去看看嘛……现在是不行啰，当时（村民）还是很兴奋，跟过年一样，（村民的）好多亲戚都跑来看。

　　仪式结束后的第二天，作为领导小组组长的苏东海在总结会上对梭戛生态博物馆开馆做出了 4 点总结[1]：

　　1. 成功地在中国建立了第一座生态博物馆；

---

①　胡朝相：《贵州生态博物馆纪实》，北京：中央民族大学出版社，2011 年，第 53 页。

2. 成功地创造了中国生态博物馆的模式；

3. 梭戛生态博物馆在中国引起了广泛的注目；

4. 我们已经唤起了梭戛人民对保护文化的巨大热情，我们将要发挥他们民族的自尊心。

而另一位理论指导者杰斯特龙则重申了自己的观点，他认为"尊重"与保持文化的"纯洁性"是生态博物馆应该遵守的基本观点。

从梭戛生态博物馆建馆的历程看，如果没有政府的权威、专家的指导和村民的配合，梭戛生态博物馆不可能建成。政府在建设用地和资金保障等关键的环节上发挥了举足轻重的作用；专家秉承国际生态博物馆理念撰写的建设报告是生态博物馆建设的指挥棒；而村民的热情欢迎和积极参与更多的是给予政府和专家这些决策层对新博物馆理念的信心。"政府、专家、村民"的铁三角模式也许就是苏东海在总结会上提出的"中国生态博物馆的模式"，这一模式是中国生态博物馆初创阶段的必然选择。

图 2-10　梭戛生态博物馆大门（2012 年 2 月摄）

图2-11　资料信息中心

三、梭戛生态博物馆的发展与现状

自1998年10月开馆后，梭戛生态博物馆以资料信息中心为基地在梭戛社区开展了一系列的文化保护活动，进一步充实了信息资料库；同时，接待了众多国内外新闻媒体的来访及各类学术考察，组织社区村民外出参加各类活动，加强了梭戛社区的对外交流与宣传；此外，在管理制度建设方面也进行了积极的探索与尝试。这些举措，不仅促进了生态博物馆自身的建设，也在客观上带动了当地社区文化、经济、教育的发展。

（一）文化保护活动

"箐苗记忆"是课题组在梭戛社区实施的文化保护项目，指对社区的文化进行系统地、持续地、活态地梳理、记录和储存，尤其对社区濒临消失的文化进行抢救和修复。这一项目于1999年8月由杰斯特龙等课题组成员正式启动。当时，杰斯特龙、安来顺等专家带领当地村民对梭戛社区进行了为期10天的考察，全面了解社区综合情况，尤其对村寨的口碑历史及传说进行了资料采集，拍摄了 1100 多张照片、录制了 12 小时的录像资料、9盘录音磁带，并制作成光盘，为资料库的建设打下基础。

课题组撤离后，"箐苗记忆"逐渐被分解为以下几项工作：

第一，继续充实梭嘎社区基本情况的录音、影像、文字材料。录音内容主要为"三眼箫吹奏"、"口弦琴吹奏"、"唢呐吹奏"、"情歌对唱"等；影像内容包括"祭山节"、"跳花节"、"打嘎"等传统节庆活动和丧葬礼仪；文字资料主要有箐苗民间文学、传说故事等；

第二，征集民族民间文物，丰富馆藏文物内容；

第三，开展专题性的文化抢救和文化遗产调查、收集、整理工作。如"陇嘎苗寨原状保护"项目、"梭嘎箐苗彩色服饰艺术"、"箐苗社区非物质文化遗产代表性传承人"（主要是挑花刺绣、三眼箫的制作和吹奏）、"陇嘎寨居民住房情况"等调查；

图 2 – 12　课题组成员[①]（胡朝相提供）

---

① 第二排右起第二、第四、第五、第六位分别是安来顺、挪威专家约翰·杰斯特龙、苏东海、胡朝相。

图 2 - 13 展厅内的老一辈头饰

图 2 - 14 展厅内新式的头饰

图 2 - 15 展厅内摆放的传统织布机

第四,坚持记录工作日记,并编订每月一期的内部刊物《中国贵州六枝梭戛生态博物馆文化与信息》，如此，社区的文化记录工作趋向常规化和制度化。参与这项工作的小熊介绍：

> 因为我是本村人嘛，跟这里的人也好打堆，哪家有什么事情我都比较清楚，比如今天有哪家办丧事了，哪家定亲，哪家发生矛盾，或者修新房子，我都会去看，还有外面来了什么人，我把这些事情记下来，加上拍照、录像，现在看好像没什么用，但以后我们的孙子、孙子的孙子看就觉得有意思了，知道他们上上辈人是怎么过的，记录了我们梭戛的变化，我觉得还是很有必要的。

第五，积极申报相关文化保护项目。如：博物馆先后以"梭戛'箐苗'社区"（2005）、"梭戛'箐苗'彩色服饰艺术"（2007）、"梭戛'箐苗'三眼萧艺术"（2009）为名依次申报"国家级非物质文化遗产名录"下的"文化空间"、"民间美术"以及"民间音乐"的项目。其中，"梭戛'箐苗'彩色服饰艺术"已被评为省级非物质文化遗产名录。

第六，协助组织梭戛社区的特色文化活动。如，每年正月初十的"跳花坡"是梭戛社区最为盛大的传统节日，12个村寨都将聚集陇嘎欢度此节，目前博物馆正筹建专门的跳花场，着力打造这一文化品牌，以促进当地的民族旅游。

第七，培训社区文化骨干。1999年启动"箐苗记忆"的同时，杰斯特龙亲自对参与"箐苗记忆"的8名村民妇女进行了为期3天的技术培训，突破了以往村民只能参与简单体力劳动层面，村民第一次用摄像机、照相机和录音机等现代设备记录本民族的历史与文化；2000年，中挪双方分别在贵州六枝和挪威诺顿主办了为期20天的生态博物馆研讨班，梭戛社区的村民代表参加了此次研讨班；此后，博物馆陆续邀请政府官员、来访学者进行讲座，并积极组织社区村民代表参加各类培训。如：邀请贵州生态博物馆群实施小组组长胡朝相对馆内工作人员和村民代表进行业务培训，完成礼仪培训70人次，培养熊华艳、王兴洪、杨光亮等3名社区民族文化骨

图 2 – 16 小熊（左一）在陇嘎寨定亲仪式上帮助盘头巾

图 2 – 17 传统定亲仪式上的"小情侣"

图 2 – 18　笔者与参加定亲仪式的村民围坐烤火

图 2 – 19　"跳花坡"（梭戛生态博物馆提供）

干。随后又选派 3 人参加旅游局举办的"旅游从业人员"培训班，进行专门的"旅游讲解培训"；与特区民族宗教局和特区文化馆配合，对社区民族歌舞表演队进行了培训，提高表演水平和品位；邀请来访学者——复旦大学文物与博物馆系的博士生为社区居民举办了题为"守护属于自己的文化遗产"的培训。有关村民的培训工作，徐馆长感慨地说：

> 我们博物馆主要是通过"请进来"和"派出去"的办法来开展这个培训工作，还是很不好搞的，这里还没有脱贫，肚子还没吃饱就很难讲文化保护，但是这项工作又不得不搞。我们搞这些培训，不光是教村民自己学会保护自己的文化，一方面，给他们灌输文化遗产保护理论和方法，至少让他们有这个保护的意识，你会不会保护是一个问题，但至少不会去破坏嘛，不破坏就是一种保护。另一方面，我们还考虑到村民自己的发展，比如教给他们怎么面对外来的旅游者，刚开始他们的积极性还是很高的，但是也很气人，他们学会了很多东西，尤其是送出去后，在外面见识广了，他们反而不想回来了，但是这项工作博物馆还是一直在坚持做。

培养村民骨干的目的在于日后将生态博物馆主导权顺利移交至社区，真正实现社区自主发展的原则。因此，梭戛生态博物馆在向普通大众灌输"尊重文化、保护文化"观念的同时，非常注重培养文化骨干，然而多年来却不得不面临"不断培养、不断流失"的尴尬局面。这也是贵州其他生态博物馆同样面临的问题。

（二）对外交流与宣传

梭戛生态博物馆是中国乃至亚洲的第一座生态博物馆，它以其新颖的文化保护理念和独特的长角苗头饰引起国内外的广泛关注。据博物馆信息资料中心统计，每年都有数以万计的来访者慕名前来此地进行采风、考察和观光。以下是 2009 年度博物馆对来访者的统计数据：

表 2 – 3　梭嘎生态博物馆 2009 年接待来访者统计表

时间	国内来访者人数	国际来访者人数
1 月	3901	39
2 月	15601	45
3 月	542	57
4 月	374	79
5 月	673	2
6 月	440	9
7 月	740	21
8 月	855	30
9 月	370	60
10 月	660	81
11 月	233	111
12 月	不详	不详
合计	24389	534

资料来源：梭嘎生态博物馆

从时间上看，当年的每个月份均有来自国内外来访者，访问总数尤以 2 月份最多，这主要是因为正月初四到初十这段时间是当地苗族一年一度的"跳花坡"节日，届时梭嘎社区的青年男女将着盛装聚集在这里以歌舞表演的形式欢度节日。"跳坡"传统上是指长角苗族青年男女一起相约到山野坡地相互交流感情、对唱情歌等，后来逐渐被作为当地的旅游资源被开发成为文化品牌节目。

从来访者的类别看，主要是新闻媒体、学者和旅游者（团队和散客）三大群体。

关于新闻媒体的来访情况，博物馆负责后勤工作的毛仕忠介绍：

> 每年都有国内外媒体来这里，基本上都是拍照，主要拍风景和人，他们喜欢这里的环境，说很原生态，雾绕在山腰上。我觉得他们主要还是对这里的长角头饰感兴趣。一般他们停留时间也

不会太长,吃饭在我这里吃,住在博物馆里面的也有,但我们这里住宿条件不好,住的人不是很多,一般都去梭戛街上住或当天就走了。

表 2-4 梭戛生态博物馆接待媒体记录(2004 年—2009 年)

时间	内容	停留时间
2004 年 7 月	计算机网络应用技术国际培训班共计 43 人参观考察	当天
2004 年 7 月	安徽电视台采访	3 天
2004 年 8 月	"夜郎文化论坛" 12 个国家文化参赞及陪同人员 23 人参观考察	当天
2004 年 8 月	参加 "凉都六盘水文化艺术节" 的中央电视台、凤凰卫视、香港旅游 23 台、新华社、贵州电视台等十多家海内外媒体采访拍摄	当天
2004 年 9 月	贵州电视台《发现贵州》摄制组采访拍摄 "长角苗" 民族风情	当天
2004 年 9 月	旅游卫视《红色之旅》摄制组采访拍摄	当天
2004 年 11 月	日本富士电视台《世界真奇妙》栏目摄制组采访拍摄	当天
2006 年 3 月	香港电视 23 台采访拍摄	3 天
2006 年 8 月	中央电视台国际频道《走遍中国》栏目摄制组拍摄 "箐苗风情"	13 天
2007 年 4 月	台湾中天电视台《台湾脚、逛大陆》栏目摄制组拍摄	2 天
2007 年 8 月	德国黑森电视台到社区拍摄 "长角苗民族风情" 专题片	当天
2007 年 9 月	中央电视台《盛世欢歌》节目组拍摄 "第四届中国原生民歌大赛" 寻歌活动	3 天
2007 年 9 月	中央旅游卫视《有多远走多远》节目组拍摄民族风情节目	2 天
2008 年 4 月	日本 TBS 电视台《世界人情逗游记》栏目拍摄纪录片	5 天
2008 年 6 月	《香港旅游画报》田野调查	不详
2009 年 2 月	珠海摄影采风团、贵州商报、贵州旅游在线、六盘水电视台、六盘水日报、凉都晚报、六枝有线电视台、六枝广播电台采访 "跳花节" 活动	当天
2009 年 7 月	《中国青年报》拍摄民族风情	当天
2009 年 7 月	中央电视台《教育频道》栏目组拍摄专题片	3 天
2009 年 8 月	《贵阳晚报》调查采访	3 天

资料来源:梭戛生态博物馆(2005 年度数据缺失)

除国内外新闻媒体外,学者、旅游者(包括团队和散客)构成来访者的另外两大群体。小熊因为是本村人的缘故,经常被安排做接待工作,他说:

外国来的，主要是摄影师，国内好多是大学、科研所的老师、学生。他们主要是拍照和考察，一般都叫我带他们去村民家里，想了解这里的风俗习惯，尤其外国人对我们长角非常感兴趣，专门要拍那种又有自然又有人物的画面，上次有个美国来的，要求在村民家里吃饭、睡觉，但我也很难安排，主要是太乱太脏了，也不好意思让人家住。旅游团队主要是由旅行社带来的，我们博物馆是他们旅游线路中的一个点，一般就是来博物馆看一场表演，跟表演队合个影，也没有时间到处逛，2~3个小时就走了。政府有时也会带人下来考察。

因为涉及境外人员的接待工作，博物馆每月还需向特区政府上报外宾接待情况，以下是2008年10月份的外宾接待情况报表：

表2-5　梭戛生态博物馆2008年10月接待外宾记录表

时间	来访者	来自国家	介绍单位	活动情况	停留时间	是否住宿	备注
1日	14人	美国	贵州海外公司	观看民族歌舞表演	1小时	否	
2日	4人	美国	贵州海外公司	观看民族歌舞表演	1小时	否	
3日	1人	日本	无	旅游观光	3天	是	住村民家
3日	12人	美国	贵州海外公司	观看民族歌舞表演	1小时	否	
5日	2人	美国	无	旅游观光	2小时	否	
5日	4人	澳大利亚	贵州海外公司	观看民族歌舞表演	1小时	否	
8日	1人	澳大利亚	无	旅游观光	2小时	否	
8日	2人	法国	贵州海外旅行社	观看民族歌舞表演	1小时	否	
8日	2人	法国	无	旅游观光	2小时	否	
18日	14人	法国	贵州海外旅行社	观看民族歌舞表演	2小时	否	
19日	20人	法国	贵州海外旅行社	观看民族歌舞表演	1小时	否	
20日	22人	美国	贵州国际旅行社	观看民族歌舞表演	1小时	否	
21日	4人	英国	贵州省文物局	贵州生态博物馆价值评估	2天	是	住博物馆
23日	1人	加拿大	无	旅游观光	2小时	否	

时间	来访者	来自国家	介绍单位	活动情况	停留时间	是否住宿	备注
23 日	3 人	以色列	贵州国际旅行社	观看民族歌舞表演	2 小时	否	
28 日	4 人	法国	贵州天马旅行社	旅游观光	2 天	是	住博物馆
28 日	4 人	法国	无	旅游观光	1 小时	否	

资料来源：梭戛生态博物馆

除接待工作外，博物馆还通过参加外界的各项文艺演出活动，宣传梭戛苗族文化。以下是博物馆组织社区村民外出交流的部分活动列表：

表 2-6　梭戛生态博物馆组织的部分对外交流活动

时间	内容
2005 年	参加江西省举办的"全国乡村文化旅游节"（《笙箫传情》获优秀奖）；贵州省"多彩贵州"文艺演出；贵州省"黄果树旅游节"开幕式；六盘水市第三届少数民族文艺汇演（获二等奖，熊华艳获优秀演员奖）；水城县陡箐乡"多彩坪箐"五月苗族对歌会等。
2006 年	派出社区陇嘎寨王兴洪等 4 人参加"六盘水旅游商品和能工巧匠选拔大赛"（获三等奖）。
2007 年	参加由贵州省博物馆主办的贵州民族服饰北京、大连展；组织箐苗器乐《三眼萧吹奏》参加"全国 2007CCTV 民族民间器乐电视大赛"（获优秀表演奖）。
2009 年	应香港奇艺汇娱乐制作有限公司邀请，4 名长角苗女青年参加该公司举办的中国少数民族文化民俗风情活动。

资料来源：梭戛生态博物馆

上述数据表明，梭戛每年吸引数万计的国内外访客，早已蜚声海内外。然而这些访客，尤其是来自外国的来访者不远万里深入苗寨却仅仅只停留片刻不做久留，这又似乎与其名气不相符合。虽然徐馆长反复强调：梭戛这里的文化内涵不是很深，但可贵在它的原汁原味。然而，如果这种"原汁原味"的文化仅仅停留在长角头饰的层面，或许可以满足访客一时的"猎奇"心理，但是梭戛生态博物馆的路能走多远则令人担忧。

图 2 - 20　梭戛少女远赴香港表演婚嫁习俗（梭戛生态博物馆提供）

（三）管理制度的探索

梭戛生态博物馆在建馆之初即被定为正科级事业单位，其业务范围与宗旨是："收藏展览文物，弘扬民族文化。保护以长角为头饰的苗族文化遗产与自然遗产，收集整理'箐苗的记忆'、文字、图片、录音、录像等资料，结合社区综合扶贫开发工作，促进社区经济发展，提高人民生活水平"①。从业务关系上说，博物馆接受国家文物局和省文化厅的直接指导；从行政关系上看，它隶属六枝特区，特区政府每年向其划拨事业单位人员工资和每人每月 1000 元的办公经费；从 2003 年起，每年预算 5000 元的"箐苗"社区文化遗产保护经费；其他经费需要另外以项目形式向省里申请。此外，博物馆事业人员编制由最初的 3 人逐渐发展至现在的 6 人，其中包括公益性岗位。以下是 2011 年梭戛生态博物馆的工作人员情况：

---

① 摘自梭戛生态博物馆"事业单位法人代表证书"的"业务范围与宗旨"一栏。

表 2-7 梭戛生态博物馆行政编制

姓名	程度	职务	性别	民族	年龄	工作内容
徐美陵	副研究员	顾问	男	汉	40年代	首任馆长,2003年卸任,目前被调回博物馆做文化保护顾问,无正式领导职务
牟辉绪	中专	馆长	男	汉	50年代	原六枝特区党委宣传部宣传科科长,2004年6月调入博物馆担任副馆长
毛仕忠	大专	管理员	男	彝	60年代	原梭戛乡党委书记,离职后于2003年4月调入博物馆,目前与爱人承包博物馆的食宿
郭迁	中专	业务股长	男	汉	70年代	2003年4月自梭戛乡农业技术服务中心调入博物馆,负责资料信息收集工作
叶胜明	中专	工勤人员	男	汉	70年代	2003年9月自梭戛乡文化站调入博物馆,负责驾驶
熊富光	大专	公益岗位	男	苗	80年代	目前博物馆中唯——名本村村民。2010年从上海打工回来后开始在博物馆工作,目前主要负责外界接待和资料信息收集工作

图 2-21 信息资料中心工作人员值班室

牟馆长介绍说:

　　我们的业务就是文化保护和社区发展两大块,但目前的人员编制远远不够，再就是我们工作人员本身业务水平也需要提高。我每年都向上面打报告，要求增加编制，至少到 10 人，我们这里的日常工作才能正常运转，但是因为事业单位进人有它的一套体制，必须要经过考试达到多少分才能进，这里的苗族青年能读到初中、高中就已经相当不错了，你让他参加考试，哪里考得过嘛，就是现在正规大学的本科生都难考过。最后也就给了我们 6 个指标，这里面还包括像小熊这样的公益岗位，所以我们也没有法子。我们博物馆除了业务工作外，还要接受特区政府安排的其他行政事务，这几个星期都在搞政治学习，上面派人来检查我们开没开会，搞不好就要点名批评。像这样的事还很多，我们也很难将精力全部投入到博物馆的业务工作中去。

为此，生态博物馆积极寻求社区力量的参与。一方面，社区力量的参与可以缓解博物馆人员编制的不足；另一方面，社区也必须参与到生态博物馆的工作中去，因为社区参与是生态博物馆理念的精髓，是梭戛生态博物馆建设的原则之一。早在 1995 年的梭戛可行性研究报告中，就提出"随着项目建设的结束，生态博物馆的组织结构中心和管理权将逐渐向梭戛社区转移"[1]。为实现这一目标，博物馆无论是在管理体制上，还是管理法规上都曾做过相关的探索和尝试。

据胡朝相介绍，1998 年梭戛生态博物馆开馆后，项目实施小组草拟了《中国贵州六枝梭戛生态博物馆管理办法》（草案），提出"梭戛生态博物馆依法纳入贵州省公共博物馆体系进行有序管理；梭戛生态博物馆实行馆长负责制，从贵州实际出发，在建设和运作阶段，成立省、市、特区、村等方面代表组成的生态博物馆管理委员会。逐步过渡到由梭戛苗族社区民主

---

① 安来顺执笔：《在贵州省梭戛乡建立中国第一座生态博物馆的可行性研究报告（中文本）》，六枝梭戛生态博物馆编：《中国贵州六枝梭戛生态博物馆资料汇编》（内部资料），准印字第 091 号，贵阳宝莲彩印厂印刷，1997 年，第 17 页。

推举苗族代表任馆长，实行社区居民自愿参加、自己管理的生态博物馆。管理人员由当地文化行政部门的管理者和社区居民中产生，管理人员的工资和报酬列入地方财政预算；生态博物馆的事业经费同省公共博物馆一样，列入省级财政预算。"然而该办法与政府的人事、财政体制不相符。首先，村民即使成了生态博物馆的管理人员，但不是事业编制，其工作报酬不能解决；再者，梭戛生态博物馆在行政关系上隶属于六枝特区，因政府的财政实行分级管理，故梭戛生态博物馆不可能像省公共博物馆那样被列入省财政预算。因为以上两个最关键的问题未能得以落实，该草案没有在当地人大会议上通过，最终只能成为美好的愿望。

2001年年底，博物馆又进行了一次大胆的尝试，成立了"社区文化遗产保护管理委员会"。社区12村寨的代表参加了大会，经投票选举，最终产生了名誉馆长1名、委员11名，并通过《梭戛生态博物馆社区文化自然遗产保护管理委员会章程》（以下简称《章程》）。以下是管理委员会名单：

表2-8 梭戛生态博物馆"社区遗产保护管理委员会"名单

姓名	性别	职务	所属村寨
熊玉文	男	名誉馆长	六枝特区梭戛乡陇嘎寨
王兴洪	男	馆委会成员、村委主任	六枝特区梭戛乡陇嘎寨
熊朝贵	男	馆委会成员、村民组长	六枝特区梭戛乡陇嘎寨
杨兴	男	馆委会成员	六枝特区梭戛乡陇嘎寨
熊朝进	男	馆委会成员	六枝特区梭戛乡陇嘎寨
王开光	男	馆委会成员	六枝特区梭戛乡小坝田寨
王洪国	男	馆委会成员	六枝特区梭戛乡高兴寨
杨正云	男	馆委会成员	六枝特区梭戛乡安柱寨
王光正	男	馆委会成员	六枝特区梭戛乡大湾新寨
杨得虎	男	馆委会成员	织金县阿弓镇小兴寨
王顺德	男	馆委会成员	织金县阿弓镇化董寨
土云华	男	馆委会成员	织金县阿弓镇依中底寨

资料来源：梭戛生态博物馆

《章程》明确管理委员会的性质是："在人民政府管辖下的由长角为头饰的苗族代表选举产生的群众性组织……行使生态博物馆所有的工作职能，目前只是一种过渡形式，待条件成熟的时候，由社区居民民主选举产生生态博物馆馆长，从而达到由社区居民自愿参加、自己管理的生态博物馆，至此管理委员会完成其历史使命。"

这是梭戛生态博物馆将社区自我管理付诸实践的首次尝试，然而，这次尝试与1998年草案存在同样的问题，即无法突破体制和经费的问题。自2001年管理委员会成立后，并未在社区开展任何活动。从2004年开始，博物馆组织每年一次的"生态博物馆社区迎春座谈会"，邀请管理委员会成员进行座谈，以交流谈心和知识竞赛等形式，就社区发展变化和文化遗产的保育和传承工作进行沟通和探讨，但委员时常缺席，甚至找人代替参会。如此，由村民自由选举的管理委员会及其《章程》在其产生之初，就一直形同虚设。

2002年，省项目实施小组就以上问题向北京方面的项目组递交了《关于推进梭戛生态博物馆管理体制建设的意见》，指出"目前的管理方式已经背离了生态博物馆的方向和原则，不是一座真正意义上的生态博物馆，从六枝特区政府派干部来管理只是权宜之策，他们只是生态博物馆的'临时工'……不能树立生态博物馆的主人意识。"北京的项目组非常赞同这一意见，但是也未能找到妥善的解决办法。正如胡朝相所说："这个《意见》是一个理想主义的产物，只是停留在理论上的一次对话，所谈的内容想得到办不到，因为它严重脱离了梭戛社区的实际，也脱离了我国现行的行政体制和事业单位编制的实践。"

目前，博物馆在社区参与方面主要通过以下的方式，例如，培养像博物馆工作人员小熊这样有志于本民族文化保护工作的村民文化骨干，并通过有效的方式（如公益性岗位）逐步吸纳入正式事业编制；组织一些村民表演队或艺人，向来访团队进行民族服饰歌舞和民族工艺的展示；聘请社区的能工巧匠参与博物馆房屋的修缮工作。村民的这些参与途径虽然与最初的设想相距甚远，但毕竟能落到实处。

（四）社区发展

除了上述的文化保护工作外，生态博物馆的建设还吸引了政府对梭戛社区的关注与投入，生态博物馆间接带动了社区发展，改善了梭戛人民的生活水平、提高了其生活质量，具体表现在梭戛社区自然生态环境的恢复、基础设施的完善、家庭收入的提高和教育状况的改善等方面。

1. 自然生态环境的恢复

相较其他民族村寨，梭戛社区偏僻的地理位置较好地保护了其生态环境。然而，随着人口的自然增长，加之当地主要靠农业作为其生计方式，资源匮乏，木材成为重要的经济来源之一，大量树木被砍伐，用作耕地的扩张及木材市场等内外之需。因此，到 20 世纪末，原本茂密的森林植被已遭到严重破坏。博物馆建成后，配合特区科技部门积极开展退耕还林工程，对违规占用林业用地的社区村民进行了劝退及监督工作。目前，梭戛社区，尤其是陇嘎寨的植被覆盖率得到提高，以往乱砍滥伐的情况得到了有效制止，村民也初步树立起环境保护的意识。

2. 基础设施的完善

首先，梭戛地处山坡高地，远离河流，且属喀斯特地貌，水土极易流失，当地常年处于干旱状态，即使在雨季，储水量也只能勉强供应村民日常生活用水和牲畜的饮用。一年大部分的时间里，梭戛妇女都必须背着沉重的大圆木桶跑到几公里以外的山泉去讨水。在建馆之初，妇女背水这一举动还曾被外界宣传是梭戛一道美丽的风景。建馆后，博物馆与梭戛乡政府先是在资料信息中心外凿了一口井，名为"幸福泉"，暂时解决了陇嘎村民的用水问题，但因水质不好，水量有限，此井被逐减废弃。随着近年来政府推行"水、电、路"三通工程，现梭戛社区 12 村寨已基本解决水电问题，往日梭戛妇女背水的场景早已成为历史。如今偶尔能遇见妇女在幸福泉背水，也已演变为一种旅游表演项目。

图 2 - 22　幸福泉

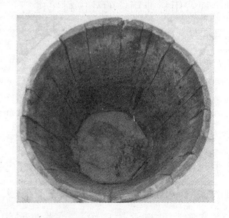

图 2 - 23　大号的背水桶

其次，据徐馆长介绍，以前梭戛的交通状况非常糟糕，他说："1973年，我第一次来梭戛的时候，从六枝走到岩角（六枝途经梭戛路上的一个寨子），住一晚上，又从岩角渡船，渡船再翻几座山才到梭戛，在那里呆个把小时又得赶回去，早上4点走的，晚上3点多才能回。1995年，我陪杰斯特龙、老胡他们考察的时候，也还是烂泥巴路，从六枝出发到那里要大半天。尤其是梭戛乡政府到陇嘎寨，以前根本就没得路，村民都是绕羊肠小道去梭戛街上赶场，1994年，旅游局想开发当地民族风情旅游就修了一条4公里的毛路①，只有吉普车才能勉强开进去，碰到下雨就非常危险。"

随着博物馆的选址定在梭戛后，省政府拿出资金，专门扩建了梭戛乡到陇嘎寨长达4公里的柏油马路；2004年，陇嘎寨至补空寨7.5公里的公路也改造完成；此外，还对博物馆的核心区域陇嘎寨的主要道路进行了道路硬化。道路的修缮一改以往村民人背马驼、绕羊肠小道的艰难出行状况。

图2-24 通向梭戛的的公路

最后，关于当地的住房状况的改善，徐馆长和当地村民都深有感触：

---

① 保持或保留原始路面的公路，俗称毛路。毛路有两个特点：平日土尘飞扬，雨季泥泞不堪。

图 2 - 25　陇嘎寨内泥泞的小路

老馆长说："他们最早是建叉叉房①，建在树上的，因为生活在箐林中，潮湿而且野兽、蛇比较多，后来变成了木结构草顶房，木结构不结实，倒了就用土墙，土墙不结实，逐步就用石头把墙围起。1998 年时基本就是木结构、土墙和石头墙这三种建筑，随着建馆，搞扶贫工作，水泥房就进来了，现在这种方块的现代水泥房的建筑就多了。"

一位村民也回忆："我们这里以前多是叉叉房和土坯房，屋顶是茅草，下雨时茅草很容易漏雨，不好住，卫生也差。"

---

①　又称"权权房"，多见于过去迁徙民族（瑶族和苗族）中经济贫困的家庭。最原始的"叉叉房"是由树干交叉搭建而成的简陋房屋，屋内不分间，无家具陈设，架木为床，垫草为席。

图 2 - 26 原来的土坯房（梭戛生态博物馆提供）

针对梭戛社区的住房改建，政府相关部门与博物馆各有侧重点。

就博物馆方面，他们仍然按照最初的可行性研究报告的意见，重视"陇嘎苗寨原状保护"。《报告》的基本观点是"绝大部分村寨房屋应由其所有者继续使用，并且不改变其建筑功能。加固和维修必须遵循一定的原则"。① 这些原则包括："尽可能多的保存陇嘎村寨的文化、历史见证物……在根据原有结构、使用原有技术进行维修的前提下，应注意建筑出现大的改动的可能性。在村内 100 多处现存建筑中，至少 4 或 5 处应保持现有状态，做出科学的记录。博物馆应对这些建筑作必要地说明和讲解。而对其他 90 余处建筑，应要求所有者至少按原状保存建筑中有火炉的一间，其他房屋的内部改善是可以接受的……还应重视保存那些次要建筑，如牛棚、储藏室等。"按照这一指导性意见，2001 年至 2002 年，博物馆利用省文化厅划拨的 20 万元专款

---

① 安来顺执笔：《在贵州省梭戛乡建立中国第一座生态博物馆的可行性研究报告（中文本）》，六枝梭戛生态博物馆编：《中国贵州六枝梭戛生态博物馆资料汇编》（内部资料），准印字第 091 号，贵阳宝莲彩印厂印刷，1997 年，第 13 页。

用于保护性维修陇嘎寨传统民居 10 户，基本遵照"原状保护"的原则。

图 2 - 27　保护性维修后的传统民居（梭戛生态博物馆提供）

而政府相关部门主要开展了新村建设、发放旧房改造补助和改善基础生活设施等三项工作。自 2002 年，政府在社区开始了全面扶贫工作，12 月动工修建陇嘎新村，新村建筑样式统一为砖瓦结构，包括 40 套住宅、2 个公共厕所和 1 个可容纳多匹牲畜的公共厩。2003 年 10 月，陇嘎老寨中的 40 户无房户和危房户入住新村。期间，博物馆协助对陇嘎寨部分搬迁户老房进行了保护性维修，重点保护具有民族特色的建筑物。另外，政府对未能搬迁的陇嘎危房住户提供 3000 元至 10000 元不等的住房改造补助款，不少村民将老房改建为了四方块的水泥房。此外，政府在陇嘎社区修建垃圾池 7 个，沼气池 26 个，防氟灶 104 个，对村寨中主要道路和新村 40 户院坝都进行了硬化，进一步改善人居环境。

不难看出，相较于博物馆方面，政府其他部门更加注重对社区住房条件的直接改善，而对当地传统民居的保护似乎并不是其工作重点，甚至还

图 2 – 28 陇嘎新村

因为在没有出台相应的住房改造规定的情况下向当地村民发放住房改造补助款，造成社区原有传统民居建筑迅速遭到人为破坏，这暴露出同为政府下不同部门之间存在的分歧和矛盾。

图 2 – 29 陇嘎老村以前的建筑风貌（梭戛生态博物馆提供）

图 2 – 30　陇嘎老村现在的风貌 (2011 年 2 月摄)

3. 家庭收入的提高

一方面，博物馆配合当地政府和旅游部门积极开展并鼓励村民参与社区的旅游业开发，以此增加村民的副业收入。在资金投入上，2002 年，六盘水市科技局和六枝特区民族宗教局拨款 1.5 万元用于社区传统工艺保护和民族工艺品开发；博物馆也拿出部分经费资助村民在外地学习并自主开发民族工艺品。目前，梭戛生态博物馆的旅游工艺品展示厅内已有工艺品 52 种 200 余件（套）。博物馆将位于陇嘎寨门的民族工艺品展示厅承包给村委，作为专门的旅游纪念品销售地点，其收益直接由村民享有。此外，博物馆还通过组织村民参加外地演出、参与旅游团队的本地接待①、鼓励工艺

① 接待活动主要由民族风情展示和民族歌舞表演为主，具体线路是"寨门迎宾酒——观看推磨、画蜡、梳头、挑花、刺绣、纺纱、织布、背水等民族风情——资料信息中心大门敬第二道迎宾酒——参观展览厅——观赏民族歌舞表演——敬送宾酒"。

品家庭模式的销售等多种途径,增加了部分村民的收入。例如,根据团队的不同规格,观看一场40分钟的歌舞表演,支付费用在300至800元不等,收入直接归村寨所有,他们内部进行利益分配;村民在外地演出时,每天也有30至50元的生活补助和几百元不等的演出费用。

图2-31　旅游纪念品(传统服饰、竹编和织布机、纺纱机模型)

图2-32　大门紧锁的民族工艺品展示厅

另一方面，六枝特区科技部门还积极在梭戛社区开展了科技兴农等项目。例如，2003 年，市农业局在陇嘎寨实施了 50 亩金银花种植和 10 亩鱼腥草种植；2004 年，又投资 15 万元在高兴村开展养猪、养鸡、养鱼等 8 个养殖项目；目前，社区进一步扩大经济作物的种植，种植核桃树 300 亩、杨梅树 5000 亩、绿肥种植 1500 亩等。这些项目既提高了农户种植的科技含量，也大大拓宽了村民的经济来源。

据徐馆长介绍："以前梭戛温饱都成问题，1995 年的人均年收入还不到 300 元，2005 年达到 1258 元，2011 年突破 2000 多元，人均粮食从不足 180 公斤到现在的翻番，社区已经基本脱贫了。"如今，社区的很多村民已经用上了手机，摩托车代替了马车，富裕的村民还修建了现代的小洋楼。

4. 教育状况的改善

建馆后，新校区的建设和女童的入学是梭戛社区在教育方面取得的两大重要成果。以前的小学是地地道道的"牛棚小学"，还是借用了陇嘎一位熊氏家的老宅子，全木结构，40 多平方米，下层嵌入地底近两米，一间养猪，一间养牛，中间楼上的部分才用作校舍。1996 年，原贵州省省长、省人大主任王朝文在考察梭戛生态博物馆项目时，感慨"牛棚小学"条件之恶劣，遂拨款几万元兴建了"陇戛[①]苗族希望小学"。2002 年，贵州省政府和香港邵逸夫基金会投资 40 万元兴建了陇戛[②]逸夫小学，共三层楼，拥有电脑和远程教育播放设备等现代教学设施。另外，建馆前，梭戛女童没有上学的机会，只能在家帮助做家务及干一些挑花、刺绣等针线活，这已成为当地苗族的不成文的规矩。建馆后，政府开设了两个女童班，学费全免。博物馆配合做女童上学的动员工作，当时做动员工作的徐馆长回忆："这里的苗族不准女孩上学，你跟他讲也讲不通。他说'我家小男孩都上不起学'，我说，'你少喝点酒就有钱了'。后来我们也是家家做工作，告诉他

---

① 即本书中的"陇嘎"，此处取"戛"是以学校挂牌上的文字为准。
② 即本书中的"陇嘎"，此处取"戛"是以逸夫小学挂牌上的文字为准。

们，只要是小囿女，学费全免，还跟他们说上学的好处，至少会讲汉话，赶场也能跟人家对话嘛，这样才有个别的送囿女来上学，这家看到有人送了，那家也慢慢都送上学了。这样，观念才慢慢改变，陇嘎寨、高兴村这附近的村子基本都来了，现在，整个12村寨大概有79%的女童上学了。"

图2-33　以前的牛棚小学和现在的逸夫小学

（梭戛生态博物馆提供）

以上社区方方面面的变化，还可以从2004年4月博物馆对梭戛社区家庭情况调查中窥见一斑，笔者随机抽取并整理了不同年龄层次的家庭状况：

表2-9　梭戛社区家庭情况调查（2004年4月）

户主	出生年月	文化程度	生计方式	子女数量	子女情况	经济状况
杨正华	1940.6	文盲	务农	8	六子，熊朝林，1979，小学文化 七子，熊老幺，1985，文盲 八女，熊幺妹，1987，小学文化	黄牛1头、山羊5只、鸡5只、苞谷1000斤、小麦100斤、洋芋2000斤、豆子50斤。
王定权	1959.10	文盲	务农	4	三女，王三妹，1983，小学文化 四子，王文，1986，初中文化	黄牛2头、猪2头、鸡8只、苞谷2000斤、小麦200斤、洋芋2000斤、豆子100斤；退耕还林0.3亩，补助粮食100斤；外出打工收入1500元。
熊少忠	1952.1	文盲	务农	3	三女，熊金美，1986，初中文化	黄牛1头、猪2头、苞谷1000斤、洋芋1000斤；退耕还林3亩，补助苞谷900斤；本地打工收入500元。

续表

户主	出生年月	文化程度	生计方式	子女数量	子女情况	经济状况
王兴洪	1964.9	小学	务农	2	长子，王老大，1988，初中文化 次女，王芬，1990，小学文化	黄母牛1头、种牛1头、鸡300只、苞谷1500斤、油菜籽400斤、洋芋2000斤；退耕还林4亩，补助粮食1200斤；本地打工收入3000元。
杨明方	1964.4	文盲	务农	2	长子，杨老大，1992，小学文化 次子，杨小二，1994，小学文化	黄牛3头、猪1头、鸡100只、苞谷1500斤、小麦200斤、豆子100斤、洋芋2000斤；退耕还林2亩，补助粮食600斤；本地打工收入1000元。
王兴付	1972.7	小学	务农	3	长子，王昌华，1995，小学文化 次子，王昌国，1999	黄牛一头、鸡7只、苞谷1500斤、小麦200斤、洋芋2400斤、豆子50斤；退耕还林1.8亩，补助粮食540斤；本地打工收入1200元。
杨兴	1974.11	中专	务农	2	长子，杨老大，1998 次女，杨二妹，2004	黄牛1头、鸡10只、苞谷1500斤、洋芋2000斤；退耕还林4亩，补助粮食1200斤；本地打工收入1000元。
说明					1头黄牛市价1000元、1头猪市价100元；苞谷1斤0.5元、洋芋1斤0.2元；退耕还林每1亩可获粮食300斤，相当人民币150元。	

资料来源：梭戛生态博物馆

　　从上表可以看到，不同年龄层的家庭收入不同，文化教育水平有不同提高，一方面反映了博物馆建设后的改变，另一方面也反映了年龄、教育水平、子女数对家庭经济状况的影响。

　　综上所述，随着生态博物馆的建成，梭戛昔日的羊肠小道变成了柏油马路，煤油灯变成了电灯，背水吃变成喝自来水，牛棚教室变成了现代化教学楼，叉叉房变成了水泥房，电视、手机、摩托车等电子产品和运输工具进入社区。粮食产量的提高，养殖业的发展，村民教育水平的提高，这种种的变化无不源于一座生态博物馆的建设。应该说，生态博物馆的建设确实推动了当地社区的发展，改善了居民的生活水平。

此外，梭戛社区除了拥有中国首座生态博物馆这一称号外，还在 2003 年被国家文物局列为国家级重点保护村寨之一；2004 被省委、省政府命名为"爱国主义教育基地"；2006 年被国家旅游局列为"全国农业旅游示范点"项目；近年来又被作为贵州"六枝梭戛苗族风情景区"，被"贵州省风景名胜区协会"、"贵州省旅游协会"、《当代贵州》杂志社几家评为 2008 年度贵州十大魅力旅游景区。不可否认，梭戛苗族确具有独一无二的民族文化，然而外界赋予社区诸多赞誉，其实更多是缘于梭戛头顶中国第一座生态博物馆的桂冠。

第三节 相关群体对梭戛生态博物馆的态度和评价

对于生态博物馆的建设及带来的变化，从表面层次看，是正面而又有积极效应的。然而，从不同的角度、不同的层面和不同的位置看待它时，却有了不同的认识。

一、当地政府的态度

原六枝副区长郑学群在 2006 年 3 月 14 日的"六枝民族民间文化研究座谈会"上曾发言，她说：

> 我觉得如果没有杰斯特龙先生他们选点，定梭戛为中国第一座生态博物馆，就没有梭戛的今天，因为如果没有他来选点，江总书记就不可能来出席这个签字仪式，（贵州省）钱运录书记也可能不会到梭戛来，因为贵州贫困的地方太多了。
>
> 1996 年的时候，我在六枝当副区长，陪王朝文主任（原贵州

省的老省长）到梭戛的时候，他是苗族，当时他看了陇嘎的牛棚小学，看了这个寨子，就讲："我当了这么多年的'苗王'，我不知道还有这么穷的苗寨，如果我知道的话，我可能会早一点来看，早一点关心它。"后来，我拿报告到省人大去找王主任拿到几万块钱，建了这个希望小学，校名也是王朝文主任题写的"陇嘎苗族希望小学"，所以我用实事求是的态度来讲这个事，没有梭戛生态博物馆就没有梭戛的今天，就没有更多的人关注梭戛。梭戛今天的现状、发展，可能还要往后5到10年……这个生态博物馆，由于国内外来的领导、专家、学者非常关注——来的人比较多。我们钱运录书记一来，看了说：这么一个对外的窗口，这么贫穷，这么落后，不行，我们要让它发展起来，所以才有国家、省里、市里各部门的资金重点投入到这个地方。

另据牟馆长介绍，生态博物馆建设的总投入不超过300万①，然而政府因生态博物馆的建设而下拨的相关配套建设资金多达上千万。以上资金的来源渠道呈现多元化，如建设厅、爱委会、民委、农办、旅游局、发改委、文化厅等政府部门都根据各自的工作职责对文化遗产保护区投入一定经费，用于建设基础设施，改善生活卫生环境，加强基础教育，挖掘、整理、保护文化遗产，建设资料信息中心等。

由此可知，梭戛社区的发展是政府各部门的合力所为，反映了各级政府对梭戛生态博物馆的建设是大力支持的态度，这一方面是因为梭戛社区本身的贫困状况，另一方面则是由于生态博物馆所在社区代表着六枝、贵州乃至中国的对外形象。因此，作为政府主导的文化保护项目，作为对外宣传的窗口，梭戛社区自然格外得到了政府各部门的重视和投入，以及社会各界的重点关注。

---

① 指用于资料信息中心的建设及下拨至生态博物馆这一事业单位的业务、人员经费等。

二、专家学者的评价与博物馆的无奈

梭戛生态博物馆在建设之初，即被赋予学术及科研价值，因此各学科的研究者纷纷来到此地进行田野考察。一方面他们积极关注梭戛生态博物馆对当地社区文化造成的影响；另一方面，他们也同生态博物馆管理层进行直接对话，了解博物馆的运营状况。在此过程中形成了他们对博物馆的认知。这些观点可以从他们的研究成果中窥见一斑。其中，较有代表性的研究者如原福建泉州黎明职业大学的潘年英，他认为梭戛社区在谋求发展的过程中，背离了原有的文化保护目标，而趋向世俗化、功利化和商业化的畸形发展态势。① 而牟馆长对此表示，这并非生态博物馆能力所及，而是受到上一级政府的态度导向。2002 年，一位省委书记的视察讲话对政府部门开展梭戛生态博物馆运作思路产生了重大影响。他说："贫穷不是社会主义，保护民族传统文化不是保护落后。要把民族文化保护与脱贫致富结合起来，促进两个文明建设协调发展，充分显示社会主义制度的优越性"②。自此，政府相关部门的各项扶贫工作大力开展，梭戛社区的文化保护工作也由此转向经济发展，而在这一过程中，生态博物馆这一科级派出机构只能是协调和配合，至于博物馆社区内部出现的商业化等行为，生态博物馆只有建议权，没有话语权。

三、居民的态度和评价

生态博物馆是原地型博物馆，具有活态、常人生活空间的特点。当一种外来的理念和事物进入一个偏远而整体文化教育水平不高的乡村时，原

---

① 参见潘年英：《梭戛生态博物馆再考察》，《理论与当代》2005 年第 3 期，第 7—8 页。

② 贵州日报：《把民族文化保护与农民脱贫致富结合起来：龙超云赴梭戛帮助解决实际问题》，2002 年 8 月 29 日，http://gzrb.gog.com.cn/system/2002/08/29/000251132.shtml，2012 年 3 月 16 日。

地居民对此又有何看法呢？

（一）生态博物馆所在地陇嘎寨居民的看法

陇嘎寨是生态博物馆所在地，相较其他苗寨来说，政府不论在硬件设施上，还是经济援助上都给予了更多的支持。然而，在采访中，除了在生态博物馆工作的小熊，陇嘎寨的村民很少有人知道生态博物馆究竟是做什么工作的，至于社区的改变，其中一些村民认识到是生态博物馆带来的好处，另外一些村民则认为是政府的扶贫工作，与生态博物馆似乎并无关联。总体上，村民对外界的采访都十分的冷漠，而且警惕性也比较高。牟馆长对此解释道："村民不知道生态博物馆的性质是很正常的，我们博物馆2006年时开座谈会，请村干部过来，问他们什么是生态博物馆，社区的情况等，做个互动嘛，结果他们都答不上来。可想而知，这些村干部都不知道，那些村民怎么又知道呢？我们都有渠道让他们了解，博物馆里就有介绍，但说到底，这个与他们的生活没有太大的关系，他们为什么要了解呢？我们这里就想培养民族文化讲解员，但是又很难留住人。"对此，小熊说出他的看法："他们不知道生态博物馆是有可能的，年纪大点的都是文盲，年轻人又有很多出去打工，但是我觉得还是有一些人知道生态博物馆给我们这里带来了很多变化，他们说不知道可能就是懒得说，以往有这样的情况，外面的人乱写乱报。要是我带你去吧，他们还会回答。"

以下是笔者就生态博物馆的相关问题对一些陇嘎村民的随机访谈，情况如下：

表2-10 陇嘎寨村民对生态博物馆的认识情况（2011年2月）

村民	年龄	生计方式	什么是生态博物馆	生态博物馆带来了哪些改变	对生态博物馆的建议
熊氏（男）	80年代	政府公益岗位	我现在就在这里工作，主要是文化保护，提高我们社区的发展。	如果没有生态博物馆，我们梭戛还要落后起码5—6年。	文化保护工作还不够。例如，与学校教育联系不多，村民乱建乱盖房子，博物馆也说不上话。

续表

村民	年龄	生计方式	什么是生态博物馆	生态博物馆带来了哪些改变	对生态博物馆的建议
杨氏母女	60年代	务农	我经常带我女儿来这里表演（歌舞）。	经常看到外国人，让我女儿长了见识。	说不好。
	90年代	小学生	组织我们来表演。	不清楚。	不知道。
杨氏（男）	80年代	外出打工	好像是哪里来的单位。	没有太大改变。	我也没去过，没有建议。
熊氏（男）	60年代	工匠	我（现在）修库房的地方就是生态博物馆。	通了水电。	没想过。
熊氏（女）	50年代	务农	那边的一些房子。	给我孙子发了书包。	不知道。

由上可知，村民对生态博物馆的认识是非常感性的，且往往与他们的生活直接关联，至于生态博物馆的理念，那似乎是政府或学者们的事了。

（二）社区其他苗寨居民的看法

生态博物馆涵盖了12个苗民村落，但博物馆信息资料中心的具体馆址只能落脚于一个村落，由此也会带来不同村落居民对此的不同认识。

在梭戛社区高兴村陇嘎寨的一户人家的定亲仪式上，周边的苗寨居民言语中透露出对陇嘎寨居民的羡慕之情：

村民甲：我不是这个寨子的，跟他们家是亲戚，今天来吃酒。他们这里好，好多活动都在这里搞，游客也多，在家就可以卖东西给人家。我们那里离得远，又没有博物馆，外面来了人一般都是冲博物馆去的，去我们那里的少。政府应该也在我们那里建一个博物馆。

村民乙：政府对这边重视，还专门盖了房子，不要钱就可以住，我们就没有那个命。

（三）社区外邻近居民的看法

梭戛社区的发展间接为邻边村寨的居民提供了就业机会，最典型的是运输的发展，以下是一位守候在陇嘎寨大门，来自岩脚的摩托车司机的谈话：

> 他们这里有个博物馆，每年都有很多游客。我主要是做散客的生意，散客一般没车，行李又不多，花一两百元包车就不划算，坐班车还得看时间，坐我的摩托车就比较自由，才三十块钱送你到乡上，时间也差不多，我包你能坐上车。我也不是天天来这里等客，一般里面有客人想叫车，就有人给我打电话。我觉得这里的苗族还是比较懒，其实政府在这里搞旅游搞了好多年了，他们就是搞不起来，这么多年，我看这里还是没有太大的变化，又脏又乱，比不上我们汉族的村子，比彝族的也差点，可能是苗族人没有那个意识。要是我们那里有政府来，早就不是这个样子了，不过我看这里早晚旅游要搞起来，只是他们意识不够。

这位司机的话似乎有点吃不上葡萄说葡萄酸的意味，一方面因梭戛的旅游给他带来了"财路"，另一方面又从骨子里对政府的"偏爱"不满。不知这样的认识是否代表了大多数社区外不同群体的认识？因时间关系，笔者没有做更多的访谈。

四、游客的态度和评价

随着梭戛知名度的不断提升，到此旅游者源源不断。在田野考察期间，笔者偶遇来博物馆参观的散客，她称自己一家人带着孩子，自驾车来此处游玩。当问到对这里的印象如何时，她回答："感觉没得什么看，村里面的路也不好走，又滑，这种地方又是深山里面，很偏僻，我们坐了两三个小时的车，来这里也就是为了看这个生态博物馆嘛！电视、报纸上到处宣传这个地方，所以特意来看，感觉有种古老的感觉、古老的文化，不好的地方就是（景点）太散了，也不认识路。还有，这里的人好像都不太讲话哦，问他什么都不理睬。所以,我们就打算看看博物馆就走了。"

同天,来自浙江的一个旅游团也来博物馆参观,博物馆组织了一场民族服饰舞蹈表演,即由20个左右的小学生,着盛装来到博物馆资料信息中心的坪场上进行舞蹈展示。旅游团里一位年轻的女孩兴奋地说:"这里是我们的一个点,导游说可能就只待一两个小时,说这里有个生态博物馆,是中国第一。我感觉还挺有少数民族风情的,小女孩头上的装饰非常特别,也很热情,我刚跟她们合了影,其他地方我们可能也没有时间去逛了。"

对于游客来说,旅游的目的、心情、年龄、文化水平等都会影响到他们对旅游目的地的评价,当然,旅游目的地本身的建设和运营状况也是影响他们评价的因素之一。对梭嘎而言,生态博物馆的建设无疑是其吸引游客的一个重要资源,对其评价也会因游客自身的多种因素而褒贬不一,但却是生态博物馆建设状况良莠的重要标尺之一。

第三章 "民间机构主导型"生态博物馆

　　"民间机构主导型"生态博物馆是指由私人机构独立出资、管理、运营的生态博物馆建设模式，以中国贵州的"地扪人文生态博物馆"（以下简称"地扪生态博物馆"）为代表。

　　地扪生态博物馆的创建与中挪贵州生态博物馆群的建设存在某种联系。2002 年，因中挪前两期的国际合作项目，即梭戛苗族、镇山布依族生态博物馆的建设进展顺利，双方继而签订了第三阶段的合作协议，开始隆里汉族、堂安侗族两座生态博物馆的建设，从而构成中挪合作的贵州生态博物馆群。2003 年 3 月，就在黎平县堂安侗族生态博物馆的建馆期间，黎平县政府也开始大力推动侗族文化生态旅游的发展。为此，县政府专门聘请香港明德创意集团及其下属研究机构"中国西部文化生态工作室"（以下简称"工作室"）担任文化保护和旅游发展顾问，旨在维护和提升黎平县侗族文化的中心地位，探索发展侗族文化生态旅游的黎平模式。起初，明德集团及"工作室"以堂安为试点，欲将其塑造成为"侗族文化生态旅游"的示范点。在此期间，"工作室"也直接协助、参与了堂安生态博物馆的建设，为当时正在筹建的资料信息中心采集"侗族文化数据库"的资料。由于在堂安的工作受到诸多的限制，明德集团遂决定由集团自己出资，创建"地方人文生态保育与乡村文化生态旅游的协同发展模式"①。明德集团希望将此模式打造为样板，逐渐推广至广西、云南等邻近省份的少数民族社区，最后形成一个网络群体。明德集团最初的目的在于探索乡村文化保护与旅游的和谐发展，而堂安侗族生态博物馆的文化活态保护与社区发展的理念给予了他们新的灵感。于是，2004 年，在黎平县政府的支持下，明德集团和"工作室"由县政府的顾问方转向投资方，选择在地扪侗族社区规划建设生态博物馆。经过近 1 年的筹备，2005 年 1 月 8 日，"地扪人文生态博物馆"正式开馆，"工作室"负责其日常管理和营运。至此，生态博物馆的民营模式在中国展开了探索。

第一节 地扪概况——坝子里的侗家

一、行政分布

地扪生态博物馆位于贵州省黎平县茅贡乡境内，距乡政府所在地往北 4 公里，距黎平县城 46 公里。该馆由 1 个社区文化研究中心和 15 个文化社区构成。文化社区以地扪侗寨为中心，包括地扪、腊洞、登岑、罗大、樟洞、蚕洞、己炭、中闪、额洞、茅贡、高近、流芳、寨南、寨母、寨头 15 个村，46 个自然寨，覆盖面积达 172 平方公里。其中，地扪、腊洞、登岑 3 个侗族村寨是博物馆的核心文化保护区域。社区文化研究中心则设在地扪，由

---

① 任和昕：《人文生态博物馆建设与乡村旅游发展——地扪侗族人文生态博物馆的实践与探索》，杨胜明主编：《乡村旅游：促进人的全面发展》，贵阳：贵州人民出版社，2006 年，第 86 页。

资料信息中心、若干个专题的"文化长廊"①、专家工作站、接待服务中心等构成。

图3-1 地扪生态博物馆社区分布图（地扪生态博物馆提供）

二、自然环境

地扪侗寨社区地处山谷间的坝子，境内以中低山为主，最高海拔960米（腊洞），最低海拔510米（中闪），年平均气温15度左右，年降雨量约1300毫米，属于中亚热带季风气候；社区临近长江水系清水

---

① 博物馆社区文化研究中心建设了300平方米的"文化长廊"，用于展示造纸、榨油、纺织、印染、刺绣、编织等侗族传统工艺；并邀请歌师、戏师和民间工匠、艺人传授和演示侗族戏剧和侗族传统手工技艺等。

江的源头，处于长江水系和珠江水系分水岭地带，境内虽无大的江河，但山泉小溪蜿蜒曲折，有着典型的依山傍水的人居环境。正如地扪村的吴支书所说：

> 我们贵州这边有句老话，叫"苗家住山头、侗家住水头、客家住街头"，我们侗家认为如果居住的地方没有水，这个地方就没有灵气，就发不起来。地扪这个名字是侗语发音，意思是泉水不断冒出来的地方；老一辈人说还有一层意思，在我们地扪寨子的入口那里，有两棵百年的红豆杉，很粗，围起像一个门一样，外面的人也不太容易发现这里，意思是保护、守卫我们这里，所以就取名叫地扪。

不论地扪是哪种含义，都蕴涵了当地侗族人民傍水而居的传统生活方式和祈求人丁兴旺、幸福吉祥的美好愿望。

图 3-2 地扪侗寨远景

图 3 – 3　傍水而居的侗寨

三、人口、民族及村落形成历史

地扪社区约有1.5万余人,基本都是侗族。15个村寨中除地扪外,还有一些村寨以侗语音译而命名。例如,"登岑"① 是指"对面山坡的坡底";"高近"指"四周高山峻岭";己炭村的"己"也系侗音,意为"岭上",因以烧炭为生,故称己炭;寨头原为侗语的"宰头",指"地形似龙头转首朝上";寨母中的"母"是侗语"坟墓"的意思,指寨子所在地原为一片墓地。

关于地扪的形成,吴支书这样说:

地扪村下面现在有5个自然寨,围寨、模②寨、芒寨、母寨和寅寨;11个村民小组;568户人家,2433人,5个姓,吴是最大姓,占98%,还有段、李、刘、徐都是侗族。段、李、刘最早从

---

① "岑"普通话发音为"cén",而当地人念"qín",根据《黎平县茅贡区志》记载:明永乐年间,此地地名为"登芩",故今人念"qín"大概是取"芩"之音。

② 当地人念"mú"。

湖南迁来，他们其实是汉族，但是要在我们侗寨住，就要是我们侗族，所以他们就改成侗族了。吴家是从江西迁来的，我编的有一首《地扪祖始歌》，120个字，就讲了这个迁徙路线。侗族没有文字记载，我们这辈才开始用汉字记，以前都是口传。我们写侗歌也都是用汉字代替。我是通过跟老人家款（聊天），提供信息了嘛，说是最先从江西吉安府太和县到广西，再到榕江，最后到地扪，中间很多细节。

地扪是千三侗寨的总根，怎么喊千三侗寨？因为从江西迁到地扪，发展到1300户，人多了，没有饭吃，就分到腊洞200户，茅贡那边分去700户，登岑和罗大100户，剩下300户在地扪。这些分出去的各支每年都要回到地扪祭祀祖先，后来慢慢就形成了"千三"节，地扪是千三总根。这里还有一个千三鼓楼，一个千三社稷坛，千三鼓楼前几年被火烧掉了。

地扪一位80岁的吴姓村民这样描述他祖辈的迁徙路线：

我们从江西吉安府，到锦屏下面的远口，再到榕江，不好住，又到黎平的三什岗（即三什江，位于黎平县西北部），就是山边边，最后才搬到地扪。到我公（祖父）已经是第5代，算到现在起码有10代了，大概200年。

当地人普遍认同地扪吴氏祖先最早迁自江西府太和县（今江西吉安市泰和县），由北向南，一路辗转，最后定居地扪。后因人丁兴旺，又迁部分人口至茅贡、腊洞、罗大、登岑4寨。《茅贡忆祖来源歌》[1] 也有类似描述：

记起祖宗原在江西吉安府，
后来迁居贵州天柱远口设立总祠堂。

---

[1] 杨国仁、吴定国：《侗族祖先哪里来》，贵阳：贵州人民出版社，1961年，第143—144页。

有了先祖才能有后代，
吴家的根种遍地方。
迁到榕江住不惯，
只因难辨落雨或是出太阳。

逐步移离又迁走，
来到行谢河岸上，
那时潭深难见底，
据说潭里有龙王。
龙王身边住下有福分，
后来子子孙孙坐满堂。

儿孙多了住不下，
爷奶祖先又商量；
分为五寨以条沟为界，
同姓开亲寨与寨成双；
益①和得面开成对门亲，
目与宰母亲家走经常。

剩下为寨无处结，
又分与目结鸳鸯。
人口发展落满寨，
又愁屋坐又愁娘。
田地越来越嫌少，

---

① "益"与后二句的"得面"、"目"、"宰母"、"为寨"是侗语的音译，依次是地扪村的寅寨、芒寨、模寨、母寨、围寨。

祖公商议分出去开荒。

分去腊洞就把高山上，
分去茅贡发七百家人丁旺。
分去罗大那里荒田真不少，
肥田沃土年年有余粮。
三村五寨共条根，
总根在千三①。

忆祖古歌详细叙述了地扪吴氏祖先迁徙路线，以及到达地扪后又分散至寅寨、芒寨、模寨、母寨、围寨5个寨子，最后再延伸至腊洞、茅贡和罗大三个村。当地习惯将这些村子称为"千三寨"，意为与地扪吴氏有血缘关系的村寨，而地扪则被称作"千三的总根"。

除"千三寨"外，社区其他村寨也各有历史。以地扪毗邻的樟洞为例，一位石姓村民介绍说：

我们这里19个姓，主要是侗族和汉族，我们侗族人叫汉话是客话，基本都会讲。我们也一直都修族谱的，祖上是从河南来，到黎平的潭溪村（位于黎平县东北部），在黎平的时候有5个公（祖父），分下来，到榕江，那里没住了，就到这里了。我们在河南是汉族，中间就变成了侗族，去年我们还去了河南祭祖，每个人出5毛钱，姓石的都要出。我们这个寨子，全村姓石的只去一个人，靠选举，大的族长和小的族长，我们6个小组都有个族长，就选出一个代表去。

由上可知，地扪社区历史上即开始了汉侗文化的交融。正如这位石姓村民及家人均认为自己是地道的侗族人，但同时也承认自己的祖上是汉族，

———————

① 千三：在地扪附近的一个大祖母堂，民间习俗称社稷坛。

他说："一般来讲，汉族才供奉天地君亲师，侗族是没有这个的，但我们樟洞这里的侗族是每家每户都供神龛，也讲不上为什么，就是'遗传'"。

图3-4 樟洞村新建民居和大厅内供奉的神龛

四、生计方式

地扪社区的自然条件使当地的农业资源较为丰富。传统稻作是其主要生计方式；其次是林业，以杉、松为主，尤其红豆杉是当地最为名贵的木材，另兼有多种杂木；此外，牲畜养殖、茶叶种植、天麻、茯苓等中药材采摘也成为当地村民副业收入的一小部分。自20世纪90年代末期，社区村民陆陆续续外出打工。

以地扪的情况为例，吴支书介绍说：

> 茅贡乡人均年收入是2120元，地扪稍微好一点。我们靠种植、养殖业为主，像稻谷，苞谷，一些茶叶；养猪、鸡、鸭。这里有一个顺口溜，叫"养猪得过年，养鸡养鸭换油盐"，穷了嘛！所以都出去打工。现在出去打工的有几百户，1000人左右，出去差不多一半了。我们都是靠打工了，因为我们没有厂矿和企业，都是靠种庄稼，

产值太低了。明年我还鼓励大部分人出去打工，不出去的包出去的人的田来种，像有的出去一家人，这样不出去的人就多了10—20亩田，他才能赚点钱。

社区其他侗寨的情况也基本相似，据樟洞的一位村民说：

> 我们这里主要靠水稻，养猪，卖杉树。我家每年余2000到3000多斤谷子，够吃了，但富不起来，现在年轻人都吃不了这个苦，他们也不会。这里基本上都出去完了，就剩下我们这些老残废和娃崽在家。我们干得动的这些人就下田，年纪大、干不动了的老人一般还会做做鞋和打打花带，都是自己用。年轻人打工挣得钱多，就回来盖房子，你看到的那些新房子基本都是打工的人回来盖的。外面还是没有这里空气好、环境好。

正是地扪独特的民族文化，良好的自然环境，为地扪生态博物馆提供了极好的自然和人文环境。

图3-5 地扪水田

图 3 - 6　禾仓外晒谷子的村民（地扪生态博物馆提供）

第二节　地扪生态博物馆的创建

一、明德集团与"西部工作室"

　　地扪生态博物馆的出资方是香港明德创意集团（以下简称明德集团），董事长李先生是地道的香港人，因为关注中国西部地区的生态环境保护和人文资源的旅游开发等问题，他于 2002 年在香港注册、在贵阳创办了"中国西部文化生态工作室"，并聘请任和昕作为西部工作室的秘书长，后来任和昕又兼任了地扪生态博物馆馆长一职。作为一个民间机构，西部工作室成立之初就开始致力推动"中国西部人文生态保育和生态旅游发展计划"（以下简称"计划"）。此计划主要针对中国西部地区人文生态的保育和传承，通过在一些特定的文化社区建立人文生态保护区，并配合地方政府协助当地居民积极培育乡村文化产业、发展社区经济，特别是倡导开展促进自然和人文生态可持续性发展的生态旅游活动。工作室自 2002 年 6 月开始关注黔东南地区的侗族、苗族、水族、瑶族、壮族、布依族等少数民族原生文化。① 其中，地扪人文生态博物馆是此"计划"的成果之一。

二、生态博物馆创建之原因

明德集团关注中国西部文化生态等问题是缘于以下两个方面的因素。其一，西部大开发战略正式启动。2000 年 1 月，国务院成立了西部地区开发领导小组，并召开西部地区开发会议，研究加快西部地区发展的基本思路和战略任务，部署实施西部大开发的重点工作。同年的 10 月，党的十五届五中全会通过《中共中央关于制定国民经济和社会发展第十个五年计划的建议》，把实施西部大开发、促进地区协调发展作为一项战略任务，强调："实施西部大开发战略、加快中西部地区发展，关系经济发展、民族团结、社会稳定，关系地区协调发展和最终实现共同富裕，是实现第三步战略目标的重大举措。"其二，交通运输发展前景明朗。黎平旅游支线机场建设项目于 2001 年 4 月正式启动，总投资达 2.4 亿元。因机场所在的位置距离黎平县城仅 20 公里，又毗邻湘、桂两省区，故将在一定程度上带动当地的旅游发展。正是基于以上的背景，明德集团创办了"中国西部文化生态工作室"。任馆长介绍：

当时香港机构认为未来是一个很好的前景，基于地上和地下因素的双重考虑，我们认为生态旅游是未来的一个需求，因此就开始致力这方面的一些工作。2003 年 3 月，明德集团跟黎平县人

---

① 参见任和昕：《人文生态博物馆建设与乡村旅游发展——地扪侗族人文生态博物馆的实践与探索》，杨胜明主编：《乡村旅游：促进人的全面发展》，贵阳：贵州人民出版社，2006 年，第 84—85 页。

民政府正式签订了 30 年的顾问协议，帮助政府利用人文资源来推动旅游，后来开发商也开始注意这里了，政府说你们分开做吧，从顾问到投资吧。一开始我们就选择在堂安，尝试培训旅游管理等，但做到一定时候遇到问题了，文化厅和挪威方面认为我们是香港机构，我们跟当地社区抢夺资源，这样就很难再做下去了。而且，黎平政府把肇兴这片（黎平县往南约 70 公里的侗乡）也给了另外一个开发商，我们又遇到资源抢夺的问题，只好放弃肇兴堂安（堂安是肇兴乡管辖的一个行政村）这边了。其实，我们开始就想找一个点，生态博物馆最初跟我们没有关系，因为在宣传堂安的过程中接触了生态博物馆概念，觉得文化是个很重要的问题，找了很多理论，发现生态博物馆理论讲这个问题讲得很清楚，非常好。尤其是在贵州已经在实践，就想用这个概念来指导我们文化保育这块，同时生态旅游还是一样做。当时的思想还是认为生态旅游和文化保育可以是一对孪生兄妹嘛，二者可以并行前进。应该说我们是被逼来做，而不是为做博物馆而做博物馆，我们当时的诉求就是做一个样板出来，一个案例，有了这个样板我才能推广。再一个，我在堂安帮政府做文化传承方面工作的时候，发现博物馆实际做的跟讲的差距还是很大，我做顾问时也是研究过程，差距越来越大时，我就说算了，自己独立做一个，也有这方面的考虑。

按照任馆长的叙述，建设地扪生态博物馆并非明德集团和西部工作室的初衷，他们最初只是帮助政府利用当地社区人文资源从事生态旅游的开发设计等咨询、顾问、培训工作。然而，来自文化部门、其他投资商的压力以及自身对生态旅游模式的探索，逐步促使集团和工作室一步一步转变思路，最终萌发建设生态博物馆的构想。

三、建馆筹备

相较于六枝梭戛生态博物馆，地扪生态博物馆的建设周期要短得多，这主要得益于已有前人建设生态博物馆的经验。

（一）获得政府批文

作为民办模式的生态博物馆，能否获得政府批文是初创阶段的关键环节之一。这座民办生态博物馆能顺利获得政府批文缘于三方面的优势。第一，任馆长本人来自贵州黎平县，在本地拥有一定的人脉关系；第二，他在为黎平县政府做顾问的期间积累了一定的经验；第三，在堂安期间，他接触到胡朝相处长，后邀请他作为顾问，政府官员的直接参与也保障了博物馆建设的顺利进行。据胡朝相介绍，2004年至2008年期间，他退休前后一直在地扪协助进行生态博物馆的建设。在这三点优势中，政府官员的参与是至关重要的因素，正如任馆长所说：

> 胡处长他是一个神，就像财神爷、观音。你建庙必须要有佛菩萨，菩萨供在这里。我们当时凭什么建这个博物馆呀？胡待在这里的话，就有一定合法性了，还不是合法性，博物馆的权威性就自然而然了。我们建的时候，2004年12月9日批的文，而且我写的报告全部都批了。对于我来说，政府批了，这比什么都重要。

（二）选点考察

在争取政府正式批文建馆的同时，明德集团与工作室已开始选点的考察工作。最初，任馆长等人设想在黔东南地区，特别是黎平、从江、榕江三个侗族主要聚居区选取若干个侗寨，建设一批生态博物馆，从而连成一条侗寨生态旅游线。然而这一设想在任馆长与一位北京学者探讨后有了改变，据这位从事民族学研究的北京学者讲述：

> 2005年夏天，我们在从江的小黄村（做调研时）遇到正在大

图3-7 政府批文（地扪生态博物馆提供）

兴土木的任和昕。任跟我说了他搞生态旅游的想法。我说侗族村
寨文化景观大多相似，同质性比较高，游客看过一个后就可能没
有兴趣看另一个。最好不要以生态博物馆旗号做旅游，既然你将
博物馆的设施规格都弄得很高，所有设备都是从香港购买来的，
还是应该将外来服务对象更有针对性一些，如中外专家、学者等
学术考察团，这样宣传效果也好，管理也方便，博物馆的基本营
运资金也有保障了。那天我们从下午一直谈到深夜，任也比较认
可我的观点。

参加选点考察工作的胡处长也谈到选点时的情况：

选点确实很辛苦，地扪之前，我们准备在从江县的小黄村建
一个，但当时土地问题不好解决，村里说可以用出租的办法，但

是县委和县政府又不同意，还有其他一些问题。听了专家的意见后，任总果断决定撤离小黄村。专家说的那个意见我是比较赞成的，先做一个，做好再说。所以我们在那边都已经支起了架子了，准备建了，任告诉我说，撤离，当地政府又想留我们，说还是希望任在那里投资。

经过多方意见的综合考虑后，博物馆的选址最后被定于黎平县的地扪。任馆长解释说：

> 每个来到地扪的人都会问我当初为什么选地扪，我说是必然中的偶然，我人生的机缘，冥冥之中的牵引力。我最早选择堂安，但是没有做成。后来选点时，我的原则是：交通相对闭塞，不是在路边上，不容易被人来，也就不容易被破坏。相对其他地方，这里的人配合、热情、参与积极性高；地方本身也人文、自然；村里是否包容，当地政府的推动力也是一个因素。总之，这里世外桃源，当时村民参与热情高。他们有愿望，对旅游有一定期待。再加上当地政府配合度很高，比较下来，就定下这里，很偶然。换句话说，我们可以选择其他地方，用同样方法做，将取得一样效果。

（三）正式建馆

首先，考虑到不破坏地扪侗寨原有的建筑格局，博物馆的选址拟定在地扪村寨外的山腰上。关于馆舍的设计，胡朝相介绍说：

> 我给他（任总）看的位置，前有流水后有靠山，风水好。当时准备花大价钱请外面专业人员做设计，博物馆的风格必须跟侗寨的风格一致，采用的全部是当地的木材，但是他们搞了很久也没搞出来像样的图纸。最后，任总说，干脆就请村民来搞算了。

结果，这些村民也没搞什么复杂的图纸，用了二十多天，才花了几万块钱就修好了，风格也就是他们侗寨的风格，比我们预想得要好很多。但毕竟不是正式施工单位，水管、电线都是村民自己接的，尤其这个电，存在很大的安全隐患问题。2004 年我在那里过的年，打雷时电闸就冒火花，幸好及时发现，要不后果不堪设想啊！

任馆长也说：

很多专家来了，都说我这里的设计不错。上次一个台湾人来我这里，问我，"你这个设计肯定是请外国人做的吧，国内没有这个水平"，我说是，"法国人设计的"（大笑）。你再看看我那个独栋别墅卫生间的洗脸池，人家也问是不是请的什么国外设计师做的，鬼哦！我看见那个猪槽，就让村里木匠帮我找块大木头，中间挖了个长方形的洞出来，摆在台子上面不就成洗脸池了嘛，所以我们大家都过低估计了村民的创造力了，其实村民的知识远远比我们城里人想象的要多得多，创造力也强。

其次，在博物馆的命名上，任馆长有一番解释：

当时叫"生态博物馆"，这个词还是不贴切。我当时的想法还不是很成熟，其实"生态文化保护社区"比较贴近，但那时贵州政府正在搞生态博物馆，影响也很大，我们也就借用了。

经过一年的运作，地扪生态博物馆基本建成，一种新的生态博物馆模式出现在中华大地上。

图3-8 研究中心指示牌

图3-9 扩建中的地扪"社区文化研究中心"（2007年）

图 3-10 "社区文化研究中心"远景图（2011 年）

图 3-11 研究中心内部的"文化长廊"和工作台（2011 年）

（四）开馆仪式

2005 年 1 月 8 日，地扪生态博物馆召开了"地扪人文生态博物馆开馆暨生态博物馆论坛"，胡朝相担任会议主持，应邀参加开馆仪式的有政府官员、各界专家学者、媒体近百人。例如，湘、黔、桂周边县市领导以及黎平县委书记、代县长、县人大主任、县政协主席等，中国民间文艺家协会、中国文联、广西民族博物馆等单位的专家学者。此外，地扪及其周边 10 多个侗寨的村民代表也参加了仪式的庆典活动，演出侗族大歌、琵琶歌、侗戏等节目。在开幕仪式上，村民代表坐在台上，专家和政府代表坐在台下，这样一反常规的坐席安排体现了博物馆的宗旨之一，即生态博物馆的真正主人是当地的社区居民，而专家和政府只是协助建设者的身份。开馆仪式结束后，专家、学者与博物馆方面就生态博物馆的概念、建设及发展进行了学术交流与探讨。

在政府、专家的认可下，通过媒体的宣传，地扪生态博物馆以中国第一座民办生态博物馆、贵州第五座生态博物馆的身份走入公众的视野。

图 3 - 12　开馆仪式（地扪生态博物馆提供）

第三节　地扪生态博物馆的发展与现状

博物馆将自身定位为公益性、非营利性的文化管理和经营机构。其建立和发展的指导原则是：民间倡导创办、政府扶持配合、社区民主管理；其宗旨是：促进地方原生文化的保育、传承和发展，推动社区居民生活水平的改善。① 为此，博物馆的主要业务分为文化保护和社区发展。其中，文

---

① 参见任和昕：《人文生态博物馆建设与乡村旅游发展——地扪侗族人文生态博物馆的实践与探索》，陈理主编：《民族历史文化资源与旅游开发》，北京：民族出版社，2007年，第90页。

化保护包括文化记录、文化传承和文化交流三个方面；社区发展包括乡村旅游、生态农业和手工产业三方面。

一、文化保护与传承

（一）文化记录

文化记录是博物馆常规性工作之一，目前已经调查记录音像资料达300余小时、图片资料约10余万张。该项工作可分为文化遗产普查和日常生活记录两个层面。

第一，文化遗产普查。博物馆通过招募高校志愿者、聘请本地村民的方式，组成考察队，对当地少数民族原生文化进行普查工作。截至2010年12月，博物馆已经同香港城市大学、香港大学、中央民族大学、贵州民族学院等10余所大学和研究机构建立了长期的合作关系，并持续开展针对当地自然和人文生态资源的调查、记录和研究工作。考察地域从社区内的15个侗族村寨扩展至黎平县周边少数民族村寨。考察内容涉及音乐、戏剧、建筑、服饰、民俗、饮食、节日、手工艺等方方面面。首先，以博物馆对社区15个侗寨的调查为例，考察内容包括村寨的生存环境、姓氏构成及历史演变；传统文化资源种类、数量、分布状况等。比如，在建筑方面，对民居、鼓楼、花桥、禾仓、戏台、凉亭、祭祠等均做了数量和分布记录；在民间工艺传承人方面，对歌师、戏师、掌墨师、石匠、手工艺师傅的数量、个人情况进行建档；此外，对传统节庆活动也进行了系统地记录和整理。以上调查成果一方面被制作为博物馆社区村寨文化的展板，作为来访者初步了解当地民族文化的窗口；另一方面也构成博物馆侗族传统文化资料数据库。其次，以博物馆对社区外的邻近少数民族区域的文化考察为例。位于黎平县北的锦屏县境内，坐落有"中国环保第一村"的文斗苗寨，该村有着500多年的林木经营历史，保存有上百年的木制民居建筑和林业契书等珍贵的民间历史文献资料。然而，近年来村寨频遭火灾，整座寨子顷刻间毁灭，当地珍贵的物质与非物质文化保护工作已面临极其严峻的挑战。为此，2006年，博物馆决定由胡朝相领队前往文斗苗寨进行了为期一个多月的文化遗产普查。

图3-13　登岑村的鼓楼、"千年禾仓群"和花桥

　　第二，日常生活记录。博物馆聘请专人对地扪社区的日常生活进行影像记录。家住模寨的吴师傅目前负责此项工作，他说：

　　　　我记录3—4年了。每天都到这5个寨子转一圈，走走看，社区发生什么事，比如哪家办喜事、哪家丧事、哪家建新房子，还有些突发事件。寨子500多户人家，我很熟悉，一般就上午出门，走几个钟头就走完了，回到博物馆我就拷出来按照时间顺序存到电脑里面。博物馆搞的一些活动，我也用摄像机拍下来。

　　这种资料采集工作目前尚不能立即显示其文化保护的价值。正如任馆长所说，活态文化记录的价值要再往后三四十年方能体现。随着城市化进

图 3 - 14　地扪村的民居与禾仓

程在村寨的迅速推进，侗寨的某个日常生活场景可能在不久的将来就会永久地消失，但是可以在博物馆的资料库里找到，这就是现在进行文化活态记录的价值，记录等同于记忆。

（二）文化传承

博物馆通过培养社区青年文艺骨干、组织村民表演队与地扪小学联合教学等方式开展文化传承活动。

培养社区青年文艺骨干。博物馆最初在黎平各侗寨挑选了 20 余名女青年作为侗歌传承人，目前已经培养了近 300 名传承人。各侗寨之间的歌调有所差别，传承人之间可以互学侗歌，同时他们还学习基本的电脑操作。其中一部分传承人被派驻至位于贵阳市内的"工作室"担任"工作室"的日常管理以及侗族文化表演及传播等工作。"工作室"位于现代写字楼的顶层，类似私人文化会所，主要对外宣传地扪侗寨的民族风情。"工作室"在装修上沿袭了地扪侗寨的风格，如材质选择上均采用地扪当地生长的杉木，

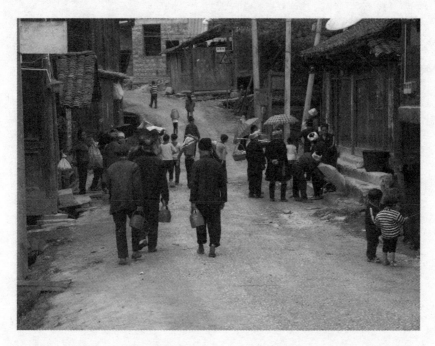

图 3 - 15　赶赴婚礼的路上：挑菜和拎米的老人（地扪村）

家具打造也均出自地扪侗寨村民之手。来访者不仅可以在此通过摄影展板、视频等方式初步了解侗寨的民族风情，还能现场感受侗寨青年的侗歌、侗戏等表演。

组织村民表演队。茅贡乡的袁副书记介绍说，表演队在博物馆建馆前一直由政府出钱维持，每月也只有 200 元的活动经费。然而，各级政府因为活动需要，经常安排表演队去各地演出，导致乡里和村上在管理上的诸多不便，因此这个表演队后来就解散了。博物馆建立之后，乡政府将重组表演队的任务交给博物馆，乡上给予一定的经费补贴。博物馆一方面将擅长侗歌、侗戏的儿童、妇女、老人进行分组，每逢博物馆有团队接待活动时，便临时召集他们来博物馆进行侗歌、侗戏的表演；另一方面博物馆还挑选擅长织布、刺绣的村民在博物馆手工作坊进行民族工艺制作的现场演示。这些参加活动的村民可以获得相应的报酬。地扪村的一位老人介绍，他的

图 3 - 16 任馆长讲解、团队聆听、吴师傅记录

女儿原本在广东打工，因为侗歌唱得好，现在回村担任侗歌表演队演员，每月有一定的收入，虽然比在外面挣得少，但方便照顾老人和孩子，表演活动之外还不耽误上坡、耙田。类似他女儿的情况，村里还有好几家。另外，来自邻村登岑村的妇女主任吴大姐也说，她农忙之后，会在博物馆织布、打花带，收入归博物馆，而她也有一部分的提成。

与地扪小学联合教学。地扪小学现有教师 14 人、学生 380 人，课程安排除了全国小学标准课程设置外，另增《民族文化》作为选修课，每周必须保证一节选修课的时间。因师资力量有限，学生在民族文化课堂上主要学习理论知识。据小学的吴校长介绍，2002 年学校就开设了一个"春苗艺术团"。博物馆建立后，与学校主动联系，要求与小学联合教学，免费为学校培养文化传承人。自此，"春苗艺术团"改名为现在的"侗戏班"，学校通过学生自愿报名的方式，挑选了 50 余名资质较好的学生作为侗戏班的传

图 3-17 村民表演队与政府考察官员合影(地扪生态博物馆提供)

承人。因为博物馆有名额限制,因此再筛选出 20 名主要传承人在博物馆进行实践学习,学习内容包括侗歌、侗族器乐的弹唱,如琵琶和牛腿琴,此外还有侗族的手工艺,如刺绣、剪纸等。博物馆负责日常生活记录的吴师傅兼任这项培养传承人的教学工作,他毕业于艺校,是黔东南侗族苗族自治州州级侗戏传承人。他说:

图 3-18 侗戏班

这些学生主要是周末来博物馆。一般周六上午8点学习到11点，我教他们唱侗歌、弹琵琶这些侗族传统文化。一天最多就三个小时，讲多了孩子们坐不住。有些孩子比较认真，但也有迟到甚至有不来的。毕竟我们又不是学校老师，也不好说什么，但大部分还是很认真的。学校不给算成绩，作为他们的课外活动，但我们博物馆会有奖励。比如，期末或年底会有一个汇报演出，有独唱、小合唱、弹唱。前几年博物馆还给这些文化传承人发一些助学金，四五十块。对那些从不迟到的、学得比较好的，表现比较突出的，就多给点。这几年主要是发些书包、文具盒等学习用品。

一位参加学习的女学生告诉笔者：

我有13岁，现在读5年级。我3年级就来唱歌了，不喜欢来唱歌，唱歌耽误我做作业，一般周六我都去学校做作业，来唱歌我就没有时间了。我妈妈也不想让我来唱歌，我周末不唱歌的话可以帮家里干活，像上坡讨药。吴老师上次说，你们长大了要当歌手，我就很生气，我说长大了要学习。我不想来，但是同学们投票让我来的，每组选一个人，35个人报名，只选20个，老师说，谁去谁报名，但是我又没有报名，他们又选我……博物馆来人了，有人叫我们来唱歌，我们穿侗服，有时会让我们吃饭，给的碗又那么小，一点点，吃又吃不饱，吃第二碗老师要骂，就不愿意来了。我只喜欢这里一点点。我们唱歌会有一些东西给我们，像书包、蜡笔、文具盒。

任馆长对于博物馆传承活动则另有自己的见解，他解释说：

目前政府带人来参观，科研机构来考察，博物馆就组织学生，还有那些有了孩子留在村里的年轻人来表演，但说实话，捡回来的东西不多了,也早已经不是文化原本的东西了,包括博物馆里呈现出的一些东西。但是这种文化传承还是要做的,哪怕是作秀也好,在当地也是一种姿态。其实我从来都认为变是必然的,不变是相对的。我们希望这不是一个突变,而是一个渐变。

尽管不同的人对文化传承有着不同的态度和看法,但对于从事学校教育工作的老师们来说,他们的观点较为一致,认为博物馆对当地的文化传承还是起到一定促进作用,更加系统、更加完善的还原、展示了当地的传统文化。

(三) 文化交流

作为民办生态博物馆,得到政府的关注与支持是其持续发展的重要保障。任馆长说:

> 政府就认为我们是做旅游,是个旅游机构,他们希望旅游给当地带来直接大的收益,但我们做不了,我们如果做不大,怎么跟政府交换价值呢?所以我们要创造价值。现在专家、媒体对我们的评价很高,给政府带来面子和荣耀,不管带不带来旅游,政府也开始认可你了。博物馆本身带来不了什么,但是给社区带来了资源,地扪因博物馆成为政府指定的旅游点。

可见,博物馆的对外文化交流是一个非常重要的环节,它成为获取社会声誉的一种有效方式,有助于促进政府方面对博物馆的进一步认可,从而使政府加大对博物馆所处社区的关注与投入。

首先,博物馆以多种形式保持与各类学校及科研机构的长期合作关系,并配合政府文化部门的调研考察活动,以突出博物馆的学术、科研价值。这些合作形式包括:与深圳、香港等地的小学合作举办"手拉手活动",定期组织城市小学生来地扪进行考察,并与地扪小学生进行联谊活动;与香港城市大学中国文化研究中心、香港大学亚洲研究中心、美国康斯威星大学、中国社会科学院、中央民族大学、贵州民族学院等近 20 多个国内外教育科研机构建立了学术交流与合作关系，并初步拟定与部分国内高校建立实习基地的协议，不仅长期为科研人员提供田野调查的场所，还以招募志愿者的方式，直接让调研者参与到博物馆的日常管理中。此外，博物馆多次参与并配合省政府接待上级文化部门的调研考察工作，例如：2010 年 8 月，国家文物局局长单霁翔专程到地扪侗族人文生态博物馆考察，高度评价了"保育地方生态文化，促进社区持续发展"的"地扪模式"；① 次年 8 月，国家文物局博物馆与社会文物司司长段勇等人先后到地扪、堂安侗族生态博物馆参观考察。② 国家文物局领导的来访在一定程度上表明官方对地扪生态博物馆民营模式的重视和认可。

图 3 - 19 研究中心内的志愿者

---

① 黔东南州政府办：《国家文物局单霁翔局长一行赴黎平地扪村考察调研》，2010 年 8 月 18 日，http：//www.qdn.gov.cn/page.jsp? urltype = news. NewsContentUrl&wbnewsid = 25261&wbtreeid = 4392，2012 年 3 月 23 日。
② 黔东南信息港：《国家博物馆与文物司长考察黎平堂安生态博物馆》，2011 年 8 月 9 日，http：//www.qdn.cn/news/qdnyw/201108/64577.shtml，2011 年 3 月 23 日。

其次，博物馆还多次承办有关文化保护的学术研讨会，扩大在同行中的影响力。近年来，博物馆承办的专题研讨会如：2010年，在地扪村主办了以"古村落的保护与发展"为主题的"2010中国地扪·生态博物馆论坛"，来自中国大陆、香港、台湾，以及日本、美国等大学和研究机构的学者参会。① 同年9月，作为分会场，参与了贵州省文化厅、省文物局在黔东南州举办的"贵州生态博物馆本土化暨国家文化创新工程项目研讨班"，探讨生态博物馆本土化和村寨文化遗产保护和利用工作的方法和经验。可见，生态博物馆不仅为文化多样性的保护创新及与社区的和谐发展注入新活力，同时也为国内甚至国际不同民族文化群体之间的相互尊重、理解与对话提供了一个良好的交流平台。

最后，博物馆邀请国内外社会文化名流和媒体杂志前来采风，以此塑造、宣传地扪的对外公共形象。这些文化名人有美籍华裔作家谭恩美、台湾作家胡因梦、美国华裔剧作家黄哲伦、诺贝尔经济学奖得主约瑟夫·斯蒂格利茨（Joseph E. Stiglitz）等。谭恩美在其散文中将地扪侗寨描述为"时光边缘的村落"；黄哲伦则将侗族音乐旋律融入歌剧《黄皮肤》的创作中。此外，美国的《金融时报》、《国家地理》、国内的新华社、中央电视台、中央人民广播电台、中国青年报、新京报等数十家媒体、杂志也纷纷对地扪生态博物馆所在侗寨社区民族风情进行介绍和报道。其中，最有影响力的当数2008年美国《国家地理》摄影师林恩·约翰逊（Lynn Johnson）来地扪拍摄的一组民族风情照。随后，该杂志在当年5月份的中国专辑中，刊登了谭恩美题为《时光边缘的村落》的散文，并配合摄影师约翰逊的13幅精美图片，以24个页面、字数近万的朴素文字，图文并茂地介绍了地扪侗寨的风土人情。美国《旅游休闲》（Travel + Leisure）杂志也授予博物馆2008

---

① 黔东南州政府：《2010年中国地扪·生态博物馆论坛在黎平县地扪村隆重举行》，2010年8月13日，http://www.qdn.gov.cn/page.jsp? urltype = news. NewsContentUrl&wbnewsid = 25256&wbtreeid = 4392，2012年3月23日。

年度"环球视野奖"文化保育的奖项。作家的笔韵、知名摄影师的镜头将原本朴实的黔东南侗族村寨晕染上了一层神秘而朦胧的色调,使其成为久居在繁华闹市的人们心中向往的一片净土。

图3-20　地扪侗寨(采自美国《国家地理》)

二、社区发展

社区发展与文化保育是并行不悖的关系,二者在博物馆的工作中占据同等重要的地位。以文化保育促进社区发展不仅是生态博物馆核心理念之一,同时也是生态博物馆实践中共同面临的棘手课题。地扪生态博物馆在探索社区发展与文化保育之间的关系问题上,其指导思想经历了一系列的转变。最初,博物馆认为,民族村寨朴素的自然风光、浓郁的民族风情,可以作为生态旅游开发的有效资源,以达到快速提高当地村民收入,促进社区发展的目的。然而,在实际运作中,博物馆认识到,对于原先较为封闭的村寨,任何一种形式的旅游都将打破它原有的社会秩序。尤其在村民尚未树立起理性的商品经营意识、社区还尚未建立起一套成熟的商品经济制度的情况下,突如其来的旅游很可能对社区文化产生不可预期的影响,带来较为严重的后果,例如:镇山生态博物馆所在社区家家户户经营农家乐,因村民一味迎合游客的需求,而成为通宵达旦的"麻将城"。为了避免文化遭遇旅游带来的负面影响，博物馆在探索经济发展与文化保护二者间良性互动的发展机制上，采取了一种较为折中的方式。即，利用"生态博物馆"宣传社区打出名气，在发展小规模的"乡村生态旅游"的基础上，建立以"生态农业"为主、"传统手工"为辅的产业发展模式。因为地扪侗寨的文化本质上是一种自给自足的农耕文化，正是基于这样的土壤，才孕育出地扪的传统稻作文化，所以要有效地进行文化保育，就必须先保留传统文化生长的土壤，即"把根留住"。

（一）乡村生态旅游

生态旅游是一个发展的概念，其内涵仍不断在充实和演进。有学者认为，"生态旅游相对于大众旅游而言，是一种自然取向的观光旅游，并被认为是一种兼顾自然保育和游憩发展目的的活动"。[①] 博物馆最初的发展思路是想开发地扪侗寨的"生态旅游"模式，随后对旅游又采取了"不作为"的态度。然而，在此期间，黎平县政府一直在扶持地扪村发展旅游，村委也组织建立了接待站和招待所。因地扪所处的地理位置相对闭塞，旅游配套设施尚未完善，政府的宣传力度也不够，故当地除了少量的政府接待活动外，一直未能将旅游作为一种产业真正发展起来。2009年，政府扶持老百姓做农家乐。期间，各家的收费不一致，造成局面的混乱，政府就相关问题向博物馆进行咨询。2010年，博物馆开始正式协同政府开展生态旅游模式的探索，建立"地扪社区乡村旅游合作社"，形成了目前的"政府扶持，博物馆指导，村民加盟"的旅游合作社模式。此模式有别于一般的"家庭个体经营"的农家乐模式，它从投入、管理到利益分配方面都遵循一定的原则。

首先，在前期投入上，由村委、村民和博物馆，以提供房间的形式成为合作社的加盟户，而政府则出资对这些房间进行装修。目前，合作社共

---

① 袁新华：《区域生态旅游营销管理》，北京：中国旅游出版社，2009年，第20页。

有19个房间、36个铺位，分为中、高档房。其中，村委会提供的6个房间、12个铺位；村民吴必霞、吴远华、吴世人等3家腾出的11间房、22个铺位，均为中档房，收费为每晚168元；而博物馆提供的一栋贵宾楼，包括上下层楼的两个单间，是高档房，收费为每晚3880元。政府投入30万元，对加盟户房间的内部设施进行改造，包括购置全新家具、改造水、电线路及卫浴，还配置了诸如电视机、空调等电器设备。

图3－21 研究中心的贵宾楼

其次，在管理上，最初协商由村委、村民与博物馆三方共同参与，村里的吴支书和博物馆任馆长为总负责人。旅游合作社的接待前台设在加盟户吴必霞（也是村委成员）自家楼房的一层；博物馆聘请的临时员工，村民吴氏姐妹则负责合作社客房的卫生清理工作，而博物馆的正式雇佣员工艾姐和申哥夫妇负责供应餐饮。然而，前台接待的一番话透露出村民眼中合作社的各方关系，她说：

你要住就要去跟博物馆说，我们是一起的，村里不参与，旅游合作社是博物馆下面的，我们也由他们管，你去找博物馆的小张（副馆长兼司机），他拿着钥匙，你跟他商量一下，可能价钱少点。这里住的人不多，一般般，主要是旅游的。有学生，有香港的，一般不对单个散客。

如此可知，前台虽在名义上负责总接待，实际仅起到一个门脸的作用，所有的房间钥匙、旅游收入均统一由博物馆副馆长小张代为管理。真正牵头负责的还是博物馆。即便是村委有相关的接待活动，也必须同博物馆商量。

最后，在利益分配上，旅游所得收入由博物馆存入合作社的账户上，每年按照 6:3:1 的比例进行分成。其中，加盟户的收入占 60%。加盟户的接待次数分配得较为平均，所以收入也较为公平，客房数量多的加盟户其收入相对也多；合作社占 30%，主要用于管理人员的劳务报酬和房间设施的维修、更新等；余下 10% 作为社区公共发展基金，主要用于核心社区公共设施的改善、整体社区 15 寨子的大型活动（如"千三欢聚节"）和"寨老会"的活动经费等。"寨老会"一般是由年长又有威望的老人组成，在村民中有一定的号召能力，经常协助村委或博物馆处理民间事务，比如出现灾情时，他们通常需要出面做一些仪式，安抚民心，在一定程度调解村民与政府和博物馆等外来机构之间的关系。合作社的利益分配方式体现了以资产、劳力的投入为主要收益指标，同时有主有次地兼顾社区整体利益的分配原则。

虽然旅游合作社在分配上兼顾公平，并考虑让更多未直接参与旅游的村民都能享受到由此带来的收益，毕竟旅游资源本就属于全体社区村民，但是合作社还是面临来自内部和外部的矛盾。

内部矛盾体现在三个层面，一是加盟户自身的顾虑，二是加盟户和非加盟户之间的矛盾，三是博物馆与村委之间的意见分歧。

　　首先，当地侗族忌讳自己家庭以外的男女同住在家中，认为这样对自家不吉利，因此在分配房间时严格按照男女分开住宿这一不成文的规定。一位腾出自家二层楼加盟旅游合作社的村民说，有些旅客对此很不理解，白天答应得很好，晚上却又偷偷跑到一块。为此，这位加盟户的父亲只能半夜守在楼下，一听到楼上脚步声①就去一探究竟并加以劝阻，既得罪了客人了，自己也很尴尬。加之旅游收入与预期值相差甚远，加盟户的积极性也逐渐减弱。

　　其次，加盟户都是经过政府和博物馆挑选后认定为有条件接待游客的农户，然而这些挑选出来的加盟户本身居住条件就优越于其他农户，其中还不乏政府的关系户，因此引起他们与未能加盟农户之间的矛盾。

　　最后，博物馆坚持走中高端旅游的路线，因此对于房价、侗族民情表演的收费都较高。对此，村委颇有意见。吴支书举例说：

> 　　博物馆将寨门拦路迎宾这一旅游项目的收费定为 2000 元，而我们村里边就觉得收费太高了，客人见要这么高的价，就吓跑了，再也不敢来了，我们觉得几百块钱就差不多了，主要是让客人能到我们这里来。博物馆想一锄头挖个金娃娃是不可能的。

　　外部的矛盾主要来自慕名而来的散客，当他们需要留宿时，往往遭到博物馆的拒绝。常驻博物馆的艾姐介绍：

> 　　一些散客来住，我们不接待，他们非要住，我们只好跟上面联系。上面说一晚 600，那人家肯定不住了嘛，就有意见，说只给有钱人住的呀！我们又要解释半天，说是研究中心。合作社一般也是针对团队客人，散客一般不接。

　　尽管地扪的旅游合作社模式存在种种矛盾，但无论在政府眼里，或是

---

① 侗族民居多为木质结构，隔音效果较差。

博物馆眼里,这都是旅游模式探索过程中不可避免的问题。乡政府、村委与博物馆在发展旅游的态度上似乎达成了某种一致。

茅贡乡袁书记的观点是:

> 我对旅游期望值不高,旅游不会搞到每家每户去。我们把产业和旅游捆绑在一起,是做产业的旅游,有旅游才能提高知名度,这样产业才能够发展……目前来讲,我们也不希望大量游客来,我们接待能力达不到,一般游客进来转一圈,群众也得不到太多收入,还甩下大量的白色垃圾给我们,公共设施也承受不了这样大的压力,这些问题解决不了,只会坏了我们地方的名声。再说,来感受民族文化的必定是专家学者,很多人就是来凑热闹,不会感受到这里的文化,他不了解,在他脑海中不会形成冲击力嘛!我们去介绍鼓楼怎么的,对他们没有用,就是一栋楼,没有更多的意思!如果我在小范围内,只要搞高端的、休闲的、度假的、研究的、实习的这方面的旅游来,就可以了,我的知名度出去了。我不是要你来旅游我要赚好多钱,我是通过你们把我的知名度打出去了,从而发展产业,我这里产品不仅生态,而且附加了文化价值,这个就不得了,你在其他地方是得不到的。

地扪村吴支书认为:

> 我的概念是"跳出旅游搞旅游",如果单一搞旅游,根本没有什么大的赚头。我们就算搞旅游,就是那么一点点,几户,吃住也才一点。只有搞产业,才能人人都赚钱。旅游就是个牌子,如果失掉这个牌子就搞不好这个产业。

博物馆任馆长的考虑是:

> 我们协助搞旅游合作社并不是要发展旅游,只是面对旅游这个问题的一种应对,当成一个必须面对的问题来对待。我们更关

注社区的均衡发展，在选择上会考虑到给每家均等的机会。地扪
500 户，不可能每家都做旅游，即使每家都做，居住的位置，比如
靠路边的，可能比里面的人家能更好地发展旅游，造成你家赚钱
多，我家少，从而打破原来的传统社会的均衡关系。文化是我们
共有的，你为什么用我们的文化去赚钱，而我又赚不到呢，所以
旅游必定造成社会关系的失衡。我个人认为，传统手工，生态种
植是每家都可以做，但是旅游不是每家都可以做，我们看到旅游
对文化整体性的破坏。比如侗歌，旅游时只要唱 5 首，就可以表
演，我唱的好不好，你都不知道，表演者也不开心，这里唱侗歌
的女孩告诉我说，"开始我挺高兴，后来我唱得头晕，一点都不开
心"。

综合三方的观点，不难看出，无论是政府、村委或博物馆方面均没有
将旅游作为社区发展的主要途径，而是达成了某种默契，即以生态旅游形
式将地扪社区的名牌效应树立起来，以此为依托来发展全民均可以参与的
生态农业或传统手工产业。

（二）生态农业

生态农业是指"根据生态学和生态经济学原理指导农业生产，充分利
用当地的自然资源，利用动物、植物、微生物之间相互依存的关系，也利
用现代科学技术，实现无废物生产和无污染生产，提供尽可能多的清洁产
品……同时创造一个优美的生态环境"①，地扪社区的"生态种养合作社"
即采用了生态农业的理念。首先，地扪侗寨所处的地理位置为当地的稻作
生产提供了适宜的气候、土壤和水源等有利的自然条件。其次，合作社提
倡维持传统的人力牛耕的农作方式；同时也提出利用侗族农耕种植中的鱼

---

① 纪中华主编：《干热河谷生态农业研究与实践》，昆明：云南科技出版社，2009 年，第 1
页。

图 3 - 22　樟洞村表演侗歌的小女孩

鸭稻共生系统①和农家肥为农作物提供天然肥力、驱除虫害，以杜绝因化肥农药的滥用对农作物及周边环境可能造成的各种污染。目前，合作社已经投入试种的农产品包括地扪香米、地扪小红米、黑禾糯等。其中，香米和小红米自2009年开始试种，2010年已经推向市场销售；而黑禾糯于2011年2月刚开始试种。

　　"生态种养合作社"与前述的"乡村旅游合作社"实则是"一套人马，

①　所谓"鱼鸭稻共生系统"是相对于单一的水稻种植或鱼鸭类养殖而言的，它被认为是和谐的复合生态系统。在这个生态系统中，水稻通过光合作用制造有机物质，并为鱼类提供可以躲避阳光直射的藏身之所；鱼鸭捕食稻田里的害虫、浮游植物、杂草和水底植物，可以迅速生长并排出可以作为水稻肥料的粪便。鱼鸭的游动增加了水与空气的接触面积，使水中的溶解氧增加并分布均匀，而且鱼鸭的游动带动水底泥土的运动，使泥土的含氧量增加，加速了有机物质的分解。这个生态系统可以大大减少化肥和农药的使用，有利于保持丰富的生物多样性，改善生态环境。据当地农民介绍，每年春谷雨节气的前后，他们将育好的秧苗密密地移栽在稻田里，这个过程叫做寄秧。一个月之后，秧苗再分到其他的稻田里栽培，秧苗插进了稻田，鱼苗也跟着放进去，等鱼苗长到2~3寸，人们再放入雏鸭。

两块牌子"，在管理模式上也基本采取了"政府扶持，博物馆指导，村民加盟"的原则。

与旅游合作社不同的是，政府虽未直接投入，但其支持的态度是合作社顺利开展工作的重要前提。袁书记的观点代表了乡政府对地扪发展生态种植产业的期望，他说：

> 在我们这个山区，田是一小块一小块的，你想搞机器耕作、规模经营是做不成的，因为车开不上来呀，而且我们暂时也解决不好大规模生产带来的一系列问题，所以我们考虑只能往"特"这个字发展，就是"独特"的"特"。比如我们自己生产的水稻，虽然产量低，但是如果保证不施农药，让这些产品都是全生态的，再如我们山上野生的核桃，都是粗放的管理，完全天然的。通过博物馆这个平台，我们联络到外面愿意高价购买这些全生态产品的客户，这样双方都受益，他们吃到全天然无污染的食品，我们农户也挣到钱。今年春节后，我们乡上还要组织各个村长支书、寨老代表开个座谈会，由我们政府和他们博物馆方面，给他们灌输这些思想，再由寨老回去给群众灌输。

村委干部响应乡政府的号召，积极动员村民加入生态农产品的试种。据地扪吴支书介绍，红米、黑禾糯这样的品种都是由任馆长引进，并交予他来组织村民进行试种，他说：

> 原来我们是按照坝区规划，整个坝区都要种，带有那种强制性的味道。最早就在地扪的五个寨子试种小红米，有100多户人家，一家种一两亩，但那种稻谷抵抗不了虫灾，结果比种普通谷子要减少一半的产量，这个损失博物馆没有承诺补偿，所以后来有些农户就不愿干了。从今年（2011年）起，我们就采取自愿的形式，博物馆和我们上门做群众工作，地扪现在还剩下50多户愿种，其余的种子都被腊洞和

樟洞拉去了。因为他们的农户去年尝到甜头，他们认为减产量不减产值。比如普通谷子 1 亩产 1000 斤，每斤 1 块，就是 1000 元；而小红米虽减产一半，1 亩只收到 500 斤，但博物馆给的保底收购价是 2 块，算下来还是 1000 元，等于说小红米 500 斤就抵到普通水稻 1000 斤，等于少搬 500 斤的谷子，降低了劳动强度了嘛！会算账的农户就比较积极，而有些农民不会算，觉得收成少了，自然不愿干了。

今年任总又搞了 5 斤小黑糯的种子给我，我也不知道他从哪里引进的。我分给 10 多户人家试种。我们这里四月八是个传统节日，要吃糯米蒸的乌米饭，以前都上山采树叶来染黑，现在直接用黑糯米就可以蒸成那样子了，所以也有人愿意试试。

加盟户在种植过程中基本按照合作社对生态种植的各项要求，通过了相关指标的检测之后被博物馆统一收购，并在合作社位于登岑的加工厂里进行统一包装。

图 3-23　地扪香米、小红米外包装

在博物馆方面，他们除了引入种子外，主要负责产品对外销售的联络工作，其主导作用不言而喻。博物馆的任馆长表示：

> 农户加盟方面我们不直接做，拿到村里做，需要签协议，必须严格按照生态种植的一些方法做，最后相关检测等工作也都由村里来做。

> 目前我们已经开始了地扪香米、小红米的销售，我们选定特定的人群、采用订单式的销售方式，所以你在超市是买不到的，可以说是城市家庭和农村家庭的"手拉手"计划，我们正在找到一个出口，通过酒店、银行或某个人，购买地扪为他们私家订制的绿色、无害的米。

> 现在五常米、泰国米市场到处都有，但是我们的产品提倡对自然的尊重，融入当地的文化在里面，产量也是限量的，有这样一群对自然抱有敬畏，对文化抱有尊重的人可以形成一个圈子，他们就是地扪米的消费者。地扪红米卖10元、20元钱一斤，贵州什么地方都可以种，但是为什么要买地扪红米呢？除了食品安全问题，我们还给消费者提供一个回归田野的选择，净化你的精神世界，知道这是个环保的行动，已经不仅仅是买米这个行为了。所以钱在这里已经不再是考虑的首要因素。

一位来自北京的退休教师，刘教授就是地扪生态农产品的消费者。他说："其实并不是说这个米的营养价值有多高，味道有多好，我认为买这个米一方面满足了我对食品安全性的一个需求，更重要的是在做一种公益，所以我见到熟人就向他们推荐。"

然而，这种熟人圈子的营销量毕竟有限，因此博物馆仍将公司集团订单式的销售模式作为主要营销手段。据袁书记介绍，目前博物馆正与广州一家叫"咱基金"的公益性自发组织洽谈，这是一个由拥有上千万资产组成的富人群体，他们愿意每人出5万元来购买地扪的生态农产品；此外，任馆长透露 2011 年与澳门的永利集团签订 300 万斤的红米订购协议,当年度的销售额总计达到 100 万元,基本实现了博物馆的自负盈亏。与旅游合作社的收益分配一样,生态种养合作社也将拿出 10% 的利润作为社区发展公基金。

合作社下一步将陆续开发更多的生态品种,如中闪村的野山核桃、野杨梅、当地的山野菜、中草药、香猪等,以便让更多的农户受益。

(三) 传统手工技艺合作社

传统手工技艺合作社是博物馆方面正在构思的一个文化创意产业项目,此项目旨在将侗族传统的手工技艺与现代都市生活对接,使原本濒临消亡的传统手工技艺找到新的市场需求,从而发挥其功效并传承下去。比如侗族传统的造纸,因其具有防虫、防潮、耐用等特性,一般都用于垫棺材,以前也用于包裹侗衣、书写侗戏剧本,但随着传统服饰的逐渐消失,汉装和普通纸张的价格便宜,越来越少人从事这种既费时又费力的传统纸张的制作了。而博物馆方面设想能与一些知名的品牌服饰合作,为其制作包装,或者将其设计成为灯具。任馆长表示传统手工技艺合作社的建设难度很大,因为涉及产品的规格必须统一且达到一定的标准,而私人作坊正缺少这样的规范,因此要走向市场还有待做进一步的调研和规划。

图 3 - 24   传统构皮纸制作流程中的"浇纸浆"和"晾晒"环节

上述三类合作社均处于探索阶段。正如任馆长的观点:"我们如果卖米不行,卖菜也可以。比如当地的水芹菜,既可作药用又可做菜吃。关键是博物馆作为一个中介者，做好社区和外界的对接，来帮助社区发展。"

综上所述，博物馆的业务范围不仅是针对当地自然和人文生态资源进行的调查、记录和研究；为当地居民、政府官员和其他来访人员提供生态教育，传播可持续发展理念；更是致力于寻找一种为村落生态文化保护与社区可持续发展的解决方案，并在这种探索过程中加强与当地社区、地方政府和科研机构的交流与合作，搭建起当地社区与外部互动的平台，不断凝聚更广泛的社会力量持续关注并参与到地扪社区的整体保护与发展的行动计划中。

三、管理制度的探索

博物馆实行馆长负责制，下设文化传承工作部、社区经济发展部和接待服务工作部。现任馆长任和昕自建馆以来就一直担任馆长职务，其他人员则面向社会或在地扪社区内进行公开招聘。目前，博物馆正式聘用的员工总计5人，他们分别负责博物馆下设的三个部门的工作。其中，文化传承工作主要由本村的吴师傅负责；社区发展工作（即合作社的工作）由来自黎平县的小张负责；同样来自黎平县城的申哥、艾姐夫妇则长期留守在博物馆研究中心，闲时"看家"，遇到有团队来访时则负责餐饮服务接待等后勤工作；地扪的雨水充足，博物馆又是木制建筑，因此博物馆还专门聘请了村里的吴木匠进行日常的水、电线路以及房屋破损的维修。除以上5名合同工外，博物馆还长期聘用了3名当地农妇作为临时工，帮助博物馆喂养牲畜和种菜采茶，保证博物馆的自给自足。此外，博物馆向高校、研究机构招募文化志愿者，以配合文化传承工作部从事文化调查。下表是博物馆的工作人员情况：

表 3-1　地扪生态博物馆工作人员及职责（2011 年 5 月）

姓名	文化程度	职务	性别/关系	民族	年龄	工作内容
任和昕	本科	馆长	男	汉	45 岁	负责博物馆的人事管理、对外联络、活动策划、兼导游、讲解员。
吴胜华	中学	名誉副馆长（地扪村党支部书记）	男	侗	48 岁	开馆初期曾带领村委领导班子驻博物馆，负责接待政府方面的参观旅游工作，后来与博物馆管理体制有不同见解，带领班子全部撤出。目前除配合博物馆开展合作社工作外，基本为虚职。
吴章仕	中专	副馆长	男	侗	46 岁	负责文化保护工作，包括日常文化记录和每周定期对文化传承人进行培训。
张占贤	大专	副馆长	男	汉	27 岁	负责旅游合作社、产业合作社的工作，兼任博物馆会计、司机和伙食采购员。
吴显彪	不详	维修工	男	侗	45 岁	负责检测、维修博物馆的水电线路和破损房屋。
申哥艾姐	小学	合同工	夫妻	汉	50 岁出头	负责后勤工作：申哥主要负责伙食；艾姐主要负责卫生。
吴陶爱吴逃难	小学	零时工	姐妹	侗	30 岁出头	平时帮助喂养牲畜、种菜、收茶炒茶，实现博物馆的自给自足；有团队参观时表演织布、炒茶等传统手工技艺。
吴主任	小学	零时工（登岑村妇联主任）	女	侗	50 岁出头	博物馆接待团队时来帮厨、演唱侗歌、表演打花带；平时与吴氏姐妹帮助博物馆喂养牲畜、种菜。

图 3-25　地扪小学生在研究中心的茶园帮采茶

图 3－26　研究中心内饲养的家禽

　　作为民办机构，博物馆实行自负盈亏。目前的资金来源主要有三个渠道。其中，明德集团原则上每年拨给业务经费约 20 万元，但往往不能按时兑现，而政府每年以博物馆协助文化保护的缘由向博物馆下拨少量的经费，但也只能用于当地的文化传承活动，因此来自合作社的盈利成为博物馆的主要收入，用于支付员工工资等，以维持博物馆的正常运转。以 2011 年为例，博物馆收入约 100 万元。其中政府下拨项目经费约 20 万元，研究机构的赞助为 20 万元，余下 60 万元主要来自旅游合作社和产业合作社的盈利，主要客户是银行的 VIP 客户。

　　除名誉馆长吴支书外，所有员工的工资均由博物馆每月支出，其中 3 名临时工的固定工资每月为 500—600 元之间；副馆长的固定工资约为 1000元；而负责后勤工作的员工（主要是申哥夫妇）的工资由两部分组成，基础工资为每月 600 元，绩效工资则以每月博物馆接待的团队以及馆内工作人员交纳的住宿费和伙食费而定。具体的抽取数额是，馆内工作人员每人每天住宿费4元,伙食费5元;而非工作人员每人每天住宿费5元,伙食费8元。

博物馆的工作人员不实行坐班制度,而是业绩考核制。因此,除固定留守的申哥夫妇外,其他人员的上班时间则非常自由,他们只需要每月满额完成馆长分配的工作,即可拿到全额工资。例如,负责文化保护工作的吴师傅每月的工作量是录制约40个小时的日常生活场景和每周末3小时的文化传承人培训。员工的业绩考核由任馆长负责,他本人通常也只在有团队接待活动时前来博物馆,其他时间均忙于博物馆与外界各类机构的联络和项目洽谈。如此,一个偌大的博物馆大部分时间都显得极为冷清。

图3-27 平日里冷清的会议大厅(左)和文化传承中心(右)

对此,任馆长解释说,博物馆目前的管理状况也是现实所迫。当地村民尚不能胜任博物馆管理工作,而博物馆也因为地处偏僻,工资待遇又不高,对外很难招聘到合适的专业人员,即使有人来此工作,也往往因为耐不住寂寞而最终辞职。他说:

> 我们先后四次对博物馆的管理模式进行过探索。第一次是交给村委会来管,很混乱,村干部带很多人在这里煮饭吃,每天晚上博物馆地板上睡得到处都是人,搞得乱七八糟的,其实村民是不懂怎么来管理的。第二次是请了外面的人来管,还是不行。第三次是请外面的宾馆来管理,当时考虑到宾馆做餐饮住宿比较专

业，但是也因为太偏远了，他们干了一段时间就离开了。第四次才请到现在的这对夫妻，他们能在博物馆待下了，从2008年到现在，博物馆的日常管理才安定下来。

曾经参与过博物馆管理，现为名誉副馆长的吴支书则认为：

> 我可以实说吧，任总的管理模式就是没有一个固定的管理模式，他一时怎么想就怎么干，当时开馆的时候，我去那里给他管理了几个月，那时我也是村长，我在博物馆兼职了3个月，以后他也不按照那个方式操作了。当时我当总管，成立了一个表演队伍，餐厅和搞产业的，我们村里的干部几乎都在那里兼职。现在这个吴章仕也是我把他搞过来的，当时他在学校代课，200元工资，我让他到博物馆去，当时300元，现在是1000元左右。任总有点苛刻，开始吴章仕负责文化传承，管理表演队，还有当时的支书是吴正华，负责大堂经理，搞餐饮，还有一个连长，负责产业那块，都分工好了，当时我们去几个月，创收几万元钱，表演来的，2005年的客源相当多，主要是政府的接待客人，县里有人来都要带到地扪来，搞一场表演，收几百块，餐饮收一些。2006年就不行了，把上面的寨子、围寨、模寨烧了，就没有好多人来了。后来呢，他搞的有点太苛刻了，他是说，你们去村委会去办事情，博物馆这里就算你们缺席，这样我就搞不下去了嘛！他说，你既然在那边（博物馆）兼职了，就应该天天在那边，2005年当时给我的是350元，不算多也不算少，我是350元，其他人300元。开始那几个月，大家都有兴趣，因为我们是自己管自己嘛！他们都很舒服，博物馆呆着很舒服啊！我是作为一个管理层嘛！以后他这样要求，大家就没兴趣了嘛！因为村里的事情多，我不可能天天在那里，最后没有办法，那我不可能两头按时，天天在。我就撤出来了，一个都不留，让章仕留起，他以前是个代课的，出了学校就失业

了嘛。我出来了，他们也不愿意在那里做了，太苛刻了嘛！后来具体的我就不知道，有时博物馆开点会，通知我去，不通知我就不去，主要讨论一些产业。博物馆是香港投资的，肯定是资本家，不是国家投资的嘛！如果客人太多了呢，他也临时请人帮忙，当天请人当天开工钱，也不是固定请哪些人，老换。

由此可见，作为一种新生事物，民间机构主导型的生态博物馆当然也有许多美好的理念和愿望，但在实际操作过程中仍会遇到诸多问题，如何管理就是其中之一。

第四节　相关群体对地扪生态博物馆的态度和评价

从 2005 年至今，地扪生态博物馆已走过 7 个年头，风风雨雨之中留给内部与外界诸多的思考与评说。

一、当地政府的态度

博物馆从创建伊始就得到了政府的支持，这缘于博物馆的主要业务及发展方向符合政府的整体发展规划。黎平县政府在《黎平县国民经济和社会发展第十一个五年规划纲要》中提出"实施旅游兴县战略"①，并指出要"着力培育乡村旅游，打造和提升肇兴、地扪两个中心景区"②。在地扪景区打造方面，"以体验侗族文化、休闲度假、乡村旅游为主，保护、挖掘、整

---

① 黎平县"十一五"规划编制领导小组：《黎平县国民经济和社会发展第十一个五年规划纲要》，2009 年 9 月 24 日，http：//www.liping.gov.cn/tylr.jsp？urltype＝news.NewsContentUrl&wbnewsid＝2293&wbtreeid＝2965（黎平县人民政府门户网），2012 年 1 月 11 日。

② 黎平县"十一五"规划编制领导小组：《黎平县国民经济和社会发展第十一个五年规划纲要》，2009 年 9 月 24 日，http：//www.liping.gov.cn/tylr.jsp？urltype＝news.NewsContentUrl&wbnewsid＝2293&wbtreeid＝2965（黎平县人民政府门户网），2012 年 1 月 11 日。

理侗戏文化和祭祀文化，对以地扪为中心的千三侗族文化区域进行整体包装；完成旅游接待中心建设工程，使其成为侗戏文化和祭祀文化的研究展示中心"①。随着博物馆知名度的不断提升，政府对博物馆亦愈加重视，并将地扪生态博物馆列入黎平县"十二五"规划纲要内，明确提出"进一步完善地扪侗族生态博物馆功能，充分发挥侗戏文化和祭祀文化的研究展示中心的作用。支持乡村旅游合作社充分发挥作用，进一步整合"千三"侗社区文化资源，提升民居接待条件，开发旅游产品，满足游客休闲度假接待需求"②。对比前后两个五年规划中有关对地扪景区前景的措辞描述，不难看出博物馆的文化保护理念和社区发展模式初步获得县政府的肯定，政府还寄希望于博物馆在地扪乡村旅游发展中发挥更大的作用。

茅贡乡的袁书记，自 2007 年被指定为茅贡乡在地扪村的专门联络员，负责地扪村的整体发展。他通常每周都下来考察 1 到 2 次，是与博物馆方面关系最为密切的政府官员之一。他认为博物馆相当于一个为社区服务的民间组织，虽然有盈利，但也只是博物馆的基本运营经费。有关博物馆与当地社区和政府之间的关系，他这样描述：

> 博物馆不是完全商业的，如果是这样，可能早几年就被群众赶出去了，为什么现在它跟群众的关系还这么亲密呢？就基于他不是追求它自己的经济效益。
>
> 它跟乡政府没有直接领导和被领导的关系，政府没有在资金上投入博物馆，没有那个实力。但是政策上给予了，比如博物馆要建房，我们做了群众工作，让群众让出地来，其他的政策也拿

---

① 黎平县"十一五"规划编制领导小组：《黎平县国民经济和社会发展第十一个五年规划纲要》，2009 年 9 月 24 日，http://www.liping.gov.cn/tylr.jsp? urltype = news. NewsContentUrl&wbnewsid =2293&wbtreeid =2965（黎平县人民政府门户网），2012 年 1 月 11 日。

② 黎平县"十二五"规划编制领导小组：《黎平县国民经济和社会发展第十二个五年规划纲要》，2010 年 12 月 11 日，http://wenku.baidu.com/view/0a9f2769011ca300a6c390ab.html（百度文库），2012 年 1 月 11 日。

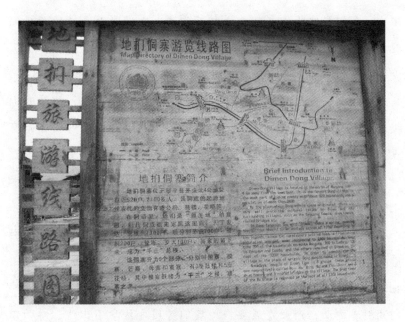

图 3 - 28　政府设置的"旅游线路图"指示牌

图 3 - 29　政府设置的旅游指示牌

不出。我们与博物馆在理念上相互沟通，我们能够支持的话我们就支持，在现实上，他指导我们乡或者全县的旅游发展。但他又没有约束性和限制性，只是提供一个建议，因为他深入社区了，又结合外面的发展形势，结合国家的政策，给予建议，他给我们提这个建议，我们采纳不采纳都随我们，所以我们跟博物馆是有点若即若离的关系。

从思路方面讲，博物馆给我们理清一个发展的方向；从技术上讲，给我们迎接一些技术力量，提供技术指导，比如北京的一个叫"零农残"的技术支撑；还像现代旅游酒店管理，从外面引进一些人来。博物馆本身没有这方面技术人才，但是介绍其他人，把这方面力量凝聚起来，组合起来，来给我们进行指导。另外，招商引资方面，产业发展要钱，我们贫困地区拿不出钱，博物馆将我们推荐出去，有这么一方净土，谁愿意来投资，来吧！而政府还可以对他们进行选择。

由上可知，博物馆俨然充当了黎平县尤其是茅贡乡的发展顾问，随着其价值的彰显，近年来政府也开始以文化传承的名目向博物馆下拨项目经费。

二、博物馆内部的态度

博物馆能取得政府的肯定和信任主要归功于博物馆的负责人任馆长，他对生态博物馆的发展前景和关键环节都有着明晰的认识，他解释说：

简单说，博物馆就是要在资源整合方面发挥自己重要的作用。比如，今晚我们接待的这个广州团是来自工行的VIP客户，这个活动其实是工商银行、广东国旅、黎平政府、博物馆四家合办的。博物馆是中间的一个枢纽，一个桥梁，我们牵头帮助这几家合办此项活动，打出品牌，起到宣传地扪的效果。

我们博物馆必须创造出价值和效应，这样政府看到了这个效应和价值，才会参与，从而重视博物馆和支持博物馆的相关工作。

不难看出，博物馆管理层非常重视与政府的关系处理。除了积极协助政府发展当地社区经济外，博物馆还在社区管理上展开了相关探索。任馆长介绍了博物馆协助乡政府在社区垃圾处理问题上的新做法，他说：

> 以前是政府出钱雇人，老百姓就故意丢，因为你拿了钱，我为什么不丢呢！现在政府拨了一笔钱给我们馆来做文化传承，我就借文化传承活动做公益，捡垃圾。第一，小学生包路，每星期一次。按班级给班费，既然是我们班的，我们就不会丢了，叫养成教育。第二，老人家包河道的垃圾，两个月一次。年轻人看到了就不好意思了，都是自己爷爷奶奶，自然也不好意思再丢，同样是传承日时做，我给他30—40元钱，还管一顿饭。第三，中年妇女，一个月一次，捡周边的垃圾。家庭垃圾丢在周边的话，就让这些中年妇女去捡。当然这个钱不能说是垃圾清理费，政府下拨的文化传承经费要专款专用，但是我们就想出这个办法。
>
> 现在政府也有专门的垃圾清理费拨给村里，我就要求由村委再拨给我博物馆下面的合作社，就是旅游合作社，如公共厕所，原先是锁掉的，我说还是开着，万一游客要用，我一天给你1元钱或2元钱。我想如果这个钱直接拨给村委会，可能就被他用了，如果拨给我博物馆，根本不用担心贪污掉。
>
> 我现在其实不在乎这个钱，我这做的越好，政府就越会给我钱。

图3-30　田间、路边的垃圾

与此同时，博物馆内部存在着另一种声音，在博物馆待了4年的一位工作人员认为：

> 这里没有营业执照，也没有经营许可证，只是在县里注册了一下生态博物馆这个名字，说是做研究中心，不搞旅游就不盈利，当然就不用向政府交税了。这里是学者来得多，政府官员来的多。旅游他也只做高端的，小钱不赚。老外来这住，一晚是600元，政府官员来也是，你如果要发票的话，可以在外面买的嘛！那边有个客房，一晚上是3880元，下面是给秘书住的，上面是豪华间，有电视，设施很全，给部长级别的领导住的，上次国家文物局的局长就住那里嘛！还有黎平机场的上司——首都机场的领导也住那里。他也要给政府面子的嘛！以后要求他们办事的。说白了，这里就是打着这个生态博物馆的旗子做旅游的！
>
> 你看到博物馆上面又建的那个房子没有，就是那个刘老师（即前述的那位来自北京的退休教师）的，他在这里找村民买的地，乡里村里批准了，拿了20万元，木材找村民买的嘛！木工找吴木匠，都是任总帮联系的，剩余的可能就是给他的嘛！要不没有好处不做嘛！政府喜欢，这也是招商引资，帮助这里消费嘛！

图 3 - 31 在建的"佛学书院"（2011 年 5 月）

对于博物馆内部存在的分歧，任总自称心知肚明，但苦于博物馆难以招聘到合适的专业工作人员，因此他也只能维持现状。他认为目前的工作人员只是将这份工作当做谋生手段，而非一项文化事业。关于新建房屋的事，任总解释说这并非个人的乡间别墅，而是一个"佛学书院"，是研究中心的一部分，由从事佛教历史研究的志愿者捐赠给博物馆的，志愿者本人在休闲度假时可入住，而其余时间则交由博物馆支配使用。

由上可知，博物馆内部都存在认识上的分歧，那么与博物馆尚有一定距离（空间和心理）的当地村民对博物馆存在意见或者某种偏见也就更不足为奇了。

三、专家学者的评价

前来博物馆进行学术考察的专家学者大致可分为两类，一种是借助博物馆这个平台，对侗寨民族文化进行相关课题的研究，另一种则是对博物馆本身进行深入探讨。

一位在"五·一"期间前来采风的清华大学建筑学院的女博士小丁说：

> 我的博士论文选题是建筑景观，听导师说侗族的建筑是非常有特色的，所以我就下来找找灵感，本来想直接去肇兴看看，但是地扪离县城近些，我就直接搭了辆摩托车到这里，一路又累又饿，这里很偏僻，找了好久连个吃饭休息的地方也没有。幸好遇到任馆长带着一个团，领我到博物馆，我才看到希望。感觉像走了好久的夜路突然柳暗花明，豁然开朗，这里的吃住环境还这么好，世外桃源一样。

据艾姐介绍，像小丁这样的学生几乎每月都能碰到几个，国外的学者也来得不少。他们大都惊叹在如此封闭、落后、偏远的农村还能享受到只有在现代大都市五星级宾馆才有的舒适住宿条件，让他们免受了通常在农村调研所面临的卫生条件差等问题。

近年来随着博物馆的声名远扬，少数研究者开始将目光转向博物馆本身，尤其在博物馆与社区关系问题上有较深入的研究。如现贵州大学人文学院副教授尤小菊以《民族文化村落之空间研究——以贵州省黎平县地扪村为例》为题撰写了其博士论文，文中写道：

> 博物馆并没有因建于村寨而成为村寨的一部分。相反，研究中心内部现代化的设施与现代化的实践观念、公司式的管理制度，处处彰显其是一个与村寨文化不同的空间所在……对当地居民而言，博物馆成为一个封闭的消费性空间，只是面对（部分）外来者开放，当地人经济上也并没有能力消费。[1]

---

[1] 尤小菊：《民族文化村落之空间研究》，博士学位论文，中央民族大学民族学与社会学学院，2008 年，第 136 页。

图 3-32 研究中心的客房

四、居民的态度和评价

面对生态博物馆这个舶来品,当地居民可谓五味杂陈,各执一说,由此也可以看出村民们的某些认知。

(一)生态博物馆研究中心所在地地扪村村民的看法

正如前述的研究者尤小菊在其博士论文中所描述的那样,博物馆研究中心位于地扪村芒寨寨门之外,与侗寨村民的传统生活区域有一定的距离。加之博物馆的建设者和为数不多的工作人员基本不是本村人,无形地塑造了一个相对独立的空间。这种来自空间上、心理上的双重距离感都促使不同的村民群体根据他们与博物馆的接触产生了各自对博物馆的不同看法。按照与博物馆的亲疏关系,可将这些群体大致划分为三个层面,依次是积极协助政府配合博物馆工作的地扪村村委;与博物馆有着合作关系的地扪小学、合作社的加盟户等;以及与博物馆虽无直接业务联系却生活在其附近的普通村民。

首先，地扪村委作为村民选举产生的政府基层群众性自治组织，在协助茅贡乡政府配合博物馆各项工作中发挥着关键作用，与博物馆关系也最为紧密。在村委会待了 16 年的吴支书介绍说，他自 2003 年当选为村支书后已连任了 6 届，至今支书工作已干了近 10 年，博物馆也正是在他任期内逐步建设、发展起来的。

笔者问：什么是生态博物馆？

吴支书答：茅贡乡的 15 个村就是一个社区，一个博物馆，这里（指博物馆的这栋楼）只是一个研究中心，研究的内容就是六个字"挖掘，传承，发展"，挖掘我们这里侗族的民族文化、传承我们这里的民族文化、发展我们这里的民族文化，这是我多年来总结的经验。

笔者问：博物馆对地扪村有何影响？

吴支书答：一是带来知名度，二是吸引政府来帮助投资，三是带动一些产业。它（博物馆）一进地扪来，对地扪的宣传是有所增加。最起码，让外面知道黎平有个地扪，因为博物馆与外界接触多。其实我们 1999 年就开始搞旅游了，那时主要是靠政府宣传，但是没有能够像博物馆宣传得这么广泛。因为它命名就是地扪人文生态博物馆，定义是到了"地扪"两个字了，那外面首先就知道地扪了；第二个，从开馆之后，地扪有很大的改变，比如说修路，不是博物馆修，但通过它的宣传之后，政府重视了，才投入一些资金来修，如果没有政府重视，我们自己村里修不了。路是 2007 年修的，2009 年再重新加固，以前也是石板路，底下没有过水泥浆，落雨的时候很脏的，卫生不好。水渠也是开馆后才搞的，以前有，但是没有这么大，一个是消防，一个是卫生。另外，政府给每家每户的电线都包好了，做好消防设施，其他侗族村寨是没有的。

笔者问：您对博物馆工作有何建议？

吴支书答：我跟任馆长也是哥们，但实话讲，他有一些事情做得不尽如人意。比如，要多与村民沟通，打消他们一些顾虑。现在的顾虑，据我所知，就是经常有一些国外的、国内的游客到他们那里吃吃喝喝，村民看不惯，以为博物馆在搞盈利，不理解这里面。我们今年搞旅游合作社，社区公基金估计还剩有1万多，我们计划把村上的闭路电视线路整理一下，这样大家都可以享用这个基金。另外计划还买一台电视，在千三鼓楼那里放着，白天啊晚上啊，那些寨老们都可以去那里聊天、看看电视、吹吹芦笙。但任总在这点就搞得太疲沓了，一直没弄，村民对博物馆意见就很大，应该早点搞就没事了，我也催了，但他事多，经常不在这里，找工作人员也没用，必须经过他，他是老总嘛！

其次，地扪小学的吴校长介绍说，他2002年到职时，小学的文化传承活动就只是办有一个"青苗艺术团"，专门培养唱侗戏，班上的学生也不多。自从博物馆建立后，主动与小学建立了文化传承合作关系，不仅丰富了文化传承内容，而且提供场地和授课教师，减少了经费和人员压力。但博物馆也存在一定的问题，他说：

> 这些年博物馆一直一如既往地开展文化传承，没有变动，也没有发展，保持原来的状态。我个人认为说好也不知道怎么说，不好也不好说，因为我们这里需要传承的文化很多，但是博物馆人手太少了，他们要处理应付其他事情，考虑上不太全面，在执行时候比较（不到位）……比如，任总有时在，有时不在，博物馆在管理学生时也不是那么严格，有时贪玩就不去。在管理民族文化传承人没有提出具体要求，我们学校（在学生）在学校时可以管，在博物馆是周末，我们也不好管。博物馆认为学校没有对这些学生进行很严格的要求，造成这些学生没那么认真。我认为博物馆在管理上要从严，学生才能学到更新的、更深的民族文化，现在我们的学生就有些倦怠了。有些事情太复杂，讲不清楚。有时候有些家长也有些意见，比如：看那里（博物馆）给学生发学习用品，学生就高兴，如果一天到晚学歌，又没有奖励，就失去

兴趣了。父母亲也希望小孩帮家里干点活，如果在那里又学不到知识，又得不到礼物，小孩回去的话，有个别的家长还是不高兴。

最后，博物馆研究中心周边的普通村民对博物馆也各有己见。地扪村的青壮年基本都出去打工，采访到的村民不是老年人、就是因孩子太小暂时在家带孩子的年轻母亲，偶尔遇到的年轻小伙也只是短期回家探亲。以下是几种较有代表性的看法：

表3-2　地扪村村民眼中的生态博物馆（2011年5月）

访谈者	个人情况	什么是生态博物馆？对当地有什么影响？
吴学林	男，80岁左右	我不好乱讲，这是国家办的，不是一个人搞的，是政府支持，支持外国人来旅游，吃两餐饭睡一晚收300块钱。香港姓李的久不久一年来一回，那个姓任是老总。他们跟吴显彪做生意，买木材卖木材。博物馆来了之后，我们没得变化，我们是农民，变来变去没有什么变化，他们有客，有钱，跟我们没有任何关系。他们跟学校们，来几个会唱歌的，接待外宾，赚钱的嘛。保护文化？文化在哪里呀！
吴冬花	女，30出头，小卖铺老板	是搞旅游的，人不多，没什么好看的！
吴军妹	女，22岁，无业，留守照看小孩	是接待客人的，有人来就有小孩去唱歌。
吴老伯	77岁，复员军人，退休前在黎平林业局工作	是个人文博物馆，就是搞文化这方面，培养下一代娃崽，还发书包。搞了6、7年了，也没有什么变化，就是几个人做点事情，搞几个房子，做点木工。凡是外国来的、香港的他都接，就3、4个人在那里，人很少，没什么好玩的，也没有发展起来嘛！
吴老伯	60岁，在家务农，儿女外出打工	是有一家搞的博物馆，外国、香港都在那边（吃住）。那里吃饭、睡一晚上就要钱，贵！我以前去那里，他们也不招呼我们吃饭，我们一个村的都是朋友，去了都叫吃饭。他们就是要给钱。香港大老板给的80多万。这里也搞，肇兴也搞。榕江他们也搞，守这个屋一个月工资就有1500。你们也住博物馆啊，那你们是有钱人！
吴小伙	25岁，浙江打工，回家探亲	就是个旅游接待的地方，前两年去过，觉得挺好玩的，你们外面人觉得新鲜，我们在外面也看到新鲜，现在好像没什么好玩的。那里可以看到造纸，染布什么的，民间基本都没有了，你可以到那里看到。如果你们是团体过来的，他们会用侗歌唱给你们听。
吴氏兄弟	20出头，外出打工，回家探亲	我们出去打工，不清楚博物馆是干什么的。

村民对博物馆的看法验证了前述吴支书的说法，博物馆与村民的沟通

尚存在问题。他们大多数人都认为博物馆就是香港老板出钱在村里修房子、搞旅游挣钱，并且挣的是香港人、外国人的大钱。

青壮年一代忙于养家糊口，博物馆基本与他们的生活没有太大的关系，因此对博物馆的态度也显得较为冷淡；而老年人对博物馆则颇有微词。尤其是近年来，地扪村频频发生大小火灾，在村里老人中悄悄流传一种说法，他们认为博物馆是造成村里频频发生火情的主要原因。由此，博物馆与村民的矛盾剧烈升级，最终酿成了直面的冲突。2011 年春节前后，全村人围堵博物馆，并毁坏了博物馆外的部分公共设施。当时在博物馆值班的工作人员至今胆战心惊，她回忆说：

> 当时我吓都吓死了，任总又不在这里。博物馆外面围得水泄
> 不通，门口和路上全都是人，我赶紧把门锁上，就怕他们冲进来，
> 后来他们也没敢乱闯，就是把外面的厕所什么的掀了。

据当时在场的一位老人透露，这次"围堵事件"的直接导火索是发生在最近的一次火灾。2010 年 9 月 10 日的晚上，他弟弟家的儿媳妇点蜡烛时睡着了，结果烧掉了兄弟共 9 家。当地通常将引起火灾的人家叫做"火香头"，其一家人都将遭到受害者和全村人的敌视甚至殴打，以解心头之恨。按村里规矩，"火香头"通常会被赶到村外去，至少三年之内不能返回，即使回村后也终身抬不起头来。为避免遭受村里人的责难，儿媳妇一家人在发生火灾的当晚就偷偷逃到广东，至今在外打工未敢回家。吴支书介绍，正是这场火灾，让回家过春节的年轻人将怒火发泄在了博物馆方面，他回忆当时的情况：

> 大年三十晚上，几个年轻人可能喝了点酒，听老人一说，本
> 来有些老人对博物馆就有看法。结果这几个年轻人就带头闹事，
> 要砸博物馆，我们这里大年三十晚上最忌讳跑外面来的，但我当
> 时也顾不得那么多，赶紧来协调，劝他们别乱来，跟那些寨老们

说。我们村委哪里管得到，当时路都走不通，年轻人起哄把博物馆外面的厕所拆了，还掀翻了萨坛，拿石头把路堵起。从晚上闹到快天亮，后来上面政府来了警车开道，把带头闹事的人抓起来了，做了刑事拘留，这件事才算过去了。

对村里老人们中流传的这种说法，地扪小学教授六年级语文的吴老师道出了其中的原委：

> 原来养猪养牛，都是稻草乱放，还没电，看都看不清楚，也没发生过这么多的火情啊！老人们就觉得最近频频失火，是不是外地人来多了，把不干净的东西带进来，而外面来的人也主要是博物馆领来的，以前没修博物馆时，哪里有人来我们这里啊！所以老人们就说博物馆不应该在这里建，坏了我们这里的风水。

综上所述，从开馆之初，村民对博物馆的热烈欢迎到后来的逐渐冷淡，直至发生激烈的冲突，村民与博物馆的关系似乎并不像前述袁书记所形容的"二者保持亲密关系"的说法。相反，是来自政府的支持和压力在背后支撑着博物馆在当地社区展开各项业务，而村委在其中始终充当着博物馆与当地村民之间的润滑剂的角色，政府和村委的协助帮助博物馆较为顺利地进入地扪社区，却使得博物馆忽略了自身与当地老百姓的正面沟通，并逐渐拉开他们与当地村民的距离。例如，地扪村一位60多岁的老人，在博物馆刚开馆之时，曾满怀热情地去博物馆串门，然而却遭到博物馆工作人员的冷落，即便时隔多年，他仍对那次经历有所埋怨：

> 我以前去那里（博物馆），他们也不招呼我们吃饭，我们一个村的都是朋友，去了都叫吃饭。他们就是要给钱。

可见，老人认为既然是住一个村子里，就应该是朋友，朋友之间口头上说两句客气话，甚至请吃一顿便饭、那也是礼尚往来、再平常不过的事情。然而，当他去博物馆时，并没有得到"应有"的招待，反而发现博物

图3-33 火灾后重建中的民居

馆吃住都是需要收费的,即便对他这个本村人也不例外,"这不是见外了么?"① 由此,博物馆在他眼里面就是来赚钱的,而且是赚大钱。正如费老所言,"乡土社会是熟悉中得到信任"②,既然对方不把我当朋友,我自然也不会把对方当朋友。这位村民的观点多少反映了地扪侗寨作为乡土社区的特点。"乡土社会在地方性的限制下成了生于斯、死于斯的社会。常态的生活是终老是乡。假如在一个村子里的人都是这样的话,在人和人的关系上也就发生了一种特色,每个孩子都是在人家眼中看着长大的……这是一个'熟悉'的社会,没有陌生人的社会"③。生态博物馆对于地扪侗寨而言,从它在侗寨落成之际就是它在侗寨的出生之时,然而博物馆作为侗寨社区新

① 费孝通:《乡土中国》,上海:上海世纪出版集团(上海人民出版社),2007年,第10页。
② 费孝通:《乡土中国》,上海:上海世纪出版集团(上海人民出版社),2007年,第10页。
③ 费孝通:《乡土中国》,上海:上海世纪出版集团(上海人民出版社),2007年,第9页。

生的"孩子",屡屡制造出"见外"的事件,尤其当类似吴老伯"有失体面"的博物馆经历在乡土社会里一经传开,社区村民与博物馆之间逐渐生分起来,心理隔阂也就越积越深。可见,费老总结的"熟悉中获得信任"同样是民族地区乡土社会人际交往的关键环节,然而博物馆这一在当地人眼中"缺少人情味的外来者"显然不懂得这个道理。

(二) 地扪村临近侗寨村民的看法

地扪村民尚且对博物馆缺乏了解,与博物馆距离更远些的临近侗寨村民更是如此。一些村民并未到过博物馆,却也道听途说地知道些博物馆的事情。

登岑村的一位74岁的老人介绍:

> 博物馆在地扪,接待客人的,我没去过,是一个叫任总的来这里搞房子,搞旅游,我也没见过,光听到别个讲,他是个香港人。我们村干部看得到,旅游来人了,要讲几句话就叫各村的干部去博物馆开会啰,我们老人家没去开会,就看不到。

樟洞的一位村民也说:

> 博物馆是任总搞的,接待贵宾,这里每年像"五·一"都有人来旅游,广东深圳的,任总领过来的,都由我们村委会接待,有点收入。本来今天我要上坡,但是村委干部说你们要来,让我们留在家里,别出去了。等你们走了,我再去。要不然,村里人都走光了,基本出去打工了,我们也走的话,你们来看就太冷清了。

尽管临近的村民对博物馆情况了解得似是而非,但有一点是达成共识的,即将"任总"作为"博物馆"的代名词。其实,博物馆方面也十分清楚当地村民对博物馆看法。任馆长概括了两点:

> 第一,他们是无所谓,跟他们没有什么密切关系,他们认为

只是个博物馆。他也不知道我们是干什么的，最多他们以为我们是做旅游的，来人就问是香港来的，或问是北京来的，他只会问这两个问题。第二，可以说现在99%的地扪人不知道社区就是生态博物馆，这个是我们自己讲的，是我们自己赋予的一个称呼和一个概念，而地扪人根本就不知道生态博物馆的概念。

生态博物馆进入中国公众的视野还不到20年，许多城市人、文化人尚且不知这个新生事物，更何况乡村农民？然而，建设在村落社区里的生态博物馆，其理念是社区发展与文化保护，如果没有当地人的支持、理解、自觉，其理念又如何得以持续实践？这是一个不得不思考的问题。

五、游客的态度和评价

20世纪90年代以来，民族文化旅游已成为中国大众旅游的一个重要组成部分，尤其对于地扪这样一个高知名度的民族社区，更不会缺少游客。

地扪的游客基本可以分为两类。一类是博物馆组织的团队，来自全国各地；而另一类是黎平县或者附近县城慕名前来的散客。笔者在2011年"五·一"期间正好遇见任馆长带领一个来自广州的团队下来参观，一位叫阿萍的团友简单介绍了旅游团的情况：

> 这是我们银行的一个活动，工作人员有一部分，VIP客户有一部分，是跟着广东国旅来的，20人左右，4天3晚，2300元每个人。我们行有一个朋友发动的，因为他认识任总，所以就联系了这里。我们刚到黎平机场时，有黎平县里的领导接我们，好像是招商引资的局长、旅游局的局长、县里的书记等。晚上跟我们一起在博物馆看了民族表演，跟着就走了，应该是有招商引资的意思。后来几天也就是馆长带我们到处看，给我讲解，要没有馆长带我们，我们也不清楚这里。我觉得这里很好，与一般的度假村

不一样，很自然，尤其是这里的人。以后有机会可能还会和朋友来。

而散客往往因为得不到与团队的相同待遇，最多也只是在博物馆研究中心打量一番后无奈地离开。同样在"五·一"期间前来度假的一位黎平县男性游客表示：

> 听朋友介绍说，地扪这里有个生态博物馆，我们几个人说过来转转，却没得一个人，也看不到什么表演。感觉就是个空房子，一些屋子都锁起，好在也不收门票，随便进来也没人招呼，出去也没有人管……

游客们的不同认知似乎也反映了地扪生态博物馆的经营理念，旅游只是一块招牌，带来人气，而真正要做的是让社区均衡发展。

第四章 "学术机构主导型"生态博物馆

"学术机构主导型"生态博物馆是指由高校或学术机构以课题形式在民族地区推广的社会、经济、文化、生态环境等多方协调发展模式，以云南大学人文学院人类学系教授尹绍亭等学者主导建设的云南"民族文化生态村"（以下简称"生态村"）为代表。

虽然"生态村"的命名不同于"生态博物馆"，但是"生态村"本质上仍是以民族村寨为试点的文化就地的整体性、活态保护，且将"社区自主发展"以及"文化保护与经济发展互动互促"作为最终的建设目标，因此在理念和指导原则等关键环节都与"生态博物馆"一致，故而将之作为西南民族生态博物馆建设的一个模式。

第一节 民族文化生态村之由来

20 世纪 90 年代初，曾多次在西双版纳地区进行过民族调研工作的尹教授等人应当地基诺族村寨长老的邀请，前去协助他们恢复传统祭祀仪式。基诺族过去是典型的长老社会，由年长者组成的长老班子具有较高的社会地位。然而，随着 20 世纪 50 年代长老制被取消后，老人逐渐被边缘化，新当选为村干部的年轻人掌握了话语权，但他们对本民族传统文化的感情已日趋淡化。对此，基诺族老人忧心忡忡，希望借助学者的力量，筹集到一些资金，盖一处文化传习所，以唤醒青年人对传统文化的热爱。起初，尹绍亭等人在村寨四处寻找合适地点，并求助乡上及村上干部的支持。然而，村里干部非但不理解，还表现出对当地老人的不尊重；同时，乡上干部的兴趣亦不在文化保护之上，而是带学者们前往到另一个他们更为重视的民族村寨，当时该村寨已经被企业做成旅游村，其传统文化早已丧失殆尽，纯粹的商业性表演深深触动了学者们。据尹介绍：

> 当时我们看到不仅仅是基诺族村寨遇到这个传统文化衰落的问题，其他地方也面临着同样问题，我就想仅仅是做做仪式还不行，应该对传统文化进行系统的保护，同时也要改善他们的自然环境、人居环境，保护他们的生态环境，当时考虑能不能做出几个样板村，在文化、生态、经济各方面都协调发展。有了这样的样板，也可以示范一下。

然而，此设想因资金问题无法解决，当地政府的不理解而一度被搁置，但为后来"生态村"的构想埋下了萌芽的种子。20 世纪 90 年代中期，云南省开始了建设"民族文化大省"的前期可行性论证，尹绍亭等学者作为专家应邀参与讨论并谈到了建设"样板村"的想法，正是通过这一阶段的讨论，学者们对如何建设"生态村"，在理论认识上逐渐深化，在操作思路上越加清晰。然而，当时各级政府在认识上还不清晰，政府推动进行"样板村"建设的行动没有得到实现。

与此同时，美国福特基金会自 1989 年也进入到云南省开展扶贫项目。基金会的负责人在与尹等学者的交往中，认同并接受了他们的观点，即文化在扶贫工作中不容忽视。随后双方商定以此观念为切入点实施一个项目。当该项目立项之后，一位美籍专家加入其中并逐渐成为项目建设的主导者。云南方面的学者认为此人更重视学者的主导地位，而忽视了当地居民的感受和参与，其做法与他们最初的理念背道而驰，继而从项目中退出。因此，这次由尹等人倡导，实际由美国学者主导的"样板村"建设同样也宣告失败。

以上经历让学者们认识到在当时要依靠政府主导来建设"样板村"尚没有可行性。因为那时的中国社会正在大力发展经济，奔向市场化和全球化是其主旋律，而民族文化的独特性及价值在很大程度上被忽视甚至是轻视。同样，国外学者因为不熟悉中国国情和民族地区区情，也不能成功打造"样板村"。然而这些前期的探索为后来"生态村"的建设积累了必要的实践经验。1997年，尹绍亭等学者正式提出"生态村"这一建设模式，并再次找到福特基金会，双方就该项目建设进行了深入地沟通。尹回忆，"生态村"项目后来之所以能获得福特基金的支持，关键就在于项目的建设宗旨与当时福特基金会项目的建设原则不谋而合，二者均注重居民参与意识和能力培养等软件环境的改善，而非自上而下的包办建设模式。1998年10月，福特基金会正式同意资助该项目。自此，"生态村"从理论的萌芽到实践的探索，历经了近十年之久，终于由提出该设想的学者们以课题的形式正式拉开了建设帷幕。

项目组将"生态村"定义为"在全球化的背景下，在中国进行现代化建设的场景中，力求全面保护和传承优秀的地域文化和民族文化，并努力实现文化与生态环境、社会、经济的协调和可持续发展的中国乡村建设的一种新型的模式"[①]。可见，该项目不仅是一个综合性的系统工程，也是一个跨学科的应用性研究项目。自1998年10月立项到2008年10月结项的十年期间，项目组在历经了前期研讨、试点选择、实地调查、整体规划、艰苦建设等各阶段的探索，共建成腾冲县和顺乡（汉族）、景洪市巴卡小寨

① 尹绍亭：《民族文化生态村理论与方法——当代中国应用人类学的开拓》，昆明：云南大学出版社，2008年，第2页。

（基诺族）、石林县月湖村（彝族·撒尼人）、丘北县仙人洞村（彝族·撒尼人）和新平县南碱村（傣族）等五个①"生态村"试点，并在取得阶段性成果的同时进行了经验总结与理论反思，先后撰写了《民族文化生态村——云南试点报告》、《云南民族文化生态村暨地域文化建设论坛》（内部资料）、《民族文化生态村——当代中国应用人类学的开拓》（系列丛书）② 等总结报告，使得"生态村"无论在实践上或是理论上都形成了一套较为完善的体系，不仅为当代中国应用人类学研究领域提供了一个典型案例，而且也为政府相关部门在民族地区进行文化就地整体性保护以及新农村建设方面提供了一个参考模式。

腾冲县和顺乡

石林县月湖村

新平县南碱村

丘北县仙人洞村

景洪市巴卡小寨

图 4－1　云南民族文化生态村分布图

---

① 据尹绍亭介绍，由云南大学彭多意教授在 2000 年开始建设的弥勒县可邑村（彝族·阿细人）试点虽不属于福特基金的资助项目，而是云南省校合作项目，但因其建设的理念与方法与"生态村"如出一辙，所以也加入了到"生态村"的建设群中，成为云南第六个"生态村"试点。

② 该丛书共六册，包括尹绍亭的《理论与方法》、王国祥的《探索实践之路》、陈学礼的《传统知识发掘》、孙琦、胡仕海的《生态村的传习馆》、朱映占的《巴卡的反思》和曹津永的《走向网络》。

第二节　个案研究：仙人洞彝族文化生态村

项目组考虑到不同民族、不同环境等条件差异下应有不同的"生态村"建设模式，故在省内不同地区选择了五个民族村寨进行试点建设。其中，尤以"仙人洞彝族文化生态村"最具代表性，其示范意义主要体现在以下四个方面：

首先，从"生态村"建设原则的层面上看。仙人洞村村民的主动参与意识贯穿于项目始终。在项目选点之初，仙人洞村村干部主动表达了他们想成为试点的迫切愿望；在随后的建设过程中，村民更被普遍激发起参与"生态村"建设的热情；即便在项目结束后时隔三年的今天，他们也仍然在某些方面表现出较强的自主意识。可见，在"村民主导"这一"生态村"建设核心原则上，仙人洞"生态村"体现得最为透彻。

其次，从发展途径的选择层面上看。仙人洞拥有优越的地理位置及独特的民族文化，故而项目组将旅游视为带动当地经济发展的重要途径。而众所周知，旅游一直被学者视为导致文化保护与经济发展二者剧烈冲突的导火索之一。事实上，众多的案例也证明了旅游的不适当开发确实将对文化造成严重的破坏，例如时下被外界评论为"文化空城"的丽江和"不再清新"的凤凰，无不是旅游过度开发下的牺牲品。尽管其他生态村或多或少都面临着旅游这一问题，但仙人洞村将其作为主要发展途径就意味着它将面对更为激烈的保护与发展二者间的冲突问题。目前在我国处于旅游景区内或邻近景区的少数民族村寨不止一个，因此，仙人洞生态村在如何处理文化和旅游的关系问题上较其他试点更具研究价值和普适意义。

再次，从项目实施效果的层面上看。对比"生态村"建设前后，仙人洞村在经济、文化、人居环境等各方面均发生了较大改变，尤其在实现经济的数倍增长的同时积极复兴并传承民族文化。而"消除贫困"、"保护文化"正是"生态村"建设的最终目标，因此从这一角度而论，仙人洞村不啻为一个较为成功的样板。

最后，从发展现状的层面上看。五个试点村寨在项目结项后均各自走向不同的发展道路。例如，文化积淀深厚的著名"侨乡"——"和顺汉族文化生态村"早在2004年就被腾冲县政府将其管理经营权转让给了一个名叫"柏联集团"的商家，虽经过商业包装后屡获"中国十大魅力名镇"的称号，然而它已背离了"生态村"提倡的"村民主导"建设原则，而变为"企业主导经营管理"的开发模式；再如，五个试点中获得较多资助经费[①]的"巴卡基诺族文化生态村"也在项目组撤离之后迅速回到建设前的状态，甚至连作为该试点标志性建设成果的"巴卡基诺族博物馆"也因疏于管理而无人问津；此外，"月湖彝族文化生态村"和"南碱傣族文化生态村"也由于村干部的轮换原因、新任村领导班子对"生态村"建设的不重视甚至是反对的态度而致其发展处于停滞状态。对比之下，还只有仙人洞村在某些方面延续着"生态村"建设的相关理念。

综上所述，仙人洞村无论是在"生态村"的建设原则、宗旨上，抑或是在总体实施成效及后续发展上，都较其他四个试点村寨更具样板示范效应。

一、仙人洞概况——水边的撒尼人

（一）行政分布

仙人洞村是云南省丘北县双龙营镇普者黑行政村下属一个自然村，同时也是普者黑景区的重要组成部分。

（二）自然环境

仙人洞村地处滇东南岩溶山原丘陵地带，是典型的喀斯特地貌，山水相

---

① 日本"黛节子舞蹈财团"、日本工藤市卫夫妇以及中科院热带植物园资助总计30万人民币。

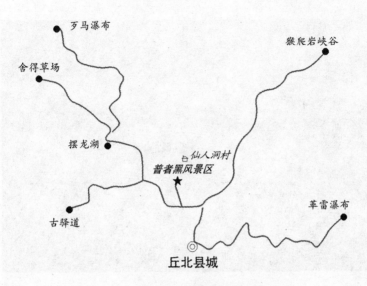

图4-2 位于普者黑旅游区核心的仙人洞村

间，峰奇洞异。它三面环山，一面临水，南面是出水口，经由一条沿山小道及一座人造石桥与村外的普者黑景区相连，成为出入该村的唯一通道。村畔的天然湖泊称作仙人湖，湖水面积约2000平方米，平均水深3—8米。此湖通过清水河与相距2000米外的普者黑村前的普者黑湖相连接，总面积达4800平方米。湖面波光粼粼，水质清澈，尤其到每年7—8月份，经由千亩野生荷花的妆点，更显风景如画、景致宜人。该村位于低纬度季风区，终年温暖湿润，平均气温16.3℃，年降雨量1000—1300毫米，气候宜人，且适合农业种植。

（三）人口、民族及村落的形成历史

仙人洞现有190户人家，近900人。其中绝大多数为彝族支系撒尼人，另有少量汉族、僰人、苗族、瑶族等外来民族。围绕着普者黑湖区，周围还分布着汉、苗、壮等民族村寨。

有关仙人洞村撒尼人的来源，据村里最年轻的毕摩，65岁的张老人介绍：

> 丘北县总共有9个撒尼人的村寨，大部分都是从曲靖的"阿

图4-3　仙人湖

着底"① 迁过来的，然后到石林，再迁到这里。我们在旧社会从曲靖逃荒的路上，有些人跟彝族就变成了彝族，有些跟壮族就变成了壮族，还有的去汉族那里上门就变成了汉人。现在我们跟石林那边都有联系，有些亲戚关系。

对于仙人洞村的历史，黄村长说：

这里其实最先来住的是贵州迁来的苗族，后来我们撒尼人从路南②一带迁来，主要是范、黄、钱、张等姓。我们更早的定居地是在曲靖一带，随着我们撒尼人越来越多，原来居住在这里的苗

---

① "阿着底"是撒尼语。"阿"为词头，无实义。在撒尼彝语地名中，凡山冲、山箐、大的沟壑，都要在正式地名后加"着"。"底"意为平坦、开阔的土地。彝族著名的叙事长诗《阿诗玛》的故事发生地也是"阿着底"，有关"阿着底"的具体位置，学界一直存在争议。然而有较多学者认为：其一，"阿着底"这一地名存在于彝区的很多地方；其二，撒尼人记忆传承中的"阿着底"的多处指向，与撒尼人的多头来源是密切相关的。（参见昂自明：《"阿着底"新考》，《云南民族大学学报》（哲学社会科学版）2006年第5期。）

② 指石林彝族自治县，原名路南彝族自治县，是云南省昆明市东南部远郊县，以前为曲靖地区辖县，1980年代中期因行政区划调整划归昆明。

族就搬到其他地方住去了，我们反客为主，现在这里基本都是我们撒尼人，大概有400多年的历史了。因为这附近有个溶洞叫做仙人洞，所以把这里叫仙人洞村，这个是汉话，我们撒尼人叫"哦勒且"，意思是说"鱼多的村子"，普者黑也是差不多的意思。

仙人洞村村民普遍自称撒尼人，拥有撒尼人独特的民族文化，表现出了较强的民族认同感。

（四）生计方式

仙人洞村的传统生计方式为农业与渔业相结合。农业以种植水稻为主，也种植烟草及少量蔬菜。由于生产技术水平低下，产量不高，农业种植只能勉强维持温饱；而捞鱼是农闲之余的副业，不能成为主要的经济来源；加之过去的仙人洞四周湖水泱泱，仅有一条狭小土路通向外界，交通非常闭塞。因此，该村过去的经济状况极为落后，到20世纪90年代初时，其人均纯年收入才300余元。担任村长近20年的黄绍忠这样形容当时的生活状态，他说：

> 原来我们是"口袋村"，意思是说我们腰上面系着一个口袋，一个个村子走，跟人家去讨东西。我小时候没得鞋穿，到附近村子去捡柴，还被人家骂。以前我们小伙子出去找那些小姑娘，就是周边山地村寨的，也不比我们这里富到哪里去，有些小姑娘就讲，"就是因为昨天跟你们出门，回去后被老人家骂"。那时是"有女不嫁仙人洞、有男不招仙人洞"。20世纪80年代，到1993年、1994年以前，女人和娃娃都不会讲汉话，男人出去卖点东西、做点事情还会讲两句，像你们这些汉人进来，那些小娃娃看到就吓得边跑边喊"汉人来了，汉人来了，快跑"，然后躲到一个地方偷偷地瞧。

20 世纪 90 年代，普者黑一带的村民开始自主开发附近的岩洞，占据天时地利的仙人洞村村民也在黄村长等人的带领下开始跃跃欲试。黄村长介绍说：

> 1991 年，普者黑有 8 家人开发岩洞，后来又来搞我们仙人洞，我们就加入一起。当初还只是以洞来搞，用小木船载人游洞，当时一个小木船还只能坐两个人，客人也是主动提出要坐我们的船。开始我们划船还不好意思要人家的钱，是客人主动给，先是给 2 角 1 个人，后来又 5 角 1 个人，从 1992 年一直划到 1995 年。到了 1998 年，县政府看到这里是块宝地，就搞了一个旅游公司来开发普者黑景区。公司以每条船 200 元的价格就把我们私人的渔船全部买去了，然后招我们村民去给他们划船。想去划船的人必须通过他们的考试，包括划船、游泳、唱歌等一些项目，必须都要考及格了才能去公司上班。
>
> 我们那时只晓得天天划船，有些客人到我们这个村子来，看到有些大妈就讲，"借你家给我坐坐，你给我唱首歌听"，我们也不好意思去要钱，但人家自然就给你 5 块、10 块的，我们就把这些都看在眼里了。后来有些专家就想住我们家里面，而且是哪家穷还就往哪家住，我们就觉得这个邪得很啊！没得办法，我们找些席子来给他们铺上。住到第二天早上呢，人家就给 20 块、30 块。住下来了呢，这些人也会给我们出主意，他们问我们为什么不搞农家乐，还教我们如何如何来搞。我们就全部看到眼前了。当时我跟范书记几个人呢就想，天天划船也不行，我们还是应该搞农家乐，为哪样呢？我看到有些村搞活动，请个歌星来都十多万，我想我们这个老祖先传下来的歌也很好听，为什么不搬出来给人家看呢！我们坐下来就让大家来商量怎么个搞法。之后我们就认识到尹老师，他是搞"云南民族大省"的专家，我们就自己跑去找他，把他们拉下来给我们

出主意。

正是在项目组的帮助下，仙人洞村以民族文化为依托逐渐发展旅游业，从而走上了发家致富的道路。如今，仙人洞村全村190户人家均直接或间接地参与到与旅游相关的行业中，旅游业已完全替代了过去农耕渔业相结合的传统生计方式，成为该村的支柱性产业。

图 4 - 4　农家乐、超市、KTV

二、入选"生态村"试点缘由

仙人洞村入选"生态村"试点建设的原因有两点。其一，该村主动要求参与是入选的直接原因。据项目总负责人尹绍亭回忆，当时黄村长等人通过报纸得知"生态村"项目的消息后，立即带着当地的辣椒等土特产到昆明找他，并强烈要求能成为项目的试点，其诚恳的态度和迫切的愿望深深触动了项目组。考虑到村民主动参与意识恰好是"生态村"建设的必要前提，于是项目组便答应将仙人洞村列入备选。其二，仙人洞村符合入选

"生态村"试点的5个条件，即：

第一，文化富有特色，文化资源丰富；

第二，生态环境较好，风景优美；

第三，民风淳朴，村民具有朴素的文化保护意识；

第四，位于国家或省级旅游区内或附近；

第五，当地政府积极支持，其文化部门具有工作能力强、工作积极负责的合作者。①

经项目组前期调研和考察，确定仙人洞村不仅符合以上5个条件，而且条件还非常优越，发展前景可观。以下是该村与入选标准相对应的具体条件：

第一，仙人洞村的撒尼人在迁入当地后，与邻近的壮、苗、汉等民族在长期交往互动中，保存并发展了从原生地（曲靖一带）带来的撒尼人文化。例如，当地村民普遍说撒尼语，妇女依然穿着传统撒尼服饰，居住土墙瓦顶的传统民居，尚保留有"密枝节"、"火把节"等传统节日及"背着娃娃谈恋爱"等传统婚姻习俗等；

第二，地处喀斯特地带，坐落在山清水秀、景色宜人的清澈湖畔；

第三，民风淳朴，有传统信仰、禁忌和祭祀习俗，对周边的神山、神林存有敬畏之心，这在无意间保护了当地的生态环境；

第四，仙人洞位于普者黑景区核心地域内，距离景区中心（小集镇）仅200米；

第五，丘北县旅游部门对"生态村"项目较为支持，原旅游

---

① 尹绍亭：《民族文化生态村理论与方法——当代中国应用人类学的开拓》，昆明：云南大学出版社，2008年，第76页。

局局长罗树昆退休后主动到仙人洞，协助当地村民发展旅游经济。

因上述主客观条件的相互契合，于是仙人洞村成为"文化生态村"项目的试点之一。

图4－5 仙人洞村寨门和"生态村"挂牌

三、仙人洞生态村的项目管理机制

"生态村"项目的基本运作思路是"依靠村民的力量和当地政府及专家学者的支持，制定发展目标，通过能力和机制的建设进行文化生态保护，促进经济发展等途径，使之成为当地文化保护、传承的样板与和谐发展的楷模，为广大农村提供示范，并促进学术的发展"[1]。

可见，该项目已远远超出了某单一学科的研究领域及某一个学者的能力范围，是一个庞大的系统工程。为此，项目组从一开始就注意寻求各方的支持与配合。一方面他们大量充实项目研究成员。首先是动员和组织云南大学人类学系的师生们广泛地参与到项目中来，其次是积极争取与横向单位的合作，如农科院、中科院、植物园、博物馆、昆明理工学院等各类科研机构。如此，形成了一个以人类学（民族学）专业为主，包括多个学

① 尹绍亭：《民族文化生态村理论与方法——当代中国应用人类学的开拓》，昆明：云南大学出版社，2008年，第2页。

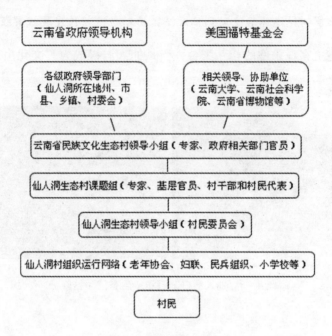

图 4-6　生态村项目组织运行网络图（参见尹绍亭
《民族文化生态村理论与方法》）

科参与的应用性研究开发项目。而另一方面，他们在后来的实践中以组织
各类民族文化活动等不同的方式激发起村民的参与热情，同时也积极邀请
当地政府官员出席活动。由此，逐渐将原本以学者为主体的应用性研究项
目扩大至由仙人洞村民、当地各级政府和学者等相关群体共同参与的行动
计划，并在项目结束之后，"生态村"建设由"专家主导"顺利过渡到"村
民主导"的运作模式。

四、仙人洞生态村项目的实施过程

自 1999 年 6 月起，项目组先后派遣了不同学科专家 10 余人对仙人洞的
历史、地理、文化等方面展开调研。他们发现仙人洞村一方面拥有富饶的
资源，而另一方面却长期处于生活贫困状态，因此如何利用当地丰富资源

提高其生活水平成为亟待解决的问题。项目组提出"通过一手抓民族文化保护、一手抓旅游开发,使二者相辅相成,构成良好的互动机制,共同促进该村的社会发展"①。为此,项目组充分调动并有效利用诸如村民、政府和学者等各方力量,使之合力投入到仙人洞"文化旅游互动和可持续发展"②的建设目标当中。

(一)专家学者层面

1999年10月,项目组在仙人洞村村口寨门上正式挂牌了"仙人洞彝族文化生态村",并在其发展前景尚不明朗的情况下,给予了村里5万元的经济支持,作为改善村内硬件设施及活动经费的前期启动资金,这在当时给予村民巨大的精神鼓舞,并进一步赢得了他们的信任。随后,项目组主要在生态环境的保护和改善,传统文化的恢复、挖掘、整理以及文化交流等三个方面展开工作。

首先,在生态环境的保护与改善方面。自然环境和文化生态环境不仅关乎当地村民的切身利益,同时也是旅游开发和可持续发展的重要前提与保障。当地撒尼人有"祭龙节"、"密枝节"等传统节日和宗教活动,周边的山石草木均被赋予灵性,以护佑村民的福祉,即便是在发家致富后见过世面的黄村长对此也深信不疑,他说:

> 密枝林那里有颗三百多年的老树,里面藏着个石娃娃,是专门求神求子的地方,我们老祖先早就放在那个地方了。我以前去拜的时候,就求那块石头,说"求求你,让我生个儿子",结果你看,我到现在生了3个娃娃,全部都是儿子。以前有一个老局长,喊我们要去掉这些崇拜,但我们就认为,这些是我们自己的老祖

---

① 参见尹绍亭主编:《云南民族文化生态村试点报告》,昆明:云南民族出版社,2002年,第83页。

② 尹绍亭主编:《云南民族文化生态村试点报告》,昆明:云南民族出版社,2002年,第98页。

先留给我们的，所以不管哪个局长，我们也不会听你们的。还有密枝林，以前是不让随便上去的，那个山是"龙山"、树是"神树"，每年我们都要上去祭的，祈求保佑我们一年的平安。

在当地村民原有的朴素环保意识基础上，项目组又进一步以多种形式引导和加强此种观念。例如，利用村委会、村民大会、节日聚会等各种集会；通过妇女学校、夜校、民兵组织、老年协会等各类场所；凭借影视、图片、演讲等不同方式向全村宣传"生态村"可持续性发展的理念。然而，仅向村民灌输环保理念还远远不够，为了便于实际操作，项目组还聘请了昆明理工大学建筑学院的杨大禹教授勘测并设计了《仙人洞彝族文化生态村规划及建设设计方案》和《民居改造方案》等总计 28 幅图纸，作为仙人洞原有民居及整体环境改造的具体指南。

其次，在传统文化保护方面。项目组不仅协助村民恢复了宗教祭祀活动，而且帮助他们传承并创新了撒尼人的传统节日。

在撒尼人的文化中，毕摩是不脱离劳动的民族宗教首领，被视为撒尼人文化的保存者和传授者，有着深厚的群众基础和较高的社会威望。然而仙人洞的撒尼人在迁徙中逐渐丧失了文字，村中的毕摩早已不识彝文经书，只能靠口传心授来将经文传承下去。为此，项目组在当地展开了恢复彝文、培训毕摩、设计神祇、开辟祭祀场等一系列活动，使得仙人洞村的宗教文化得以复兴。据尹绍亭介绍：

> 当时他们的毕摩是不行了，不光彝文不会写不会认，毕摩的法衣、法器这些东西也早没得了。所以，项目组当时根据一些历史文献资料帮助他们恢复了他们的法衣，还帮购置了法铃这些做仪式时需要的东西。

> 第二，我们还送他们去石林参加毕摩大会，回来之后他们 8 个毕摩才组织起来，办彝文班，持续了几个月，原来学的人多，年轻人来的也多，但坚持下来的少。老师也是个问题，老师从石林

请来，要支付工资，后来我们也没得资金，老师就不来了，他们也就不学了。不过现在当地毕摩已能做点法事。

　　第三，我们还帮助他们在进村口的那个地方建了一个祭祀的场所。以前他们祭祀的时候是把神像画在一张纸上，然后带到很远的山上，来回都很不方便。我们跟他们商量后，就根据他们口头的叙述将神像画下来，他们说就是这个样子了，我们才把这些神像做成了石像，开辟出一个祭祀场，然后让毕摩们把这些石像崇拜都统一请到祭祀场，这样他们祭祀的时候就方便多了。

图4-7　祭祀场内的火神、牛神、瘟神

关于这些神祇崇拜的具体由来，村里的张毕摩大都能娓娓道来，他说：

　　以前祭天我们要爬到山顶上去，现在在村里祭祀场就可以了，也不会失传。那里的石头是火神，牛神，开路将军，太阳神，土神，虫神，还有虎神、水神。每个神都有一个讲法。

　　比如火神，她是由一个女子变成的。传说，有一个女子叫金妹，一个男子叫光玉。有个小流氓把金妹拿到石壁山上，放在洞穴里，金妹就喊救命，光玉是个大上的文人，听到救命声就拿腰带一打，洞口就开了，把金妹救了出来。之后，光玉就坐着飞马往天上去了，金妹就哭了两三天回去了，给她爸妈讲事情的经过，也讲自己喜欢这个光玉。她爸妈讲"你们可以成亲"，但是金妹怎么等都等不来光玉，最后吊了脖子死了。后来，有一天光玉从天上下来，晚上走在路上，天黑就看到有一个火把在前面照着，光玉就问"你到底是谁?"，火把就讲"我是金妹"。金妹就跟他讲了前后发生的事。光玉讲，那我就把你变成火神。所以现在，每到大年初四，我们每家都整个小碗，里面有水，这样就把火拿出去了。意思就是说今年我家里就不着火灾了。

牛神，正月初一，我们要牵牛出去转转。在初四送火神后，饭拿回来就给牛吃了，还拿红线把牛角戴上，就是保平安。

虫神，以前老辈时候没得农药，虫子又多，就必须拿一只羊，一只公鸡去周围拉着走一圈，看到不管是哪样虫，拿回来，这样一天又一天虫就会越来越少。

开路将军也是撒尼文化，出门碰到不好的东西，就叫毕摩去，摆四五桌菜，筷子一对一对送出去，家里就平安。杀一只鸡念念，也没得科学，就是以前的传统。

太阳神一般是在左边，因为一般女子比较害羞，就一天也不敢说话，白天出来害羞，就拿个太阳，（因为光线太刺眼），所以人家就看不见她了嘛，现在是男左女右，以前是女左男右。

祭祀场那个吞口是什么，我也款（说）不清楚了。反正搞这些东西一般都是男的去整的多。这些都是以前我爸爸，也是一个宗教（即毕摩），他们什么也没教过我，都是听他们款，我就听出来的，也不教我一二三。

从张毕摩的讲述中，不难得知这些表面上看似原始落后的宗教信仰和多神崇拜其实包含着撒尼人朴素的生态伦理观。

学者们在以上的传统习俗基础上增添新的内容，使之与当代社会生活更为贴近。例如，每到大年初四，每家每户在拜完火神之后都要举行"送火星"仪式，项目组和村委就借此机会向村民广泛地宣传现代消防知识，这无疑是对原有传统节日的传承和发展。而另一方面，项目组还与村民共同策划组织新的节日欢庆活动，从而以节日的形式激发起村民挖掘传统文化的热情。据尹教授讲述：

> 我们在仙人洞这里组织了两次赛装节。有一次组织赛装节时，我们又恰好召开一个国际会议，参会的还有联合国教科文组织的专家，我们请他们来做评委，当时就在这里组织了服装大赛，几十公里的村子都来参加。评委最后把奖颁给了仙人洞的老年服装表演队。其实其他村子的服装也非常好看，五颜六色的，尤其是苗族队穿得很华丽，但是她们却没得奖。苗族的小姑娘就去问评委："我们穿这么漂亮，为什么不把奖给我们，他们老年组的衣服哪里比得过我们？"国外学者就给她们解释说，"你们服装虽然好看，但是布料都是市场上买的，已经不是人工做的了，你看那些老年人，穿得虽然是麻布，但都是手织的、手绣的"，这些话对村民他们当时的启发很大。

的确，国外学者的一番话无形中增强了仙人洞村村民的民族自豪感，也帮助他们重新认识到本民族文化的价值。仙人洞村子项目负责人王国祥研究员曾这样描述说："撒尼男子改着汉装已经将近100年，（而）现时人人都以穿着撒尼麻布褂为荣，撒尼男子的服饰很快复兴，成为旅游业在仙人洞兴起的一种标志。仙人洞彝族文化村倡议，从2002年起，每年火把节都举行民歌比赛大会，目的是抢救和发掘文化遗产、督促青年继承这份遗产。"[1] 可见，发掘民族文化的价值，并使其在现代生活中得以体现，是促

---

[1] 王国祥：《民族旅游地区保护与开发互动机制探索——云南省丘北县仙人洞彝族文化生态村个案研究》，《云南社会科学》2003年第2期，第76页。

图4-8　村中防火员

使村民自觉保护、传承本民族文化的重要动力。

　　最后，在文化交流上。项目组不仅通过举办前述的赛装节、民歌赛等民俗活动来加强仙人洞与周边民族村寨的感情交流、彰显撒尼人的文化特色，而且还组织仙人洞村村民骨干到省内的其他试点及省外去了解其他地区的做法并学习成功的经验，从而开阔村民的视野。尹教授回忆当时黄村长从基诺山考察回来后颇有感悟，他说：

　　　　我们项目组让这几个试点村互相学习，取长补短。当时小黄就对我说，基诺族那个村寨条件其实非常好，挨到勐仑植物园，每年去那里旅游的人也不少。应该说，不比他们仙人洞条件差。他看基诺族那边就是搞不起来，也替他们着急，还跟我讲，如果离得近点的话都愿意帮他们去搞，就是每年随便从植物园分一些客人来村里看看表演也能做得不错。自己一般是看不到自己的问题的，但通过到人家那里，小黄他们也意识到条件再好，自己也一定要动起来，你不动起来的话再哪样整，靠哪个专家，靠政府都是搞不好的。

另外，在试点建设取得初期成效之后，项目组又多次组织专家学者、政府官员、村民骨干等人召开研讨会，共享成果、交流经验、探讨问题。其中规模最大的一次研讨会是 2003 年在云南大学举行的"云南民族文化生态村建设暨地域文化论坛"，来自政府、高校及科研机构、试点村村民代表共计百余人参会。此次论坛上，黄村长作为仙人洞村试点的村民代表，以"仙人洞彝族文化生态村建设过程中的村民能力建设"为题作了主题发言。此外，项目组还制作了多媒体光盘、策划了"民族文化生态村网站"（下挂云南大学人文学院网站）等音像、网络资料，让更多的社会大众认识了仙人洞村，客观上提升了该村的社会知名度。

（二）村民层面

仙人洞村在挂牌"彝族文化生态村"后，极大地激励了广大村民，在专家团队的指导下，他们开始积极改造传统民居、美化旧村环境、复兴日趋衰微的传统文化，从而使得仙人洞村旧貌换新颜。

首先，传统民居的改造。根据《仙人洞彝族文化生态村规划及建设设计方案》，村中有碍观瞻和妨碍交通的破旧民居被拆除，村民在其后的民居改造过程中注意了屋舍的整体布局，使之疏离有度、错落有致。另外，村民也开始主动实行人畜分离、牲畜家禽实行厩舍饲养。其中更有一部分村民大胆地向银行贷款，对土墙瓦顶的传统住房进行改造，甚至新建起了钢筋水泥的现代洋楼。2000 年，村里出现了第一家农家旅馆，是一村民在旧宅基础上改建而成，并在 10 个月内偿还了改造旧房的 2 万元贷款，另赢利

1 万元。① 其他村民看到后即开始仿效他家的做法。黄村长这样描述了当时的情景，他说：

> 当年尹老师他们支持了好些钱。我们事先也拿出自己的房产证来，先贷一部分的款出来。当时我们班子里有的人就不敢干，99年的时候，那些老部下就跟我们吵架，不贷款、不搞农家乐，我们做工作的时候，（村民）一家一家的站着跟我们吵，讲"要贷，你拿你自己的房产证去贷，我们不贷。"咦！后来看到人家搞，赚钱了，他们自己主动贷款要搞"农家乐"。

另外，26 岁的小黄家经营的"荷花塘农家乐"也是较早贷款的村民之一，据他介绍：

> 我父亲他们算村里搞得比较早的，我家这个楼是 2000 年就盖了。开始放贷款进来时，第一批就放了 200 万，先放给 10 家，但是政府就不规划，没拿图纸来，他也不讲你们整个村子必须咋个盖。我们就自己设计，自己想咋个整就咋个整。有的就去丽江参观，看人家咋个搞，有的就搞得好。

而面对此种说法，项目组显得非常无奈，尹教授解释说：

> 我们前期专门请建筑学的专家制定过规划，并设计过外观为土库房②的新型民居方案，目的就是希望他们能保持传统的房屋样式，统一整体建筑风格的同时保存他们的特色，但是村民各行其是，这家觉得这样搞好看就这样建，那家觉得那样搞好看就那样搞，最后基本都建成了钢筋水泥的"豆腐块"，外面还贴上瓷砖这

---

① 参见王国祥：《民族旅游地区保护与开发互动机制探索——云南省丘北县仙人洞彝族文化生态村个案研究》，《云南社会科学》2003 年第 2 期，第 78 页。
② 又称"土掌房"，是一种彝族传统民房建筑。以石为墙基，用土坯砌墙或用土筑墙，墙上架梁，梁上铺木板、木条或竹子，上面再铺一层土，经洒水抿捶，形成平台房顶，房顶又是晒场。

些。当时，他们就认为这个房子好啊，一下子就全部改成这个样子了，很难看，很难看，像小黄（村长）他们家也是，我们就批评他们。小黄他们就又想办法，从湖里面捞出大歪歪（贝壳），搞些泥巴石头贴上去，大歪歪镶嵌在墙面做一下装饰，这样就发展成了"第二代"房屋样式，相比"第一代"又稍微朴素了那么一点，但是还是跟我们最初的设想相差得太远。我们也没得办法，毕竟贷款是老百姓自己贷，他们要选择什么样的房屋他们自己说了算，我们只能说给他们提建议，至于他们接不接受，我们也没得办法，我们又不代表政府，不能搞"一刀切"。

原来我们跟他们也说，不要搞"农家乐"，档次太低了，品位要高一点，但云南旅游局要搞"农家乐"，多少家要搞，还可以扶持。结果家家都搞起"农家乐"。

对于村民无视项目组最初的民居设计方案，造成后来房屋建筑样式的五花八门，黄村长和范书记解释了其中的原因，他们说：

之前我们也跟村民做工作，喊他们把房子搞旧一点，他们也跟我们吵。你想，我们农村好不容易贷点款建个新房子，哪个又愿意把新建的房子搞得看上去旧旧的呢，大家都是想一次性就到位，怕以后还要重新修就又要花钱。我们看到尹老师他们帮我们设计的房子，觉得也非常好，毕竟人家专家设计的。但是说实话，我们很多农民那个时候也拿不出好多钱来搞，资金是很大的一个问题。很多人就是抱着试一试的态度，也担心万一修了房子了又赚不到钱，贷款还不上，那还不如按自己喜欢的样子搞。所以，那个时候再怎么讲，都是浪费口水，我觉得是我们的意识那时还没跟上。

除上述原因外，从项目组设计的《民居改造方案》分析，它在外观上

图4-9 项目组眼中的"第二代"房屋样式

（黄村长与他的"仙人洞第一家"）

延续了当地传统建筑样式，在内部改造上注重房屋整体布局、功能分区和室内的景观营造，应该说是学者基于对撒尼人生活习俗、当时的资金情况以及村寨整体规划的总体考虑下最终拿出的相对理想的旧房改造方案，然而这一方案仍与村民的自身考虑有所差异。举例来说，在方案中有一副对三家相邻着的钱姓村民旧房改造的图纸。经改造后的新居中，每户村民的客房设置仅有一间，而村民自家的诸如堂屋、卧室、走道、露台、茶廊、厕所、浴室则占据了绝大部分的空间，尤其是厕所和浴室还是三家共用。又因三家的位置在歌舞表演场附近，且距离村口较近，因此厕所还被规划成向所有游客开放的收费公厕。显然，该图纸的设计体现了项目组更重视改善原有的人居环境，即便是发展旅游，也应是一种高品位、有格调的农家休闲度假的形式。因此，旧居改造设计上不仅强调室内的景观布局、人居的舒适度，而且也结合了村落的整体发展前景。然而，他们的设计在当时并不被村民理解和接受，因为此时的村民更为关心的是如何在贷款建房后能将债务尽快还清并走向盈利，而接待更多的游客自然成为他们首要考虑的因素，如何增加客房的数量才是村民们改造旧房时考虑的重点。所以，尽管存在资金问题、村民意识不够等因素，但《民居改造方案》"不符民意"才是村民最终弃用的主要原因，这大概也是"农家乐"的局限性所在。

其次，基础设施的改善。配合对原有民居的拆除和改造，村民齐心合力开辟出了村中的广场和歌舞表演坪，扩宽了村中的主要道路，并将这些主要活动场所均铺上了青石板。此外，村民还通过各种方式绿化、亮化、美化、净化村寨。绿化上，如在村外村内种植竹林、果树共5000余棵；亮化上，如完善表演场的灯光照明设备等；净化上，如修排水渠、建公厕、造挡墙；美化上，如挖出人工湖（取名为"荷花塘"），种上荷花，每家每户还以辣椒、葫芦、玉米等装饰自己门前，营造出一派农家风情。

最后，传统文化的复兴。丢失了上百年的彝文又出现在撒尼人村寨中，许多家庭的神龛上开始供奉用彝文书写的"天地君亲师"的牌位及护佑神符。另外，村民在学者引导下制定了村规民约，并将它以彝文的形式刻在村子中央广场的石座上。据黄村长介绍：

> 原来我们村是没有寨心这个标志的，后来我就喊了尹老师、村里那些干部、老人都来开会，最后才商量定下了现在这个地方。他们根据我们的想法就把它设计成了一个神，摆在那里，是保护我们的意思。而且我们的村规民约也刻在那上面，用的是彝文，意思就是说我们全村人坏事不能做，都要团结起来。反正不管你来不来这里，都要各家拿出点钱或者东西出来。每年春节的时候，我们都要牵着自家的牛来围着它转一圈，也是保佑一年平安的意思。

此外，村民还自发组织了从青年、中年到老年的文艺表演队。据张毕摩介绍，最初的表演队是由黄村长在20世纪90年代初就组织起来了，那时

图 4 - 10　寨心石

图 4 - 11　寨心纪念碑

图 4 - 12　彝文书写的神符

基本都是些年轻人，主要配合村里的篝火晚会，有时也到邻近的村寨去表演，一年下来也能挣个几万块钱。后来随着普者黑景区的开发，游客越来越多，同时也是在"生态村"项目组的引导下，黄村长等村委干部动员了更多的村民参与到表演队行列来，各个年龄层次的表演队均根据自身的优势自编自导文娱节目，而家中的劳动工具（渔具、船桨、铁锹、耙子）、生活用品（笤帚、簸箕、箩筐、扁担、晾衣竿）、甚至个人物件（旱烟斗、老花镜）都被村民有声有色地运用在民族歌舞表演中。张毕摩本人就是老年队的文艺骨干，他说：

　　老年队一般都是 60—70 岁，自愿的，有时间我们就喊到一起
　　自己编自己唱。在家闲着也是闲着，（搞了表演队后）又自己玩又
　　可以让人家欣赏，活跃自己的生活，如果你苦闷闷地在家，人一
　　老就不行了。

图 4 – 13　老年组表演队

　　而作为表演队的发起者和组织者，黄村长对村民表演队的作用和意义则有自己的理解，他说：

　　　　这个表演队都搞了一二十年了，从篝火晚会开始，我最开始带着那个文艺队到现在，都给她们讲，我们不是要当做表演天天来搞，我们就是当做自己的一个文艺活动。到搞"生态村"时，我们将近有150人参加，那时分成老年1队、2队，中年1队、2队，青年也是两个队，最老的有75岁，最小的4岁。因为再老嘛，像80岁就跳不动了嘛！

　　　　我们不走商业化，旅行团来找我们，我们只要600元到800元一场，你的团队有100人也好，30、40人也好，我们不管，只要有人包场我们就演，也不是说固定什么时候演。我们演出的目的是让更多人能看到我们的节目，比如到7、8月份，给我们包场的那个团可能就是40几号人，但是一演出，来看的人就有一两千号人。那么,这些晚上来看节目的客人呢,一般都是住在我们这里的,这样大家一回去呢,就会给人家讲,"你们应该去仙人洞那个地方,晚上你住那里,还可以免费看民俗的节目",所以我们这些年的发展为什么比上边那些村子来得快呢? 就是我们这个表演比较吸引人……这边一到7、8月份,我们上面那个村子的人都跑到路边拉客,但是我们这个村子都不用拉客。我们认为,第一次你拉到客了,第二次就拉不到了。我们这里就靠旅游团包场演出,我们也不要几千的演出费,就是让除了旅行团以外更多的客人看到节目,对他们来讲是免费看,他们也高兴,我们也不是免费演。所以这两年,为什么我们比上面那些寨子来的客人多,发展得快! 就是紧紧地靠着这个文化,如果没得这个文化,我想我们也发展不到那么快。但是也不像你们说的那样,要把这个文化专门拿出来天天表演给你看,我们是似做非做。

由此可见,村民们的积极主动参与,既激发了生态村的活力,也给村民们带来了实在利益,同时也与上述两种模式的生态博物馆形成鲜明对比。

(三) 政府层面

1998 年,在"生态村"项目获得福特基金会资助后,同年年底,项目也被作为云南建设"民族文化大省"的重要内容写入《云南民族文化大省建设纲要》和《云南民族文化大省建设的"十五"规划》当中。例如,《云南民族文化大省建设纲要》提出:"建设遍布全省的各种'民族文化生态村',把特色文化区建设成为保护、展示、研究民族文化的重要基地和旅游观光胜地。加强旅游和文化的结合,提高旅游业的文化含量"[1];而《云南民族文化大省建设"十五"规划》也指出:"要把'文化生态村'作为

---

[1] 云南省文明办:《云南省民族文化大省建设纲要》(云发〔2002〕32 号),2006 年 1 月 20 日,http://www.godpp.gov.cn/zlzx_ /2006—01/20/content_ 6089898. htm, 2012 年年 2 月 1 日。

乡村环境的一个重要组成部分，把文化资源作为乡村发展的一个重要条件，把文化产业作为乡村建设的一个重要方面"。可见，政府也希望"生态村"能以"旅游开发"为契入点带动本省的乡村发展，并成为乡村建设的一个重要环节。为此，政府在资金投入、政策引导等方面也做了相关工作。

首先，在资金投入上。正如黄村长所说："丘北是国家级贫困县，到现在40多万人口，今年人均年收入才1200元，那么穷，所以我们也不可能等到县长县委书记给我们拨一大笔钱来建个什么……"的确，政府在"生态村"项目的实施过程中并未投入多少资金。据项目组介绍，最早的一次投入是在项目初期，当时李嘉廷省长来仙人洞考察，村民为此专门策划演出了一场民族歌舞晚会，青年两个队，中老年3个队都出来表演，晚会节目非常朴实，内容也很丰富，给领导的触动很大。因当时歌舞表演坪尚未建成，也没有专门的灯光设备，还是村民从附近农户家临时搭过来的电线，因此李省长现场就拍板给仙人洞村投入50万元，用于购置灯光设备。正是因为这笔钱，村中的表演场才得以建成。

其次，在政策引导上。政府的政策走向对仙人洞村的发展起着间接或直接的促进作用。一方面，之前，政府在对普者黑景区进行整体开发时，投入过大量资金改善了当地环境，并配置相应的旅游设施，这种整体旅游环境的营造为景区内仙人洞村提供了难得的发展机遇。例如，每到旅游旺季，在村外的普者黑景区经营"荡秋千"生意的村支书家，仅靠此一项旅游项目，每天就能有3000到4000元不等的收入，这无疑得益于政府对普者黑景区的开发。其后，政府又对仙人洞"农家乐"抱以支持的态度，让银行看到了投资前景，从而间接地帮助了村民较顺利地得到银行贷款，获得发家致富的第一桶金。而另一方面，为配合"民族文化大省"的发展战略，当地政府通过组织民族文化节庆活动直接促进了仙人洞村的旅游经济发展。例如，"祭龙节"和"密枝节"是仙人洞撒尼人的传统祭祀活动，仍由村民按传统方式举行；而同样是传统节日的"火把节"和"花脸节"则已经和旅游活动相结合，并被纳入到县旅游局策划的"荷花节"之中。此外，当地政府还结合仙人洞撒尼人的风土人情，新推出了"旅游节"和"辣椒节"。具体的节庆活动如下表所示：

表 4 – 1　仙人洞村的主要节日（1998—2002 年）

分类	节日名称	时间	主要活动及说明
传统	祭龙节	农历三月初三	全村人共同祭拜村中的"龙树"，祈求风调雨顺。
	花脸节	农历三月初三	杀猪宰羊，年青人谈情说爱。
	火把节	农历六月二十四	组织摔跤、歌舞表演等。
	密枝节	农历十一月初三	主要由本村男子参加，祭拜"密枝神"。
再创	旅游节	公历五月间	昆明国际旅游节在普者黑景区设活动日，仙人洞村的活动主题是祭祀和歌舞表演，已举办了 3 年。
	荷花节	公历七八月	2000 年开始，由丘北县旅游局在普者黑景区策划举办，加入传统火把节和花脸节作为其组成部分，并新增乘船观赏荷花、篝火晚会等活动。
	辣椒节	公历十月间	2001 年开始，在普者黑景区举行的以辣椒为代表的旅游商品交易活动，作为中国特产节的一部分，仙人洞村参加开幕式表演。
	赛装节	不定期	邀请附近寨子的苗族、彝族、壮族等参加，进行民族传统服饰的展演活动，已举办了 2 次。由文化生态村项目组、当地干部和村民共同策划组织。

资料来源：《民族文化生态村云南试点报告》

对于政府的活动策划，当地村民并不反对。"仙人洞超市"的女老板告诉笔者，她前两年本在上海打工，一个月也能挣到 2000 元左右，但相比之下，回到村里经营农家乐比在外打工更能挣钱。而像她这种情况的年轻人在村中有很多，很多之前出外打工的年轻人都已纷纷回到家乡，帮助家里经营农家乐或超市生意，忙得不亦乐乎。她说：

我们这里每年都搞那个"荷花节"，就是每年的 7、8 月份，都是很赚钱的，每天都忙得很。一年就忙两个月就差不多了，其他时候都是淡季。7、8 月份，我们每个人都穿自己撒尼人的衣服，自己刺绣的衣服，那时穿的人多，因为外面来的游客是最多的，他们就喜欢看这些。我们出去打工的人看到（村里旅游）这

么火热，家里又忙不过来，缺人手，所以就都回来帮忙了。反正
到哪里都是赚钱，出去给人家打工还不如回家自己干。

可见，政府举办的新型节日不仅为当地的传统节日增加欢庆气氛，更
是为景区带来了更多客源，而仙人洞村村民正是这其中最大的受益者，因
此这些新创节日自然受到村民的欢迎，他们也乐于参与其中。

然而，政府与仙人洞村村民之间也存在不同程度的矛盾。较小的矛盾
如张毕摩所描述，他认为政府对他家不公，限制了他家楼层的增建，直接
影响了他家农家乐的发展，他说：

> 老范家最先开农家乐，就是装修得最漂亮的那家。他在县政
> 府当宣传部部长，"文化大革命"的时候把他搞下来了，他就回来
> 搞旅游。我们最开始溶洞开发就请他来指导，普者黑仙人洞的旅
> 游是他带动起来的。以前开发时有困难，慢慢就带动。也有人想
> 学他，但是经济来源跟不上。像我们这些房子，政府就不准加盖，
> 我讲再加两层，底下做餐厅。盖了6年，就是灶房没搞起来了。

较大的矛盾则缘于政府对仙人洞旅游资源的"占用"，仙人洞村认为是
他们率先将当地旅游资源开发出来，而政府不过是后来的介入者。因此，
即使政府有偿地占用了他们的土地资源，也应该以不损害到仙人洞村的利
益为前提。与政府有过多次正面交涉的黄村长讲述道：

> 政府以前没把我们当回事，也没把这里当块宝地。最开始那
> 个县委书记还笑我搞哪样旅游，哪样人会来我们这里。但是我们
> 还是搞下来了，尹老师他们几个专家来帮我们宣传指导，搞好了，
> 好！政府就来了，认为我们这里是块宝地了，他就按照政府的那
> 个脾气来搞，搞到现在，搞了一样不成一样。我说，仙人洞这里
> 实际都是我们自己开发出来的，是专家来帮我们开发出来的，而
> 不是政府帮我们开发出来的。我那个时候去昆明找尹老师他们，

也不是政府哪个领导告诉我要去找的。

2000 年，政府花钱在普者黑仙人洞外，建了一个大型水上表演场地，搞了一些小木屋，招揽客人。当时这个副县长就把我们两个喊去，还叫了旅游局的一个人，度假村的一个人。政府就讲，"我们准备要在普者黑这片呢搞一个演出的试点，要把僰人的文化搬过来，把僰人的悬棺挂在那个岩石上面，所以来征求你们的意见。"我们一听就觉得不对，又有点民族脾气，所以我讲"不行，不行，不行，你把僰人的文化拿来冲突我们撒尼文化，你搞僰人的文化只能到那个僰人的寨子里面去搞，你把僰人的棺材挂到我们撒尼人寨子的岩石上，到时我们那些村民把你们的棺材削下来，我们也管不到。"我跟范书记就这么讲，县长听了马上就讲，"坐下讲，坐下讲，这个也许不得这么做。"我们坚决反对，他们也不敢做了嘛！棺材也不敢挂。最后呢，他们就在我们底下的鱼塘里面建了一个水上的演出场地，演出"僰人乐"的晚会，有哪个去瞧嘛！一个晚上都要 7000 块钱的本钱，然后一个人都没得去瞧。还花了两三百万元，现在空着呢！我是给你们政府地点，你们想怎么操作就怎么操作，我们也不反对你们来，但是你要是挂那个棺材，是肯定不允许的，你看现在都是失败的。

黄村长等人自称的"民族脾气"倒颇得项目组的赞许。项目组认为，从某种程度上而言，正是黄村长、范书记等人的撒尼人"民族脾气"让"生态村"在项目结束之后仍能带领全村村民走上"社区自主发展"的建设道路。项目组专家曾评价说：

仙人洞这里呢，小黄和小范他们村委干部还好，就是上面说了什么不合理的事情，他们还能够反对。另外一个试点，和顺乡95%是华侨地主啊，第一次运动被斗得很厉害，所以他们一般不敢说话不敢反对，县里怎么说他们就怎么做，怕被斗被批，跟小黄他们不同，小黄他们还有民族脾气，（站在一旁的小黄补充说，"我们不光有民族脾气，还懂得民族政策"）。所以说，中国的事情很难办，不能简单按照书斋的那些设想来，实际操作有一定距离，跟他们合作这么多年，我们从他们身上学到很多东西，他们的办法，他们的经验比学者要高明。其实他们心里清楚得很。

总而言之，不管项目组的专家学者，抑或是仙人洞村的村民，还是当地政府，三方在项目实施中都各有偏重，但他们在"生态村"的建设中均发挥了各自不同的作用，可谓"各司其职、各尽其责"。从学者的角度看，他们主要利用学者团队的优势，以长远发展、整体发展、和谐发展为着眼点对村民进行了精神上的鼓励、创造力的激发和能力的培养，尤其在仙人洞村经济发展和文化保护方面起到引导甚至主导作用；从村民的角度看，他们主要利用自己的文化特色、乡土知识和优美自然环境，积极发挥出实干精神改造旧村，并最终成为"生态村"建设的中坚力量，也是村寨发展的原动力；而从政府的角度看，他们在普者黑旅游大环境的营造上，对仙人洞村的宣传和推广方面都发挥了不可替代的作用。

五、仙人洞生态村项目实施效果

通过政府、专家、村民的共同建设，仙人洞村由内而外焕发生机。于内，村民的观念发生了较大变化、凝聚力也得到增强。最初在发展旅游时，大部分村民担心旅游会占用农业资源，影响到农业生产，不同意将公路修进村，担心打破村内原有的格局。即使在个别村民兴建农家旅馆之初，大家也都是抱以观望态度。然而，短短3年内（2000至2003年），村民的观念发生了根本改变。不仅村里的农家乐发展到了30家，可一次性接待游客住宿300余人，而且上至70岁的老人到下至4岁的幼童都积极参与到传统歌舞文娱活动当中。另外，通过项目的建设，村民的凝聚力也得到进一步增强。如前文所述，除了制定村规民约外，村民不仅抵制住了来自外界，甚至是政府方面的压力，坚决维护本村村民利益，而且对外界不良的习气也一致进行抵制。黄村长介绍说："仙人洞村还定了一条，景区外面宾馆来了一些不好的女的，打扮妖艳，穿得很暴露，村里都一律不让她们进来，进来一个就要打出去一个。后来她们也知道，就不敢进来我们这里了。我们村民是坚决制止这种事情的，要不我们名声都要臭掉。"

于外，村容村貌发生改变，村民的生活水平得到大幅度提升。1999 年之前，项目组最初走入仙人洞考察时，眼前看到的是"远看青山绿水，近看破烂不堪"的"脏、乱、差"的景象。屋外全是泥巴路，雨季烂泥遍地，旱季则是尘土飞扬；屋内则人畜同居，臭气弥漫。① 而今，卫生状况的改变仅从卫生间的变化即能窥见一斑。黄村长说："你们（指项目组）没来之前，我们'方便'是打游击战，到现在，我们自己不光有了卫生间，而且觉得如果哪家卫生间的味道太那个（臭）的话，就觉得进不去的那个感觉。"获得改变的不仅仅是村寨的卫生环境，村民农耕、渔业相结合的传统生计方式也逐渐转变为农耕、渔业与旅游相混合的现代生计方式，并在此过程中复兴了部分民族文化，丰富了自身精神生活，赢得更大的经济利润，从而直接改善了他们自身的居住环境，提高了教育等公共福利等。

正是以上这些由内而外的改变，使得这个以前默默无闻不受重视甚至处处遭受歧视的撒尼人村寨备受各界关注。这种关注不仅来自周边村寨，而且还得到各级政府的嘉奖，甚至一度受到社会媒体及国内外学者的青睐。

首先，周边村寨的村民改变了对昔日"口袋村"的看法。范书记回忆起以前的日子时说道：

---

① 参见尹绍亭：《民族文化生态村理论与方法——当代中国应用人类学的开拓》，昆明：云南大学出版社，2008 年，第 127 页。

以前我们太困难了，20 岁以上①都说不到一个媳妇，莫讲讨个媳妇都讨不成，连鞋子都穿不上，没得钱买。现在想嫁进来的（姑娘）多得很，就是除了回族还没得，像壮、苗、瑶这些附近有的少数民族我们这里都有了，有些人还讨了汉族做老婆。1999 年 7 月份，我们人均收入不到 600 元、800 元，现在有 5000 元，整个丘北县内，其他村都比不过我们，车辆也最多，小车就有 26 辆，两轮摩托车103 辆，三轮摩托车 15 辆，路由车 7—8 辆，20 万以上的小车是 8—9 辆。

仙人洞村的发展甚至为周边村寨的村民提供了就业机会。据"荷花塘农家乐"老板小黄介绍，来他们村里载客的马车大约有四五十辆，除了本村的 4 辆马车外，其余都是来自普者黑还有周边的几个村寨，因为他们没有条件开农家乐，所以只能做点小生意。每拉一个客人能赚 5 至 10 元不等，如果将客人拉到岩洞那里参观或拉进仙人洞哪家农家乐里住宿用餐的话，景区或农家乐老板还会拿出回扣给他们，如此，拉马车的村民一天也能挣几百块钱，这远远比干农活要划算。

一位在仙人洞村口拉马车的老人向笔者介绍：

> 我是普者黑村的汉族，赶马车快十年了。他们这里都是撒尼族，生态村就是这里有些石像，有些崇拜。如果你们要请导游，我可以带你们去。有人我就来拉拉，7 月、8 月份的时候人最多，平时没得人来嘛，我就做做农活，得闲就来。我们普者黑有 1000多户人家，汉族多，彝族少。仙人洞他们这里比我们条件好，他

---

① 据当地村民介绍，以当地正常结婚年龄算，20 岁为晚婚。在过去，通常男子和女子在 14—15 岁即可谈恋爱，"花房"、"情人房"即是他们秘密约会的场所，年轻的恋人通常在结婚前几年就已生下孩子，然后择日成亲，但因为结婚吉日的选择极为讲究，而举办婚宴的筹备也需要很长的时间（如养猪、养牛），所以年轻恋人举办婚礼之时也是在生下小孩的几年之后了，所以当地过去有着"背着娃娃谈恋爱"的传统婚姻习俗。

们这里好贷款，就盖房子搞接待。但我们村子人太多了嘛就不好引进项目，所以说比他们落后嘛。其实，我们村里之前那些老房子比这里多，比这里原始，那些窗户门上的雕刻都是上百年的。

其次，随着仙人洞"生态村"建设成效日益显著，政府授予的各种荣誉称号也随之而来。例如，仙人洞村被上级部门命名为：安全文明无毒社区示范村、旅游优质服务示范村、十星文明户示范村、普法依法治理示范村；并先后获丘北县人民政府、文山壮族苗族自治州人民政府、云南省人民政府授予的县、州、省级文明村，思想政治工作先进集体等荣誉称号。其中，获省级文明村后得到奖金10万元。而在个人嘉奖方面，如黄村长也因其出色的个人能力而得到县里领导的赏识，并提出要调他去县里从事旅游管理工作。而黄村长认为到县里当官反而没有在自己村里好过，所以他更愿意经营自家的农家乐。

图4-14 村口的马车

最后，伴随各类大小型节庆活动在该村举行，政府领导也频频被作为特邀嘉宾请来做开幕式发言及剪彩活动。2001 年，该村被省宣传部命名为"云南民族文化生态第一村"，从而一度吸引了县、州、市、省甚至中央一级的新闻媒体对仙人洞的相关报道。与此同时，伴随各类研讨会的召开，"生态村"建设模式及理念也逐渐吸引了国内外学者的关注，一些学者来到仙人洞村进行考察及调研。如，来自日本京都大学的山田勇教授、美国得克萨斯州大学教授艾琳娜·葛雷（Elinar Gdle）对当地村民的自主意识表示赞许；而云南大学人类学系师生也以仙人洞为田野调查基地，撰写了多篇学术论文和研究成果。

六、仙人洞生态村的发展现状及发展趋势

"生态村"项目结项后，学者们也停止了对仙人洞的各项援助，该村村民开始进一步独立自主，发展至今，不仅在经济上继续取得快速发展，某些文化事项得以延续，而且村民的眼界也更为开阔，表现为他们的教育意识、忧患意识、创业意识都较以前有所增强。

在经济发展上。旅游业已成为当地老百姓的主要生计方式，人均年收入达到 5000 元，在以前以农耕为主要谋生方式的年收入基数上翻了 10 余倍，是丘北县人均年收入的 5 倍，成为全县最富有的村子。以黄村长家经营的农家乐为例，仅以游客索要的发票面额为计算依据，他家 2010 年收入就已经达到 50 万元，每年向国家缴纳的税收为 3 万元。像他家这样的村民还有 7—8 户，而大部分人家的年收入都在 20—30 万元之间。据黄村长介绍，从 2010 年开始，每年的 5—8 月期间，尤其是周五至周日的三天，村里的农家乐家家爆满，供不应求。每晚住宿的游客多达 3400—3500 人，而他们自己村民的总人口数也才不过 900 人。再以黄村长家农家乐经营消耗的电费①

---

① 仙人洞村的电费标准按照营业用电的收费标准执行，每度电约 0.7 元，而临近的其他村寨则按照家庭用电的收费标准，每度电约 0.5 元。

为例，旺季时每月缴纳的费用高达 1800 多元，而淡季时最低也要缴纳 680 元。因业务联系繁忙，他本人的手机费每月至少得缴纳 2000 多元的话费。可见该村的旅游发展已经如火如荼，截止到 2011 年 2 月，村中的 190 户人家，已有 110 户做起了农家乐的经营，基本都是只赚不赔，绝大部分农户也已还清银行贷款。村中除了有一家名为"清荷院"的农家乐是由昆明人投资建成，由当地人日常管理，每年向投资方返还 10—20 万元的利润外，其他农家乐均由本村人自己经营。黄村长说：

> 搞了这么多年的旅游，我们现在基本上就是靠旅游养活我们这里了，主要还是靠餐饮和住宿。虽然没有做得太起来，但是我们薄利多销。不种地也可以养活自己了，那个地全部都包给其他村子，但是如果田太少的人家的话，就在没到旅游旺季之前呢，随便自己种点，管一下子再随便收，收的话也就 6—7 天就收完了，反正是在旅游旺季之前，也不影响。现在就是旅游活了我们就活了，靠种田那么一点点，我们就还跟以前一样，挣不到钱，养活自己都难。

正如张毕摩所说，"大多数，有点脑子的就搞农家乐，脑筋不聪明的就只能混了，去划船。旺季游客多，鱼虾、辣椒、莲子、山果啊，不管什么，只要拿到去卖，怎么都能卖到钱。"

在文化传承方面。伴随农家乐的发展，仙人洞的民族歌舞表演和撒尼人的传统服饰等文化事项也得以延续。中青年人在旅游旺季时忙于自家旅游接待，淡季时则聚会一处，或排练节目或边刺绣边聊家常，生活过得有张有弛，有声有色。一位参加歌舞表演的妇女告诉笔者，她已 67 岁，参加老年表演队有 6—7 年了。她说：

> 你们愿意看我们就跳。只要你们愿意看，我们就多跳一下，你们不愿意瞧啦，瞧不得啦，我们就锁起门自己跳……我们身上

图 4 - 15　清荷院

的衣服都是自己绣的，老人眼睛看不见就叫自己的姑娘和媳妇挑
（绣）给她们戴，闲的时候挑两撮，忙起来就搁起，不火急忙忙的
时候又拿出来挑一下。

图 4 - 16　闲时刺绣的妇女和弹唱三弦的中年男子

另外，作为老年表演队的文艺骨干的张毕摩也介绍说，他们一直在不
断开发新的表演节目。近年来，他们自己创作，并在石林那边撒尼人兄弟
的帮助下，开始利用专业录音设备录制了一系列的传统彝文歌曲，以作为

他们舞蹈的配乐。现在除了在旅游团包场时老人们可获得包场费的分成外，甚至邻村也时常请他们去做表演，他说：

> 现在死一个老人，（办丧事的时候），很多村子就请我们去，苗族、汉族、彝族都有。其他寨子也来请我们，他们没得我们撒尼人的三弦这些（传统乐器）嘛，一般就是拿个扇子扇，没得什么意思。请我们一次是1200元。

由此可见，仙人洞村如今可谓是"男女老少、全民参与"到了与旅游相关的行业里。旅游业已经完全成为该村的支柱性产业，这一点从村里公用经费的支出情况也可窥见一斑。据范会计介绍，村里的经费主要来源于普者黑景区门票的分成（门票价格为200元/人，仙人洞村分得2元）、政府对村里公共渔田的征用、各类文娱表演的创收等方面，他说：

> 农田管理是最主要的支出。以前是把所有的劳动力都弄到生产上面，现在所有的劳动力都是出来赚钱，每家每户搞经济效益，自家田除了自己负责种自己负责收外，平时都是村上出钱请邻村的人帮管理这些田。比如水田里没水了，要灌水。一般给雇工一天是70—80元的小工费。第二个比较大的支出是搞文艺活动，像道具、电费，还有工费，每天晚上参加活动的人都给20—30元。另外还有用于支出教育方面，学校里需要的这些设备基本上都是村里出的，桌椅、门、电啊，除了教师自己的工资以外的东西，基本都是村里给出了。而且学校搞"六一"节，还有毕业的学生发点什么奖励啊，还有学生考起最普通大学，也是3000元、5000元的奖励。其他支出还用于路灯维修、保安、卫生等村子里的管理。

从村里公共经费的支出比例不难看出，旅游让村民个人的生活条件提高的同时，也让全村的公共福利得到相应的改善，而农家乐的经营成为仙人洞全体村民共同努力的方向。正因为如此，各家客房条件的改善也成为村民的投资重点。两年前（2009 年）来过仙人洞的尹老师对该村的发展变化非常感慨，他说，前年来的时候也没有这么多的房子，而如今更是盖得密密麻麻。"第二代"楼房样式又有所演变，即用木材做成门楼，遮挡住水泥楼房的外观，或者用木材对墙面加以装饰，项目组称之为仙人洞村"第三代"楼房样式。对此，黄村长解释说：

> 我们村民口袋有了几万元后，我们就去银行找行长，因为我们这个村子的条件也好，也没得什么人赌，行长跟我们关系也好，相信我们，每家就 6 万、8 万、10 万元的贷。房子就越修越好，我们也报告给过政府，请求政府帮忙（设计），但是上面来人也就是讲，你们的房子变了，也没得哪样办法。房子从 2003 年、2004 年就一直变，变到去年（即 2010 年），我们又开始往回发展，把房子用木材制作成门楼的样子，从外面就看不到以前的砖房。

正在对自己家砖房做改造的"荷花塘农家乐"老板说：

> 现在我就是给外面加个门楼，这样仿古一点。也只能这么搞，挡到后面的（砖房），外观还可以设计一下，但是达不到原来我们最老的那个房子的效果。这个门楼，工钱连木材大概是 2 万块钱，但是没得那么多雕刻。我们先这么搭个门楼，干起来，慢慢等有点钱以后再投入，装得更好。一次性到不了位，贷款也不如以前那么好贷。现在贷款放得太多了，银行也不敢放了。这些门楼我们都是请普者黑（村）的人来盖，一天 80 元，我们村子里面自己也有，但是没得普者黑的人盖得好。

据说"第三代"楼房样式的兴起是源于张毕摩提到的那位县宣传部部长老范，他回到老家仙人洞村后最早开始开发洞穴和组织划船，之后率先经营农家旅馆。老范本人是知识分子，经营的旅馆地段好，位于村子正中央，装修有文化特色，因此生意越做越红火。有了本钱自然就往高规格、高品位发展，早几年前老范就将以前砖房改建成了木楼，屋檐均以古老树根和精美木雕加以装饰，其古香古色的装修风格深受众多游客喜爱，并由原云南省委领导彝族人王天玺亲笔题写门匾，成为村里唯一指定的政府接待点。周围的村民看在眼里，也渐渐懂得游客喜好古朴风格的审美心理，于是大家又一窝蜂争相仿效。因为没有老范家的经济实力，所以也只能以仿建门楼为权宜之计。

图4-17 仿建门楼的"第三代"房屋样式

村民主动改建楼房的这种行为，从表面上看是受利益驱使，但在某种程度上也确实体现了村民对传统的一种回归，这缘于他们对传统文化宝贵价值的深入认识，是村民思想认识上的一大根本转变。此外，观念上的转变还表现在：发家致富后的他们对教育更加重视，对村寨的发展前景也有了忧患意识，部分村民萌发了较强的创业意识，开始涉足农家乐以外的其他生意。

图 4-18　老范家古香古色的农家乐

首先，不仅村里公共经费中用于教育方面的支出占有一定比例，而且村民个人对子女的教育也日益重视，尤其是像黄村长这样经济条件优越的家庭。他说：

> 我们村里先富裕的这批人都很担心，家长每天忙生意，根本就没得时间辅导娃娃，我们自己小学都没念出来，但对娃娃寄托很大希望。希望他们好好念书，能够出去，就算出不去将来也能回来帮我们。像我那个小儿子，10 多岁，上小学三年级，之前都是 50 分不及格。现在我就让他吃住在老师家，我一个学期给老师 4000 元，嘿！跟老师家学了两个月就考到 92 分了。我跟老师说准备给他增加到每个学期 10000 元。

其次，仙人洞农家乐的火爆也让村民有了忧患意识。尤其近年来，政府先是准备将普者黑的旅游经营权转让给昆明世博集团，然而经多次谈判未达成一致协议而最终放弃；后来政府有关领导考虑仙人洞村农家乐对当地景区造成污染，策划将该村整体搬出景区。据范书记说，前年新来的县领导组织人把村口填了，命令他们农家乐全部搬迁到那里，但他们坚决抵制。

当地政府在面对仙人洞村民的强烈反对最终只得对村民进行了批评教育，要求他们应该把卫生治理放在首位，村委也表示积极配合政府做好相关工作。这样，此次整体搬迁事件才不了了之。但是，仙人洞村村民至今仍然担心终有一天会再次面临整村搬迁的问题。

仙人洞村的这种忧患不仅来自政府，而且在它与周边村寨之间甚至在村了内部也存在着不同程度的问题。

与周边村寨之间的矛盾主要源自贫富差距的日益加剧。黄村长说：

> 人一旦富起来呢，树一大呢就会招风，我这个村子好起来了呢，有些其他村子看了以后呢，就会讲些不好的话，制造一些不好的社会舆论，这样呢，政府的这些官员每年就会想尽千方百计喊我们搬出来。其实这就是一种气候。我们跟外面人在讲话当中都不讲我们怎么富裕，其实我们是谦虚，但就是这样，外面人都要讲，啊！他们富起来了，讲话都不得了的样子，根本不把政府看在眼里面，就想方设法的抓到你的话，搞些舆论来套住你。所以我们每次开会给我们老百姓讲，我们一定要团结，不要随便讲我们怎么（富裕），假如我们隔壁村子那么富裕，我们也巴不得政府把他们搬出去，人的心态都是一样的。所以，每次开会我们都提醒大家。

而在村寨内部，少数村民开始意识到，他们村除了面临着前文所提到的房屋乱建乱盖问题之外，还面临了公共卫生混乱和贫富差距加大等一系列棘手问题，具体表现为：以前靠村民人力挖出的荷花塘现在已成为村中的公共垃圾池、臭水塘；全体村民商定的寨心石位置处居然插上某农家乐的广告招牌；村里大部分村民的楼房由"第二代"更新至了"第二代"，而少数村民依然住在黑、矮、不通风的破旧土基房内；尽管当初村里将小石路一直修进村子最深处，但位于村里头的农家乐生意远远比不上外面地段好的人家。这些现实问题激发了部分村民不满的情绪。一位仍居住在土基房的老人埋怨，他家面积小，要开农家乐只能另辟新地，于是他选择在自己房子后的水塘那块作为农家乐的位置，但村里说那是水道，不允许盖房子，所以他就只能先下了石基占上位置，等待合适机会再行动。然而这一等就是七八年，以前贷款5万元就能盖上楼房，而现在至少要贷款20万元，所以即使村里现在同意他家在水塘处建新房，他现在年纪大了，也没有能力贷款了。另外一位张姓村民也无奈地说，他兄弟两家均处于村子最里头的位置，为招揽顾客，当初他们不惜花费上千元印制了上千张农家乐名片，结果名片虽全部发出去了，生意还是不如其他人家红火，现在即便有游客主动跟他要名片，他也懒得再给了，只是草草报个手机号作为联系方式。

图4-19　贫富的差距

以上的种种问题让黄村长、范书记、村中会计及"荷花塘农家乐"老板等具有先知先觉的村民们为村寨的旅游发展前景感到担忧。他们中有人期待专家学者的再次援助，提出解决方案；也有人在这种危机意识的驱动

图 4 - 20 荷塘的垃圾

下,开始涉足其他领域的生意,如村中较早经营农家乐的老范家,他的儿子即村中的小范会计介绍说:

> 我家收入主要是来自这里的农家乐经营,然后用这个钱来做外面的事情。要不现在社会竞争太厉害了。在县城里我们买了铺子和房子,在那里做古董装修,大部分都是我那个老父亲搞的,框架他做,细节我来,就是通过自己看书。另外,我还在城里面做消毒碗筷的生意。丘北县有两家做这个消毒碗筷的,普者黑这边就我一家在做。我家两个厂,县城一个厂,这里一个厂。这边供应的比较少,要供应也就是这里旺季的时候供应,主要还是供应县里边。

如此可见,尽管 2008 年项目组已经撤退,仙人洞村的经济发展步伐却并未因此而停止,相反比项目组在时的发展速度还要迅猛,这也大大超出

图 4 - 21　寨心石旁的广告牌

了项目组专家的预期。然而，在民族文化得到保护的同时，新的文化破坏
行为也已经展露其危害。对于目前这种令人担忧的发展状况，项目组负责
人表示，"生态村"的建设权最终是要回归到村民自己手中的，他们有权选
择自己的发展道路，只有在遇到挫折，发现问题，他们才可能回过头进行
反思，这时进行修正也为时不晚。这一阶段也是"生态村"建设必然要面
临和经历的阶段，任何专家、学者都无法阻止。

第三节　相关群体对仙人洞彝族文化生态村的看
法和评价

　　生态村从初创、实践到发展的过程，也是不同相关群体形成生态村认
识的过程。站在不同的认识角度，各方有自己的解读，汇集在一起，我们
可以看到不同的价值或利益取向。

一、当地政府的态度

生态村项目因其发展目标与云南省"民族文化大省建设"战略相契合，故而于立项之初就得到云南省委省政府的支持，并被作为省级重点项目列为建设纲要之中，也因此获得由省财政厅下拨的专项资金。然而，在项目实施过程中，因学者与政府官员的指导理念有差异，故在做法上也各不同，加之地方官员更换等原因，致使政府文件中有关对"生态村"的各项支持流于形式，甚至连财政厅下拨的专项资金也未能真正落实到项目建设上。可见，生态村项目虽在组织形式上将政府层面纳入其中，但实质仍然是一种"学者行为"。

以仙人洞生态村的建设为例，除普者黑景区的开发在一定程度上为仙人洞旅游发展提供了难得的机遇之外，政府并未对该村有过直接投入，而更多的是以普者黑景区为平台，整合周边民族地区的自然、文化等资源，对外进行招商引资等宣传活动，即"文化搭台，经济唱戏"。故而，该村的内部硬件设施改造主要依靠村民自己的双手劳动，而资金方面也更多的是来自项目组和其他社会力量的资助。例如，瑞典的一个部门来此考察后即决定投入一定技术和资金对仙人洞村里原有的厕所进行改造。也正是因为政府的直接投入与最初的关注较少，且当地人对旅游资源的开发先于政府对普者黑景区的开发，所以仙人洞村才敢于与政府讨价还价，抵制有损村民利益的政府行为。

"南碱傣族文化生态村"所在的新平县腰街镇原镇党委书记的一番话有助于我们了解此中的深层次原因，并认识到政府与学者在农村发展问题上的根本差异。该书记表示，他们最初做"生态村"时，只是简单地想借助项目改善当地傣族的传统民居，并帮助他们改变"不善积蓄，铺张浪费"的传统消费观念，这与生态村项目的建设目标有重叠的部分，但政府的考虑与生态村的理念并非完全契合。书记说：

云南不仅是个少数民族大省也是个少数民族穷省，就举我在的新平县为例，下面就有1600多个自然村，条件艰难的村子多得很，你说有多少个村子值得保留，尤其我们这里的老房子，一般都是由木料和土基建成的，南方的气候原因，雨水多，这样的房子几年就不行了，再加上还要考虑到房屋的防震性，还有农民自己居住的是不是舒服，所以也不可能都让这些老的东西保存下来……我们这边土地这样分散，一家就三四亩地，农民种粮食够自己吃，没办法变成钱，大量劳动力粘在土地上，效益太低。所以我们作为政府就不断引导农民工外出，还对他们进行专门的技能培训。我到下面跟那些基层领导说，你当领导成功的一个标准就是，你每年能减少多少人口，你减掉1000人就是你的成绩了。因为人多在那里劳作，对当地森林植被破坏非常大，还有气候原因，人在那里一辈子都解决不了温饱，我们每年还要救济衣被粮食，年年吃救济，年年富不起。你们能送一些人出去就是你们的政绩。现在流行说农村是"386199"部队，"38"指妇女，"61"指儿童，"99"指老人，就这些人留守在农村了，大量人口外出务工，很多学者担心现在农村空心问题，而从我们政府层面来说这是个好事。（因为）从村子的发展，从地方自然资源的保护，从他本身发展，下一代的发展来讲都应该要出去。

可见，当地政府更多考虑到民生问题，如何解决农民的温饱问题是首要大事。在此项问题尚未解决的情况下，民族地区村寨的文化保护问题往往被置于次要的位置。因此，像仙人洞村这样富裕起来的村子自然不在政府照顾的对象之列，对其投入和关注较少也理所当然，尤其是其所处的丘北县，是全国的贫困县之一，无力向该村做出实质的投入。

但不可否认，如前文所说，政府对普者黑景区建设的投入、对发展农家乐的支持态度及相关的政策导向，无疑为"生态村"的建设增加了助力，间接地推动了仙人洞村的发展。

二、学者的看法和评价

对于仙人洞村目前的发展状况，尤其是近年来随着当地旅游的逐年火爆，其传统文化已相对弱化的现状，项目组表示这是事物发展必然经历的一个过程，但同时也暴露了项目本身的局限性所在，正如负责人尹教授所说：

> 我们是项目，结束之后呢就结束了。没有经费再支持，所以我们项目一开始就注意这个问题，我们只是做项目，做应用性研究，回到来做理论性的探讨。归根到底还是要靠他们自己发展，我们给他们种下种子，他们自己生根发芽，我们不能包办，包办必然是失败。所以我们项目已经结束了几年，看现在这些村子的发展，搞得不好的也没有办法。

来此考察的学者们也大都意识到，旅游致使当地某些文化事项逐渐衰退，但也同时复兴了另外一些文化事项。其中，云南民族大学的一位研究者通过旅游对仙人洞村社会变迁的分析，得出了这样的结论。她认为，"旅游业的导入必然会使传统文化发生变化，但传统文化的变化并不等于传统文化的完全丧失。两种迥异的文化经过碰撞后往往会发展出一种新的文化，它既源于'传统'，也与'现代'有关"。[①]

在仙人洞社会变迁的因素中，游客已成为影响当地文化取向的最大因素。尹教授举例说，在做生态村时，他们结合当地习俗在村口做了两个木头人，一男一女，体现撒尼人的一种生殖器崇拜。但前年他的一个摄影师朋友跟他说，"你们搞的那个村已经变成生殖器村了"。后来项目组过来一看，才发现村里插了许多木头人。黄村长解释说，因为一个上海专家来到

---

① 荣莉：《旅游场域中的"表演现代性"——云南省丘北县仙人洞村旅游表演的人类学分析》，《云南社会科学》2007 年第 5 期，第 41 页。

村里度假，他夸赞了村口的木头人最能体现当地独特的民族文化，颇有价值，所以村民才在村里和山头上插满了木头人，以营造更浓厚的民族文化氛围。在专家组的劝说下，木头人最终被撤掉。

图 4 - 22　村口的木头人

　　但由此可见，村民的文化意识还有待提高，而且游客与当地人的互动尤为重要，你（游客）在观察他（村民），他也在观察你，他看你喜欢什么，他会来迎合你。但无论如何，仙人洞村的村民仍在自主向前发展，这就是项目取得的最大成功之处。其成功的关键因素，项目组认为归功于以下原因。其一，村寨在景区之内，大量的景区游客经常"误入"到仙人洞村；其二，村子本身位于山间水畔，地理位置非常优越，风景气候非常宜人；其三，该村的撒尼人能歌善舞，开朗的民族性格及多元的民族文化使其区别于周边其他的民族村寨，从而吸引了众多的游客；其四，村里有黄村长和范书记等能干敢干的村民带头人，他们在当地又是较大的家族，故而得到众多家族成员的支持。这点尤为关键。

三、居民的看法和评价

从笔者对村民理解"生态村"一词的调查中（见下表），不难发现，尽管"仙人洞民族文化生态村"的牌子挂在寨门的正上方已10余年之久，然而除了少数村委工作人员了解"生态村"内涵外，大多数村民对这一称号仍是一知半解。他们几乎不约而同地认为"生态村"是对村中的某一处场所（祭祀场、歌舞坪）、某一种活动（歌舞表演）甚至是某一种物件（石头像、竹林、密枝林）的指代。换言之，他们认为正是村中有了这样的场所、举办了这样的活动、摆放了这样的物件，才被外界冠以"生态村"之名。采访中发现，虽然村民对"生态村"的理解都不尽然，但至少他们已经形成了这样的一种观念，即撒尼人的民族文化因与众不同而成为吸引外来游客的关键因素，为此他们将努力保护并延续本民族的文化特色。而在有关村民对"生态村"的理解出现偏差的这一问题上，项目负责人解释说：

> 老百姓接受通俗的理解，一般就是，我们的家要建设好，卫生环境要搞好，大家要团结，然后把文化整起来，发展经济，一般朴素的就这样说了嘛。至于到底什么是"生态村"，那是我们学者提出的观点。

表4-2 村民眼中的民族文化生态村（2011年2月）

访谈者	个人情况	1. 什么是生态博物馆？2. 对当地有什么影响？3. 对村里下一步的发展有何担忧？
黄村长	45岁，男，村长兼"仙人洞第一家"老板，家里有住宿和餐饮共两栋楼房，仙人洞首富之一	1. 就是把我们原先潜伏的一些文化，像刺绣、歌舞、祖先崇拜这些搞起来。 2. 你看外面的宾馆全部都是空的，外面虽然档次比我们这边高，但是人家就是喜欢我们这边。为哪样呢？就是冲到我们是农家乐，到我们这里能看得到我们这里的文化。 3. 我们现在就是没得民族工艺品，这块我们准备下一步要开发一下，要不你就是在我们这里住，他认识不到我们的民族文化。再一个就是把（民族文化）"传习馆"搞起来。

续表

访谈者	个人情况	1. 什么是生态博物馆? 2. 对当地有什么影响? 3. 对村里下一步的发展有何担忧?
张毕摩	65 岁，村中最年轻的毕摩，与子女共同经营农家乐，闲时唱歌跳舞	1. 民族文化生态村嘛，来的客户全部都是要看我们这个民族歌舞的表演。就是要拿撒尼话来表演，以前那些舞台上的瞧够了。你不把这个文化搞起来，你这个地方就在旅游方面就不能吸引游客进来，一天一天就会走下坡路。还是要拿这个民族文化吸引他们。 2. 搞生态村后，就带动小年轻跳舞唱歌，大家全部都来绣花。客人来了，我们撒尼人文化就不会退化。 3. 村里没得几个人了（指毕摩），娃娃就不指望他们了，现在 40 多岁的人，都害羞，我说你们来我们全部教给你们，我又不要你们一根烟，不要你们一口酒。还是有个把、两个人想学。这些民族宗教一般在 40 多、50 多岁还能搞，一般到 60 多、70 多岁精神就不好了嘛。
范会计	27 岁，男，村中较早经营农家乐的农户，目前与父亲从事农家乐、根雕、消毒碗筷的加工等生意，仙人洞首富之一	1. 生态村就是开发我们撒尼的文化，往特色方面开发。 2. 做个比较，普者黑他们是汉族嘛，没有什么特色开发了。都是一样的嘛，高楼大厦，豪华设施。但我们这里有撒尼的文化，比如像我们这里以前吃的山货野菜什么的，现在又搞这些特色，就更朴素点、古朴点。 3. 第一是卫生问题，排污问题；第二是建筑风格；第三是老百姓的素质问题。
农家乐老板	26 岁，男，"荷花塘农家乐"老板	1. 我也讲不来什么喊生态，像竹子，环境就成为一个生态的感觉，是彝族的生态嘛，来这里看哪样都是原生态的，没有被破坏。你看哪样，都是自生自长的嘛，不是政府搞出来的。 2. 这个名字还是很有用的，虽然普者黑是个大的景区，但是所有好吃好住的地方都在我们仙人洞这块，宾馆什么都盖这边。 3. 不知道怎么讲，应该会越来越好吧。
摆摊老人	80 多岁，女，长期在女儿经营的农家乐门前摆摊，卖晒干的鱼虾等	我认不得，不知道。
超市老板	20 多岁，女，"仙人洞超市老板"，楼下是超市，楼上有两间客房，外出上海打工两年后刚回家	1. 我们这个（地方）是个生态，竹林里面刻了那些石头像，竹林里面就叫文化生态。但我也不晓得那些石头是做哪样的。 2. 不知道。 3. 说不上来。
农家乐老板	30 多岁，女，"密枝农家乐"老板，丈夫在景区划船	1. 就是那边的石头，旅游团带些人去磕头。我们自己没得时间去，算个村子里面的景点。 2. 这些年是发展得越来越好。以前农家乐没得那么多。我奶奶 70 多岁还参加跳舞，我屋都四代人了。这里老年人都喜欢搞活动，你不给她跳她自己都要跳。她们还一起出去玩，村里组织老年协会旅游，每年都组织一次。大部分都是村里出，自己出一小部分。 3. 不晓得。

续表

访谈者	个人情况	1. 什么是生态博物馆？2. 对当地有什么影响？ 3. 对村里下一步的发展有何担忧？
农家乐老板	40多岁，男，村子最深处的农家乐，兄弟二人均经营农家乐	1. 就是昨天那个晚会，17岁到80岁都参加表演。还有那边有个狮子、老虎、火神。我也不清楚这些是什么意思，你要问老的那些就晓得了，就是我们撒尼人最有特色的传统文化。 2. 也不是生态村给我们这里带来富裕，主要还是普者黑这个地方给我们这里带来了名气了嘛。丘北几个撒尼人村子，都比不得我们这里富裕啰。但是我们家在这里不富裕，差人家好多了，位置太到里边了。不过生态村也不是讲可有可无，很多客人也是冲篝火晚会来，比如讲团队包场。1000、1500元的一场，村里面一分钱都不收，什么电（费）啊都不收，所有的收入都分给跳舞的人了。5块钱也好，6块钱也好，反正全部都分给跳舞的了。 3. 不晓得。

四、游客的看法和评价

仙人洞的客源主要有两部分：一是来自昆明及周边县市的省内游客，其中尤以回头客居多；而另一种是慕名而来的省外游客。一位观看歌舞晚会的中年妇女称自己已经是第三次来到仙人洞，她说：

> 春节期间放假，所以就带父母、爱人和孩子一家人开车来这里玩。我们也去过周边其他的村子看过，但是这里更好，有些少数民族的东西，不过平常他们也没有穿得那么好看，主要还是表演时候穿吧，过节的时候穿着就更隆重正式一些。现在比以前方便一些，以前车开不进来，在外面就开始收门票，现在开车就可以进来。最早来，我们都住在城里面（丘北县城），白天来这里划船，晚上到城里面住，那时候划船才20、30元，现在就贵了，一个人就200元。反正过来就是划船，其他也没意思。

而来自广东的一个年轻女孩也是带着父母，一家开车来此地游玩，她说2008年曾来过此地，所以这次是故地重游。关于什么是"文化生态村"这一问题，她回答道：

> 就是撒尼族人的文化，但是好像保存得也不太好。也就是火

把节，7 月份来，有火把啊，斗牛啊，这还保存的有。还有那边有个广场，那里有几个石头像，那个就是他们撒尼族人的文化，都是这些大牛角，不过我们看到也不知道那些是什么意思。还有这里的婚姻（习俗）也是遗传到现在，你看这个厨房里的小女孩，她14—15 岁就结婚了的，现在才 18 岁，孩子都会走路了。她们也就是通过跳舞，左村邻舍的都过来，就认识了，认识就上山了，而且都是小道，然后就谈了。

相比三年前的仙人洞的模样，她也认为今非昔比，她说：

几年前，全是老房子，破破旧旧的，那时还可以看到当地的建筑特色，基本都是土基房，木雕的窗子，雕龙刻凤的，现在都没有了。现在全是现代的房子，所以我们昨天走了一下觉得他们没有体现出他们那个民风民俗。以前是那个泥巴路，有小马车进来，那时我们大家也没有车，都是做班车下来，来到这里后再做小马车，来这里过那个火把节。

其实应该说，现在好，也卫生了，还可以开车就进来了。但是现在应该统一建设，还是应该装修成他们以前那个民族风情的房子，不应该建成现代的跟那个汉族一样的城市里的房子，我觉得不好，还是要有他们的民族特色。你来一个地方，就是看他的民族特色，结果什么都没有了，就觉得没意思。傣族的吊脚楼还是不错，我还是喜欢版纳。还有昨天我们来这里吃，就那么一点点鱼，一小条，240 元一斤，太宰人了。

从上述访谈中可以看出，他们到仙人洞就是寻找一种别样的感觉，这种感觉与其原有文化形成差异。而仙人洞村人似乎在迎合游客们的这种感觉，因而也就不断进行文化的再造或创造，这多少与学者们最初提出的"民族文化生态村"实践理念有些差入。

第五章 不同模式生态博物馆的比较

　　根据生态博物馆建设的主导力量，可将"梭戛生态博物馆"（以下简称"梭戛"）、"地扪生态博物馆"（以下简称"地扪"）和"仙人洞民族文化生态村"（以下简称"仙人洞"）分别归属于"政府机构主导型"、"民间机构主导型"和"学术机构主导型"这三种不同模式的生态博物馆，并可将它们作为各模式中的典型个案。然而，如将之看做是该种模式的全部，或以此来推导、评判与其相同模式的生态博物馆，则有失偏颇。因为，在很大程度上，这三个民族村寨不能代替它们所属类型中的其他民族村落。各个民族村寨的主客观因素之差异决定了生态博物馆建设的复杂性，这种复杂性主要体现在以下两个方面：

　　首先，即使同一模式的生态博物馆也有所差异。例如，从具体管理模式上看，同属贵州生态博物馆群下的"梭戛"和"镇山"虽都是"政府机构主导型"，然而前者是由政府任命科一级的单位，直接派驻于当地，专门负责其日常管理；而后者则只是由当地的文物管理部门代为管理，其日常工作在历经了时断时续的运转后，目前基本处于停滞状态。再如，从发展途径的选择上看，同是"学术机构主导型"的"仙人洞"和"南碱"，一个是以"文化与旅游互动"为发展途径，而另一个却是走"生态农业种植"的发展道路。

其次，即使不同模式的生态博物馆在某些方面也表现出相同之处。例如，"政府机构主导型"的"镇山"与"学术机构主导型"的"仙人洞"均依靠当地自然风光和少数民族文化特色较为成功地发展了"农家乐"，大力推动了当地经济的发展，目前旅游业基本成为当地居民的主要生计方式；而"民间机构主导型"的"地扪"与"学术机构主导型"的"南碱"却因地理位置等条件的限制，故而主要利用当地自然资源的优势大力发展"生态农业种植"。更进一步说，在历经多年的发展之后，原本是不同模式的生态博物馆最终也可能走向同一管理模式。以"政府机构主导型"的"堂安"和"学术机构主导型"的"和顺"为例，二者经生态博物馆（生态村）的建设后，皆因名声渐涨，而被当地政府将其经营管理权转卖给了外界的旅游公司，从而都偏离了最初提倡的"社区自主发展"的建设原则。

由上可知，生态博物馆的建设模式并非千篇一律，而是受到由村寨历史和现实的主客观因素组合而成的综合条件的影响和制约。这些因素具体包括村寨的地理位置、气候条件、土壤状况、历史背景、社会风气、民族性格、民族文化、当地政府的态度和政策，甚至村委会带头人的个人能力等各个层面。以"仙人洞"和"巴卡"为例，二者虽均坐落在国家级风景区附近，都拥有便利的交通位置和独特的民族文化，在旅游发展上可谓条件相当，然而它们却最终由于各自的思想观念而导致了两个完全不同的结局，前者走上旅游致富之路，而后者依旧踏步不前，保持原状。由此可见，村寨间任一主客观因素的差异都可能影响到生态博物馆的建设效果，即使同一模式也可能天壤之别。

　　然而，也正是因为村寨之间存在某些相同或相似的因素，才使得不同模式的生态博物馆之间又呈现出相同之处。例如，这些民族村寨在建设过程中都面临着众多相同或相似的问题。从民族村寨社区居民而言，"生态博物馆"这一新鲜事物的介入，无疑打破了他们原本平静的乡村生活，村民不得不较为被动地面对这一来自外界的援助方式。从生态博物馆建设的发起者而言，他们面对的同样是几乎完全异于自身生活环境的民族地区，而民族地区又存在着共同的普遍特征，都拥有丰富的自然资源、文化资源，却又都处于贫困、落后的生活境地。

　　因此，通过对不同生态博物馆建设模式的比较分析，总结归纳一些好的建设经验，思考生态博物馆建设的中国化道路，完善生态博物馆建设的理论体系，为今后西南民族生态博物馆、乃至中国生态博物馆的建设提供理论指导和经验借鉴就显得十分必要。以下笔者就以这三个村寨为对象，按照建设发展阶段，从指导原则、选点要件、命名方式、运作模式、建设成果、发展现状等方面进行比较与分析。

第一节　指导原则

　　无论是"政府机构主导型"、"民间机构主导型"或是"学术机构主导型"；它们均制定了相应的具体指导原则。为比较方便，我们将其列表如下：

	梭戛	地扪	仙人洞
指导原则	一、村民是其文化的拥有者，有权认同与解释其文化； 二、文化的含义与价值必须与人联系起来，并应予以加强； 三、生态博物馆的核心是公众参与，必须以民主方式管理； 四、当旅游和文化保护发生冲突时，应优先保护文化，不应出售文物但鼓励以传统工艺制造纪念品出售； 五、长远和历史性规划永远是最重要的，损害长久文化的短期经济行为必须被制止； 六、对文化遗产进行整体保护，其中传统工艺技术和物质文化资料是核心； 七、观众有义务以尊重的态度遵守一定的行为准则； 八、生态博物馆没有固定的模式，因文化及社会的不同条件而千差万别； 九、促进社区经济发展，改善居民生活。	一、社区居民是他们文化的真正拥有者，他们有权力去解释确认他们自己的文化； 二、文化的含义和价值只能依据人类通过感知和理解得来的知识去界定，文化传承的能力必须加强； 三、生态博物馆的核心是公众参与。文化是一种共同的和民主的构造，必须以民主的方式加以管理； 四、当旅游与文化的保护发生冲突时，后者必须给予优先权。原件的文件是不应出售的，但以传统工艺为基础的高质量的纪念品生产应得到鼓励； 五、长期的和整体的规划是至关重要的，在长远上损害文化的短期经济利益行为必须避免； 六、文化遗产的保护必须融入整体的环境中。在这一意义上，传统的技术和使用材料是文化遗产的关键部分； 七、来访者应该表现一种尊重的态度。他们必须遵守一定的行为准则； 八、生态博物馆的建设没有固定的模式，他们因各自文化的不同和社会条件的差异而千差万别； 九、要在现存的社会群体中发展生态博物馆，社区发展是一个必要的条件。当地居民的生活必须在不损害传统价值的情况下得到改善。①	一、以优秀民族传统文化及其生境的保护为宗旨，不是一般意义上的民族村、民俗村、旅游村、度假村和低层次的所谓"农家乐"，而是成为积淀着丰富深厚的文化内涵并能有效保护传承的典范； 二、目的在于造福于当地民众及其子孙后代，在于促进社会的繁荣昌盛和健康发展。而要实现有效的保护，最主要的途径，便是就地保护与传承； 三、文化的就地保护更重要的是要强调当地民众的积极参与、自力更生和自我主导； 四、不断吸收外界和现代的优秀文化。继承自我是根本，吸收他者是发展，只有两者结合，才具有生命力，才会兴旺发达； 五、重视文化及其生态的保护，同时注重发展经济，建立经济与文化、生态互动的良性发展的机制。②

通过比较三者指导原则，不难看出它们既有相通之处，又略显差异。

三者共同点在于，它们均是国内学者对国外生态博物馆理念进行"中国化"后的具体阐述，在围绕"文化就地整体性活态保护"这一共同宗旨下，提出"村民参与"、"文化与经济的共同繁荣"以及"谋求长远的、可持续性的发展"等相同准则。

而三者的不同之处则体现在语言表述上。具体来说，"梭戛"与"地

---

① 资料来源：地扪生态博物馆信息资料中心展板。
② 参见尹绍亭主编：《云南民族文化生态村试点报告》，昆明：云南民族出版社，2002年，第8页。

扣"均采用了"六枝原则",从前述"地扣"的创建过程来看,应该说是后者借用了前者,除略微改动了几处文字,可谓是将"六枝原则"照搬了过来。而"仙人洞"则不然,其表述方式较前二者有较大差异,这缘于"生态村"的理论来源较前两者略有不同。

据其创始人尹教授介绍,"生态村"固然借鉴了同时期"梭戛"的做法,吸收了国外生态博物馆的理念,但同时还吸收了美国人类学家朱利安·斯图尔德(Julian Steward)的"文化与生态环境之适应关系"的理论,以及已故中央乐团作曲家田丰在云南探索"传习馆"的失败教训。其中,斯图尔德认为,"文化的变迁缘于对环境的适应,这是一个有着重要意义的主动适应的过程。"[1] 而田丰则早在 1993 年就开办了"云南民族文化传习馆"。当时,他将有威望的民族民间艺人由偏远村寨召集至该馆,向同样招募来的同村同族的青年人传授本民族的传统音乐歌舞,馆内的一切花销均由田丰个人向社会集资而来。然而,7 年之后,"传习馆"终因无法维持而被迫解散。这种将文化"圈养"起来的实践探索留给后人无限的深思,令学者们认识到将文化移植异地进行培育,无异于将之连根拔起,终将失去生机。正是在以上理论和前人实践的基础上,"生态村"才最终确定了其指导原则。

因此,从理论来源上看,"梭戛"和"地扣"都较为直接地借鉴了国外生态博物馆思想,而"仙人洞"的理论来源不仅更为多元化,而且也结合了云南本地的实际情况。这缘于学者研究领域的不同,如"六枝原则"是经由博物馆学家的视角,进而将生态博物馆思想"中国化"的具体阐述;而"生态村"则是通过人类学家的角度,对生态博物馆思想"本土化"的自我表述。

换言之,不同学科领域的学者对生态博物馆有自己的理解和做法。例

---

[1]　Julian, Steward, *Theory of Culture Change: The Methodology of Multilinear Evolution*, Urbana: University of Illinois Press, 1972, p. 5.

如，在文化保护层面上，"六枝原则"的第6点显示出博物馆学家在文化整体保护中对物质文化保护层面的偏重；而"生态村"中的第1点及第4点表明，人类学家更为重视精神文化的保护、传承，并强调文化创新。在经济发展层面上，"六枝原则"似乎只是论述了旅游这一较为单一的发展方式，或至少除了旅游并未提到其他可促进社区经济发展的途径（见第4点、第7点、第9点）；而"生态村"除了指出旅游可作为经济发展的途径之外，还以"建立经济与文化、生态互动的良性发展的机制"，较为根本地提出了经济与文化如何达成共赢的关键环节（即二者应互促互动），其发展途径的选择也由此显得更为宽泛且灵活（见第1点、第5点）。在村民参与层面上，"六枝原则"所述的"民主方式管理"显得模棱两可，对村民的主体地位也有欠具体深入的解释，"管理"二字在某种程度上更显出一个外来机构对当地的行政化管辖之意味；而"生态村"将村民的角色和地位分步骤、有递进层次地具体表述为"当地民众的积极参与、自力更生和自我主导"。此外，"六枝原则"的第7点出现了"观众"一词，言外之意透露出将生态博物馆作为对外的展品，而"生态村"强调将村寨视为有机生命体，对内存在自我继承的机制，对外有融汇吸纳的能力（见第1点、第2点、第4点）。

以上的种种区别，都显示出了博物馆学家在诠释生态博物馆理念时所带有的明显学科倾向性，他们将传统博物馆中的众多构成元素做了形式上的改变，移栽到了生态博物馆的建设中。如将传统博物馆中"观众对单个（或专题）静止展品的室内浏览"这一概念，经空间的扩展、时间的延伸后，演变成了生态博物馆中"游客对整体活体村寨的户外参观"的另一种说法。显然，生态博物馆依然被博物学家视为博物馆的一种形式，只是区别于传统的一种新形式而已，简言之，只是空间的变化，而无本质上的差异。如此，博物馆学家从一开始就在某种程度上"简化"并"缩小"了生态博物馆思想的内涵和外延，他们设法将传统博物馆的固有元素复制到生态博物馆的试点村寨之中，不仅没有成功取得预期效果，而且还成为后来生态博物馆被众人诟病的种种由头。另外，学科的局限性也注定他们尚没有充分的能力去解决生态博物馆后续建设中出现的各种社会的、现实的诸多问题。

相比之下，人类学（民族学）家因为专长民族地区的调研，拥有丰富的田野调查经验，所以为他们积累了试点建设时所必需的知识储备；加之，人类学（民族学）主张应站在兼顾主位和客位的公允角度上看问题，具备较强的应用型研究能力，因而较稍显"书斋味"的博物馆学者更能以一种恰当的或者有效的方式进入到试点村寨之中开展相关的探索。当然，人类学（民族学）家的探索也不乏局限性，但如果仅就生态博物馆建设这一事情上看，他们似乎比博物馆学家在视野上更为宽广，在方法选择上更为多样，在态度上也更为亲和。

第二节　选点要件

生态博物馆最初只是理念，理念需要通过实践方能实现其价值。因此，如何选择适当的生态博物馆建设试点就显得非常重要了。就本书所述三个案例而言，在选点要件上似乎存在不少共性。

首先，三者都是少数民族村寨，可见具有浓郁民族文化特色是入选试点的一大优势。"梭戛"的苗族和"地扪"的侗族均属不同的行政区划，为了保证同一文化社区的完整性，前者跨县、后者跨村，以核心村寨为轴心，辐射周边同一民族自然村落，统一划定为生态博物馆的建设范围。此处强调的是生态博物馆理念中的一个重要概念，即"生态博物馆即社区，社区即生态博物馆"。然而，从实际投入上看，二者都只能将财力和物力重点投入到"资料信息研究中心"所在的核心村寨，最多也只能辐射到周边邻近的一两个村寨，但其建设力度也相较于核心村寨要弱得多，至于对距离更远的下属文化社区内的其他村寨则已是力不从心，鞭长莫及了。如此便出现生态博物馆名义上的社区大大超出了其实际的建设范围，这也是受到外界广泛质疑的一个问题。

其次，政府和村民的前期支持与配合也是三者的建设前提。在政府方面，如果离开政府的力量，"梭嘎"作为中国第一座生态博物馆就无法建成；而"地扪"和"仙人洞"虽都由民间组织或学术团体发起，但二者得以建成也得力于当地政府的支持，这也充分表明了政府这一角色在生态博物馆建设中至关重要。在村民方面，三个村寨的村民在初期都表现出极大热情，给予了外来建设者信心。究其原因，最初村民对生态博物馆均报以殷切的期望，如"梭嘎"村民一是希望获得国家的直接投入，二是希望通过随之而来的旅游开发，共同改变他们原本落后的生活境况。同样，"地扪"和"仙人洞"村民也希望借助外来力量能将当地乡村旅游发展起来，从而提高他们的生活水平。由此看来，旅游成为他们共同寄予的发展方向。其实在某种意义上，生态博物馆的建设能否满足村民的意愿决定了村民的参与程度，并直接影响到建设成效。换言之，生态博物馆越能符合村民的利益和（物质层面和精神层面）需求，便越易于带动他们的主动参与热情，是实现村民从"被动"参与提升至"自发"乃至"自觉"参与的关键点，这方面可举"仙人洞"村民对房屋进行改造过程中的意识转变为例。村民起初拒绝贷款改造旧房，在发现此举可带来实惠后，仙人洞村的房屋样式从"第一代"迅速发展至"第三代"，反映了村民观念最终向传统的、质朴的民族文化的逐渐回归。因此，村民的利益诉求理应受到生态博物馆建设者所关注，毕竟村民才是保护和发展的主体。这符合当前西南民族地区区情，也是广大的中国农村的实情。只有解决、兼顾到社区居民的生计问题，才能进而谈及如何保护文化的问题。生态博物馆理论的价值就在于，它认为二者可结合发展，互进互促。也正因为它被视为改善民生的一种途径，才吸引到政府的关注并获得政府的支持。

最后，地理位置及交通状况也是三者共同考虑的因素。所不同的是，"梭戛"和"地扪"在选点时强调了地理位置相对偏僻，交通不便；而"仙人洞"则相反，"生态村"甚至将地点位于景区附近或景区内的村寨视为较佳试点。造成这种选点差异的原因在于：前二者认为，试点的交通越是便利，受到外界影响的程度则越高，而地处偏僻的村寨反而因此保存更为完整和浓厚的民族文化；而后者的观点则相反，他们认为交通便利的村寨面临的汉化问题远比偏远村寨要严重，因此更需要得到迫切保护，反而偏远村寨原本封闭的环境会因为外界力量的突然进入而导致社区内部失衡，出现预想不到的人为破坏，从而加速村寨传统社会的改变。此外，"仙人洞"在强调与景区位置的关系时还基于以下两点考虑：第一，可以借助旅游发展经济；第二，发展旅游与文化保护二者一直存在争议，如将之成功用于实践探索可作为日后经验交流和参观示范的典型个案。当然，"仙人洞"在旅游后续发展出现的一系列问题，也促使项目组在结项后的反思阶段修订了此项选点条件，即只强调交通的便利，将与景区位置的限定条件删除。因为项目组认为，"旅游区内的政府和从事经营的企业及商家的主导力量太强，市场经济的力量太大，村民和学者参与的空间便十分有限，甚至会被完全排斥在外。此外，旅游市场变幻莫测，商家转换频繁，常常产生混乱的局面。尤其严重的是，一旦成为旅游的热点，就会成为企业争相夺取的'资源'，从而难以避免被兼并收买的命运。"[①] 可见，面对市场化这一强劲的旋风，学者们也无能为力，由此也更突显了政府行政力量的强大，当然也要求政府必须正确引导并大力配合生态博物馆的建设，避免出现伤害到村民利益的各类行为。

---

① 参见尹绍亭主编：《云南民族文化生态村试点报告》，昆明：云南民族出版社，2002年，第78页。

第三节　命名方式

"生态博物馆"一词最早经我国博物馆学者按字面意思翻译成中文后，即被直接用于国内相关建设点的命名，如"中国六枝梭戛生态博物馆"和"地扪人文生态博物馆"就沿用了此称呼。据"仙人洞"项目组介绍，因"生态村"与"生态博物馆"的基本理念一致，苏东海等人也曾邀请"生态村"加入"生态博物馆"的建设体系，而项目组认为"生态博物馆"在当时并不为外界所理解，容易产生歧义。例如，对于村民而言，他们易理解为自己被当作了对外的展品；而对于外界而言，他们也会误解生态博物馆仅仅是一栋实体博物馆建筑，只是建筑的位置挪到了民族村寨而已。因此，项目组坚持了"生态村"一词的命名方式。

其实，对比三个村寨的村民对命名的理解程度，不难发现大多数的村民都以方位词、某项活动或从事某项活动的场所甚至具体人和物，来表达他们对"生态博物馆（生态村）"一词的理解。如"梭戛"村民称"那边"、"单位"、"跳舞的地方"；"地扪"村民用"任总那里"、"买卖木材"、"建房子"、"做生意"；而"仙人洞"村民则理解为"祭祀场"、"歌舞坪"、"石头像"、"密枝林"等。可见，"梭戛"和"地扪"村民理解中的"生态博物馆"与学者定义的"整个文化社区就是生态博物馆、村寨内所有的人与物均是生态博物馆的构成元素"这一学术概念大相径庭，而"仙人洞"村民在对"生态村"内涵的理解上，至少透露出了较为朴素的生态观念。对比之下，"生态村"的叫法比"生态博物馆"一词更显朴实，所以村民相对来说更易理解和接受。不难看出，命名的过于"学术化"和"概念化"是导致村民对其产生诸多不解、曲解甚至误解的根源，尤其对于文化程度本来就不高的村民来说，在认知生态博物馆这一外来词时，自然也就难以全面、正确地理解了。对此，"地扪"的任馆长也曾表示，"生态博物馆"的命名方式并不妥当,可改为"生态文化保护社区"。而近年来,国家文物局也提出"社区博物馆"一词,突出城市街区也可作为"生态博物馆"的建设试点,并用以区别以往主要是以村落为建设试点的"生态博物馆"一词。

然而,应该承认的是,在某种程度上,也正是因为"生态博物馆"、"生态村"这些具有学术含量的"洋名词"在国内的首次出现,才让原本毫不起眼的民族村寨"人气"高涨,不仅博得各级政府的重视和投入,而且也迅速引起了广大社会各界的报道与关注,颇有一夜成名的效应,为这些建设试点提供了前所未有的发展机遇。

第四节　运作模式

"生态博物馆(生态村)"的发起者均是学者,因为他们具有较为敏锐的观察力和较强的借鉴力。一种新的理念也往往是通过学者的认识、理解和消化才最终走入公众的视野。以生态博物馆思想在中国的发展来看,无论是"梭戛"或是"仙人洞",无不经历了学者较长时间的理论储备阶段;即便是民间机构主导的"地扪",主导建设者也求助并采纳了民族学工作者的建议,完成了观念上的转变。由此可知,学者与前述提到的政府、村民在生态博物馆建设中的地位同等重要,三者关系的平衡也决定了建设的最终成效。

根据政府、学者、村民等不同力量在"生态博物馆(生态村)"建设中发挥的作用,最终形成了以下三种不同的运作模式,它们分别是:以"梭戛"为代表的"政府主导、学者指导、村民参与"的运作模式;以"地扪"为代表的"民间主导、学者指导、村民参与、政府支持"的运作模式;以"仙人洞"为代表的"学者主导、村民参与、政府支持"的运作模式。这三种模式均存在优缺点。

一、"梭戛"运作模式

首先，在政府层面上。以政府为主导的优势是显而易见的，主要体现在示范性和保障性强两方面。第一，"梭戛"作为政府行为，尤其是上升至国际文化交流合作项目后，一经推出就迅速得到其他省份的积极响应。地方政府一则表现出对中央精神的大力拥护和支持；二则也力图推陈出新，不仅结合了自身具体的省情、区情演变出各自具有地方特色的"生态博物馆"新模式，同时也不失为地方政府的政绩，最典型的莫过于广西创建的"1+10"模式。第二，政府有雄厚的实力。其中，财力、物力的投入有效保障了"梭戛"的硬件设施建设；人力的投入则保证了"梭戛"的日常管理工作得以长期维持运转。从客观上讲，以政府为主导确实对生态博物馆在中国的建设和推广起到了强有力的促进作用，目前全国已经形成了区域化（西部落后民族地区和东部发达城市）和特色化（民族村寨文化整体保护区、城市街区文化保护区、旧工业保护区、农业遗产保护区）的生态博物馆整体发展局面。

然而，政府主导建设随之带来的弊端也同样不可小觑。对应刚才的两点来说，其隐患有：其一，全国各省区的纷纷模仿容易造成生态博物馆建设"撒胡椒面"的混乱局面，毕竟"梭戛"的建设经过了专家长期的理论思考，而地方政府是否也对这一理论有了深入透彻的理解就很难说了。假如建设者在对理论缺乏正确且全面把握的情况下，无法制订出具体有效的操作指南的话，急于盲目开发建设只会对民族村寨的长远发展造成不可弥补的恶劣后果。其二，政府投入的财力、物力来源于多个行政部门，容易造成各自为政的混乱局面，更进一步说，不仅不利于生态博物馆建设标准的统一，同时也不利于资源的整合优化。

其次，在学者层面上。前面已提到博物馆学专家因为学科的局限性在指导生态博物馆的建设上难以走出传统博物馆的发展模式，因此在对"梭夏"的具体指导上缺乏前瞻性及全局性。例如，由（国际和国内）博物馆学专家组建的调研组共同撰写的《可行性研究报告》指出将"资料信息中心"和"对文化遗产尽可能的原状保护"作为"梭戛"的两大核心建设内容。可见，"展厅"（对应"资料信息中心"）和"静止展品"（对应"文化的原状保护"）这些传统博物馆的关键要素仍被搬到了"梭戛"的建设中，这根源于传统博物馆学家惯以"历史的眼光"看待"物件"存在的历史价值。虽然他们也承认"生态博物馆不追求使这个社区成为固有经济和文化的不变的活化石；中国的生态博物馆应该既是这个社区传统文化的保护神，又是这个社区过去、现在和未来连绵不断的信息源"[①]，但是由于缺乏对如何促进保护与发展互动的具体阐述和操作指南，使得传统生态博物馆的导向仍持续影响着"梭戛"。另外，博物馆学者在"梭戛"其他的建设层面上也出现了不同程度的失误，如"资料信息中心"的选址，不仅在空间上不利于后来的扩建，而且在地理位置上处于高寒山地的风口处，造成工作和居住环境极为恶劣，这或许也是来访者难以久留的主要原因之一。尽管博物馆学者存在以上局限，但在"资料信息中心"的设计方案上他们还是聘请了贵州省的建筑设计研究院的专家，以梭戛苗寨传统民居为样板设计了资料信息中心的建筑，这体现了不同学科的合作意识和对当地村民文化的尊重态度。

最后，在村民层面上。"梭戛"建设中的"政府主导"在某种程度上意味着"政府包办"，从而使村民处于完全被动的位置。不能否认"梭戛"中的某些建设事项也将村民列为参与对象，但也仅仅限于修建馆舍时的"挖土方"、"开采山石"等体力劳动的"表层参与"，而在"选址"、"馆舍设计"、"资料信息中心管理"等"深层参与"上，村民几乎被置之于外。新生的"生态博物馆"与村民在感情上的疏离使得原本就显得陌生的"生态

---

① 苏东海：《生态博物馆在中国的本土化》，《博物馆的沉思：苏东海论文选·卷二》，北京：文物出版社，2006 年，第 501 页。

博物馆"越发在乡村熟人社会中难以获得接纳和认可。从这一角度上看，"梭戛"要实现从"村民参与"到"村民主导"似乎从一开始就设下了障碍。当然，博物馆方面也曾通过对村民文化骨干进行培训、外出参观等多种学习方式来提高他们的业务素质，并试图吸纳村民进入到博物馆管理队伍中，但由于缺乏对他们的福利保障，同时也因为机会不均等原因，反而引起了村民内部对博物馆方面的误解，致使双方难以磨合，进而导致相关工作难以顺利开展。

二、"地扪"运作模式

首先，在民间机构层面上。与政府主导相比较，以政府为主导的两大优势恰好是以民间机构为主导的两大劣势，即力量薄弱和保障性差。其一，就目前"地扪"工作人员的配置看，不仅数量有限，而且人员也极不稳定，唯一为"地扪"整体发展谋求规划的也只有一人，即任馆长本人，其他人员均为打工性质。其二，"地扪"的资金来源有限，仅靠香港私人老板的少量资助，虽偶尔能争取到政府的小额度项目资助，前提也是获得政府的认可，且资金的使用去向也有严格规定。一旦这两个扶持力量停止资助，"地扪"就只能孤军奋战、自负盈亏。然而，也正是因为这两大劣势，才促使"地扪"有着敢于尝试的开创精神，并探索出较为灵活的发展模式，如各类"村民合作社"，而这些观念上的转变和思维上的突破恰恰都是"政府机构主导型"的"梭戛"所缺乏的。

其次，在学者层面上。任馆长本人长期在基层工作，有着较为丰富的社会经验，尤其回到自己家乡，在进行了长期探索后，学习到了很多当地的乡土知识，也正是这些丰富的个人阅历和乡土知识帮助他在设计"地扪"的发展规划时注入灵感。任馆长现在又开始学习中医药知识，以药食两用为卖点，准备为"种养合作社"增加新的品种——药食两用的无公害蔬菜。与此同时，"地扪"从建设初期的出谋划策到建成后的文化保护，也同样获得了各类学者的协助。然而，学者们的指导和帮助往往是不连续的，且缺少对各个学科优势的整合，因此落实到具体有效的操作指导上，就显得较为薄弱。

再次，在村民层面上。"地扪"几乎与"梭戛"的做法一致，所不同的是"梭戛"有政府包办，村民力量的参与就显得不那么必要和重要了，而"地扪"到底是私人投资建设的，即便在馆舍修建期间雇佣了当地村民，由村民直接设计图纸并建造了"资料信息中心"，但更大程度上还是属于一种买卖交易的生意关系。"中心"在社区村民眼中是以赚钱为目的的私人经营者的形象，无法成功搭建起与村民之间深层次的感情交流平台。即使个别村民后来被吸纳作为馆内的工作人员，但仍是一种雇佣关系，他们非但成为不了博物馆与其他村民之间的沟通者，反而因为每月能拿到一定数额的薪水而被某些村民划到博物馆的一边，颇有几分"吃里爬外"的嫌疑。但无论如何，"地扪"通过旅游合作社、农业合作社、文化传承、公益活动（如捡垃圾）等多种途径，让不同年龄层次的村民群体，以歌舞表演、住宿接待、农业种植、后勤打理等多种方式，自愿加入到生态博物馆建设当中，这无疑是它在"村民参与"层面上较"梭戛"有所成功的地方，究其原因，还是在于给予了参与者一定的经济利益。

最后，在政府层面。尽管当地政府保持着与博物馆方面"若即若离"的关系，但博物馆方面显然已清楚认识到政府在"地扪"建设中的重要地位和关键作用，具体表现为，"地扪"在一些重大建设环节上（建馆、征地、合作社经营）都回避了与当地村民的直接接触，而采取了争取政府支持、利用政府力量这一更为便捷的处事方式。因此，纵然大部分村民对博物馆有看法，甚至村委班子也曾一度与博物馆产生了意见分歧，但博物馆方面仍较为顺利地取得了村委、村民的配合，推进了相关的建设项目，这就不仅是因为村民能从中获取经济利益，更大程度上还是得力于政府对博物馆方的支持态度和政策导向。因为村民由村委领导，村委班子直接向乡政府负责，乡政府又受制于上一级政府，而与上一级政府的关系融洽，利益互惠，自然凡事就好商量、好解决。"地扪"正是把握好了这个中关系的微妙之处，才得以在不再受"主人（村民）"欢迎，甚至遭受冷落的"主人家（社区）"依然能够安然"做客"至今。

三、"仙人洞"运作模式

首先，在学者层面上。项目实施中的"仙人洞"的运作模式基本上是"学者主导、村民参与、政府支持"。然而随着项目组结束项目专家学者的撤出，仙人洞村最终走向了"村民主导"的发展阶段，这不得不归功于村民与学者在项目实施过程中的良好配合与互动。尤其是学者在主导"生态村"建设项目始初，非常注重村民意识和能力的培养，哪怕与学者的预期有所冲突，项目组仍始终强调对社区发展方向和村民意识的"引导"，而非只是简单的行为"包办"（当然学者也没有这个能力进行"包办"），从而为日后"仙人洞"能较为顺利地过渡到社区自主发展阶段奠定了必要的基础。这点与"梭戛"形成了鲜明的对比。

另外，"仙人洞"在整合和利用不同学科特长方面确实较"梭戛"和"地扪"更具备学科优势。除了之前说到的人类学者与博物馆学者的研究方法有别，在对民族村寨试点的指导上，前者更能发挥出学科优势外，更为重要的是，"生态村"项目组成员自身在后期还进行了跟踪调研，撰写了"生态村"理论与方法的系列丛书，较全面地结合实践对其理论进行了反思和修正。当然，如果学者仅将生态博物馆这项事业作为课题项目来操作的话，该建设的"可持续性"就难以保障，这里不仅指"学者指导"的终止，更意味着建设试点有可能因为缺乏必要的引导而错失建设取得的良好发展势头，甚至有可能误入歧途。正如"仙人洞"目前面临诸多困境，引起了村民内部担忧，他们仍急切地期待有关学术团体能给予指导和援助。

其次，在村民层面上。与"梭戛"和"地扪"相比，"仙人洞"无疑将村民的作用发挥到了最大限度，因为村民积极的配合和主动的参与是生态村建设项目顺利结项的重要保证。不论是文化的传承或是经济的发展，村民才是原动力，一旦他们寻求到了可行的社区发展机制并且获得了切实利益，即使在项目组的学者专家们撤离之后，当地村民也能从之前的"主动参与"阶段较顺利地过渡到"自我主导"阶段，从而保证了试点村寨依靠社区自身的力量向前发展，这也正是生态博物馆追求的目标。就这一层面来说，"梭嘎"的政府、"地扪"的任总似乎都有越俎代庖之嫌，不仅导致了村民逐渐失去了最初的建设热情，不同程度地表现出对生态博物馆建设的冷淡、冷漠甚至是敌视的态度，而且也致使生态博物馆的发展最终因村民主体性的缺失处于了停滞状态或只是维持现状。

当然，"仙人洞"在后续发展中的诸多问题也暴露出现阶段"村民主导"的最大缺陷，即无序性、散漫性。例如，房屋乱盖乱建、垃圾随意堆放，这都说明村民的素质与意识还有待加强和提高。

对于村民的这种行为，或许可以用美国社会心理学家亚伯拉罕·马斯洛（Abraham Harold Maslow）的"需求层次理论"（Maslow's hierarchy of needs）加以解释。马斯洛于1943年在其论文《人类激励理论》中提出，人的需求可分为五类，如阶梯一样逐级递升。这些需求从低到高依次为："生理"（physiological）、"安全"（safety）、"爱与归属"（love/belonging）或者称作"社会需要"、"尊重"（esteem）和"自我实现"（self-actualization）。"一般来说，只有在较低层次的需求得到满足之后，才会有足够的活力来驱动其追求较高层次的需求"①。以"仙人洞"民居为例，当村民处于极度贫困的生活状况时，他们满足于祖辈流传下的极为简陋的土基房作为栖息之所。随着"生态村"的挂牌，村民开始有了前期资金，于是他们上升到"安全需求"的层面，此阶段的表现为，村民为尽快偿还银行贷款而纷纷建

①　参见叶奕乾主编：《普通心理学》，上海：华东师范大学出版社，2001年，第448—450页。

起了以客房为主的现代楼房，这反映了他们对个人财产、家庭安全、未来生计及个人诚信等方面的考虑。在"农家乐"经营取得一定的经济效益之后，一小部分先富起来的村民上升至"归属需求"甚至是"尊重需求"的层面，村民意识到普通楼房已经不足以吸引游客，为博得游客的认可，他们设法将自己的民族文化元素加入到现代的水泥砖房之中，个别有经济实力的农户甚至新建了全木质的仿古建筑，在彰显自己文化特色的同时，树立高规格、高价位的品牌效应，以吸引更多的游客。由此可见，"仙人洞"民居以满足村民不同层次的需求而不断演变，他们的收入越高时，所能达到的层次也相对越高。但因为目前村民仍然处于物质性价值需要的层面，追求经济利益最大化是他们的主要目标，而对精神性价值的需求意识还处于较为朦胧的起步阶段，因此造成目前建设的无序性。相比之下，学者从项目起初就站在"尊重需求"甚至是"自我实现"的层面上对民居进行了理想的设计和规划，显然超出了当时村民的"安全需求"层面，故而并未能被他们所采用。当然，也正是因为村民的文化保护等意识从"无"到"有"，从"自发"上升到"自觉"必然要经历一个较长的发展过程，因此在项目结束后的现阶段，为保证仙人洞村后续的良性发展，专家学者对村民进行适度引导就显得尤为重要。所以当前西南民族地区建设生态博物馆，应在强调"村民主导"这一原则时，加上一个限定词，即"学者指导下的村民主导"，是比较符合当前我国国情的。

最后，在政府层面上。"仙人洞"是一个较为特殊的个案，无论是村民对旅游资源的利用与开发，还是项目的正式实施都与政府没有直接的联系。但有一点是必须承认的，即在项目组资金窘迫的情况下，如果没有政府对普者黑景区的整体开发和大力倡导乡村旅游的政策导向的话，仙人洞村村民即使再积极参与"生态村"的建设，也无法真正迈开社区经济发展实质性的一步，正所谓"巧妇难为无米之炊"，没有银行的"贷款"，村民也就无法顺利修建起农家旅馆，旅游接待也就发展不起来，那么村民仍将为解决他们的温饱问题而辛劳耕作，自然也无心从事歌舞排练、刺绣等文化传承活动了。可见，当地政府在旅游发展上的系列举措是推动"仙人洞"经济快速发展必不可少的因素。再者，学者的号召力、宣介力也远远不及政府的力度，"仙人洞"知名度的提升及客源的保证，均与政府对整个普者黑景区的宣传和推广有着直接关系。因此，即使当地政府未直接对"仙人洞"投入财力、物力和人力，但其发挥的作用是不可忽视的。

第五节　建设成果

从生态博物馆的业务范围或发展目标来看，无论"梭戛"、"地扪"还是"仙人洞"都将"文化保护"和"社区发展"作为两项核心的建设内容，而达成二者的互利共赢局面则是建设的最终目标。以下对三者取得的主要建设成果进行比较分析：

一、文化保护

	梭戛	地扪	仙人洞
主要建设成果	一、建成"资料信息中心"，主要功能包括："箐苗记忆数据库"、民间文物展示、专家公寓； 二、文化交流：组织村民对外交流、打造传统节庆旅游品牌； 三、成功申报各类文化保护项目； 四、培养村民文化骨干。	一、建成"资料信息中心"，主要功能包括："侗寨社区文化数据库"、"文化长廊"、专家工作站； 二、文化交流（学术交流为主）：与国内外科研机构、大学合作，召开国际国内研讨会，扩大行业内的影响力； 三、争取到政府文化项目资助； 四、培养侗族文化传承人。	一、文化复兴：恢复彝文、宗教祭祀活动、组织青中老年表演队、协助传承、发展、创新传统节日； 二、召开国际国内学术研讨会； 三、培养村民生态保护意识、增强民族文化自豪感。

从上表对文化保护活动的归纳，不难看出三者在文化保护与交流、村民培训等方面均取得了初步的建设成果，然而，它们也存在差异，主要表

现在以下几个方面:

(一) 内容各有偏重

"资料信息中心"同是"梭戛"和"地扪"的建设重点,其功能也基本一致,包括对文化进行"记忆"储存、研究、展示以及对来访者的接待功能,具体来说:在储存方面,二者均通过文化遗产调查与整理、社区文化的日常记录等方式,不断充实它们共同注重的民族文化数据库。在研究层面,两者也专门设置有"专家工作室",并提供基本的技术工具(电脑、网络)和后勤保障。在展示方面,社区文化展板是二者共同采用的对外宣传方式,但"梭戛"更加重视民间文物的实物展示,并按照文物类别建有专门的展示厅,这直接体现了博物馆学科的特色,来访者结合实物与展板文字介绍,可以较更直观地了解到当地文化。值得一提的是,"梭戛"还在村寨内专门选出了10座保存完好的传统民居作为建筑文化"就地保护"的样板,且对民居的主要部分进行了文字说明。而"地扪"只是陈列少数生产工具(传统织布机、传统榨油装置),它更加重视当地侗族传统手工技艺(刺绣、打花带、织布、榨油、炒茶、制作枸皮纸)的现场演示,并让来访者参与其中、亲身体验。在接待层面,二者都配置了专门的食宿后勤人员,为保障该项工作的稳定性,均倾向于选择雇用中年夫妇。不可否认,这座实体建筑在一定程度上为"梭戛"和"地扪"生态博物馆提供了物质保障,便于实际工作的展开。

其实,"资料信息中心"一直都被众多研究者视为批判的靶子。他们认为,作为一种新型的博物馆形式,生态博物馆应该从本质上超越传统博物馆,因此这座实体建筑也应该从根本上被革除。只有这样,才能真正体现出"生态博物馆即整个社区"这一生态博物馆的关键理念。诚然,"资料信息中心"的存在确实容易误导外界对生态博物馆的全面认识和正确理解,但是通过与"仙人洞"的比较,我们不难发现"资料信息中心"确有其存在的必要和价值。

　　"仙人洞"虽然也曾规划过"彝族文化传习馆"的建设,但因资金不能到位而最终被迫放弃。因此,它在建设成果的实物表现上相较"梭戛"和"地扪"而言,就显得有所欠缺,尤其在项目组撤离之后,除村寨门外"生态村"的匾牌外,来访者很难在村寨的其他地方找寻到与"生态村"建设有关的痕迹。然而,这还不是问题的关键,更为重要的是,村寨在旅游开发后快速得到发展,尤其是随着生计方式的彻底改变,让众多与传统生计方式相生相依的传统文化事项(尤其表现在物质文化层面)正在濒临消亡。以渔具为例,仙人洞村依山傍水,祖祖辈辈都靠捕鱼、捞鱼贴补家用。村民根据不同季节、不同气候,不同水域,针对不同的鱼虾种类,在它们不同的生长阶段,所采用的渔具也是各不相同的。据黄村长介绍,他们祖祖辈辈流传下来的捕鱼、捞鱼的生产、生活用具就多达40多种。然而,随着"农家乐"的逐年火爆,村民基本都投向了旅游经营行业,连以往赖以生存的农田也已经全部承包给了周边村寨,而昔日作为副业的捕鱼这一传统生计方式自然也就渐行渐远了。加之当地村民的生活水平日益提高,交通出行也更为便利,工业化大规模生产出来的生产工具和生活用品对他们来说更为便捷,既节约了时间,又节省了手工人力。如此,村民家中留存下来的传统渔业相关生产工具也就越来越少了,这些久已不用的"旧物件"有时甚至被主人视为"废物"或者是"垃圾"被扔弃。与此同时,制作这些传统生产用具、生活用品的相关手工技艺、制作工具、制作原料等其他一系列的传统文化事项也被现代社会所遗弃,甚至制作者本人也会因为生活所迫,丢掉这份活计,而找寻其他的谋生方式。随着这些渔具制作者的离世,相关的手工技艺也将消失。如此看来,传统生计方式的改变影响到的不仅仅是某一个的传统文化事项,而是牵连着一系列的文化变迁。然而,这就是事物发展的客观规律。正如人类学功能主义学派代表人物布罗尼斯劳·马林诺夫斯基(Bronislaw Malinnowski)的观点,他认为"文化是包括一套工具及一套风俗——人体的或心灵的习惯,它们都是直接的或间接的满足人类的需要。一切文化要素，一定都是在活动着发生作用，而且是有效的"①。例如，"相同形式的木杖，可以在同一文化中，用来撑船，用来助行，用来做简单的武器。但是在各项不同用处中，它都进入了不同的文化布局。这就是说，它所有不同的用处，都包含着不同的思想，都得到不同的文化价值。② 换言之，即一切文化都因其在人类社会生活中发挥着自己的功效才得以产生、留存和发展，一旦它失去了原有的功用，就意味着它丧失了存在的价值，自然也将被历史淘汰。当然，如果它能随着社会的发展，并在新的环境下发挥作用，就仍会继续得以保存。所以，在文化保护工作中，对传统文化的外在形式进行保存并不是关键，更为重要的是让传统文化内在运行的机制——人类的（生理和心理）需求得以持续，或者说，为传统文化在新的社会环境中寻找到新的需求点，发挥新的社会功用。

由上可知，在现阶段，"资料信息中心"这一实体建筑物的存在不仅有其必要性，而且更有其迫切性。因为，无论哪一类生态博物馆，外来力量主导的或村民自我主导的，它们都面临同一个问题，即某些传统文化终究会因为在现代社会生活中失去其功用，而最终被历史淘汰、走向消亡的这一客观事实。这样看来，事先将这些濒临消亡的物质文化视为文物及时地收集并适当保存就显得很有必要了。一则，对于村民自身，这是他们祖辈的智慧，是他们生活的记忆，理应得到珍藏和缅怀，体现了村民的情感需要；二则，对于来访者，这不失为一种帮助他们更加形象、具体、全面、深入地了解当地风土人情的有效方式，并促进他们怀着对当地先辈文化的尊重，进而懂得尊重当前居住在此地的这些先辈的后人，这里体现的是教育功能；三则，对于研究者，他们将通过这些丰富的历史素材展开在艺术、宗教、民俗、历史等各个领域的研究课题，这无疑体现的是学术价值。

---

① ［美］马林诺夫斯基著，费孝通译：《文化论》，北京：中国民间文艺出版社，1987 年，第 14 页。

② ［美］马林诺夫斯基著，费孝通译：《文化论》，北京：中国民间文艺出版社，1987 年，第 15—16 页。

当然，尽管"仙人洞"最终没有建成"传习馆"，从历史发展的角度来看，缺少了文化的"静态"展示；但由于它将建设重点放在了对村民的能力和意识的培养上，从而为文化的传承、发展和创新注入了原动力，因此，文化的"动态"特性在"仙人洞"这里得到了最鲜活、最生动的表现。

综上所述，从三者建设成果的比较来看，生态博物馆的核心思想——"文化就地整体性保护"中的"整体"二字，不仅指"地域范围"这一层面的意义，即"整个社区即是生态博物馆"，这还只是最为表层的含义；"整体"二字的更深层次含义应该是指"发展"这一层面的意义，即"过去、现在、未来"这一具有时间和空间维度的不断繁衍更新着的文化综合体。

当然，此处并非是说所有传统文化经过发展后仍都属于传统文化范畴，这其中不排除所谓"变了味"的文化。例如，现在旅游市场上充斥着大同小异的廉价旅游纪念品，这些经工业化大批量生产出来的商品既没有融入文化拥有者的感情，又没有经过当地人复杂的手工制作工艺，所以尽管可能具备（工业）技术含量，但确不具备"文化含量"，故不属于传统文化范畴。试想一件经过几个月甚至一年时间才能制作完成的手工刺绣能与一件相同的机器制品的价值同等吗？很明显，前者属于文化，而后者只能是商品。前者在某种情况下（如面对游客）可以变成商品，又因内在的文化属性从而提升其作为商品的价值；而后者无论在任何时候也不能转变成为前者，它可以在某种程度上体现出前者的某些文化特征，但无论如何，原始文化属性是不容复制的。正是这种文化属性独一无二的价值所在，才驱使了众多投机者不惜余力地精心仿制出足以鱼目混珠的各类文化赝品。

那么，到底什么样的文化在经过发展变化后仍属于传统文化的范畴呢？此处又涉及生态博物馆建设中另外一个颇受争议的问题，即一些研究者将发展中的文化视为"变异"或"扭曲"了的文化，尤其用来形容旅游进入到民族社区之后对当地文化产生的负面影响。

对这一问题的回答，首先来看两个例子。以梭戛的"刺绣"为例，当地妇女不再亲自种麻纺线，直接从市场买了五彩棉线，又因为女童开始接受正规学校教育，另外在受到来自电视、游客等众多外界的影响，其审美观也必然发生了变化，这种改变直接体现在刺绣的花色、式样较以往更为丰富多彩，品种也更为齐全，最普遍的样式如手机刺绣袋。仍以梭戛的服饰文化为例，"牛角头饰"无疑是他们最具代表性的民族文化，以往的"牛角头饰"都是将好几辈人的头发攒起来，和着麻搓成长条状，最后借助箍在头上的大长木梳将这些和着头发的麻线按照"八"字的形状盘在头上，这才形成了"牛角头饰"。这种传统的盘发方式既费时又费力，通常需要一至两名妇女花上 1 个多小时才能配合完成。而如今的"牛头角饰"发展成为用黑色毛线制作的"牛角发套"，穿戴起来极为方便。梭戛一位陪伴女儿演出的中年妇女解释说："如果用以前的麻绳和头发就太重了，我们大人要戴上走路都不方便，现在我们都是买这个毛线来绕在上边，比原先那个轻很多。再说，以前的老人因为长期绑木梳，两边的头发都没有了，头皮就露在外面，很难看的，所以我家里就没让我戴这个。我也不让我的两个女儿绑，因为她们都在外面读书，没有头发的话，同学都会笑她，反正现在年轻女孩一般都不戴那个了。"由此可知，"牛角头饰"已经不再符合当地女性的审美标准，随着村民视野的开阔，她们更在乎拥有健康的头发。

以上两个文化变迁的事例表明，文化注定是随着社会发展而发展，变是绝对的，不变是相对的。尤其作为生态博物馆的建设者应该正视这一客观事实，首先应该要对这些正常的变化予以尊重，其次在文化保护中注意分清层次。例如村寨在发展旅游时，可适当开发平价的民族文化工艺品作为旅游商品出卖，另外也应以市场化带动、鼓励村民保证文化精品的传承和延续。

总之，不论哪种类型的生态博物馆，在文化保护内容上都应兼顾文化的原状保护与动态发展这两个方面。

图 5 - 1 新式的头发

图 5 - 2 老年妇女稀疏的头发

（二） 实施主体不同

"梭戛"、"地扪"和"仙人洞"三者不同的管理模式反映了文化保护工作的实施主体不同。"梭戛"是以政府和学者作为建设主导和主体，他们不仅决定了当地社区文化的保护内容、保护方式，而且在很多时候都代替了当地村民直接对他们的传统文化进行保护，而村民则在很大程度上被动接受着外界对他们文化的保护。大的方面，如"箐苗记忆"项目的实施；小的方面，如村民歌舞表演队的组建，均是由政府或学者直接指导和操作，甚至就连村民歌舞表演的动作排练都是由特区民族宗教局和文化馆的工作人员来指导。可见，这些文化持有者本人的意愿和能动性受到很大程度的忽略，体现出政府和学者在文化保护中的主体越位这一问题。作为民间机构主导的"地扪"，因人力薄弱，其文化保护的范围也非常有限。也正是因为如此，博物馆方面积极发挥其社会影响力，从而争取来自政府、村委、小学、科研机构及大学等不同的力量参与到文化保护活动中。虽然在文化保护工作的力度和广度上都不及"梭戛"，但是在获得社会力量的支持以及村民参与程度上都超出了"梭戛"。相比较之下，"仙人洞"建设项目组在文化保护上则充当了引导者的角色，不断地发动村民力量、激励村民创新精神，开展了一系列文化恢复、传承和创新活动，在项目组的适当引导下，当地社区村民逐渐成为项目的实施主体。

（三）保护方法不同

实施主体的不同也直接导致了各类生态博物馆在文化保护上的工作方法不同。"梭戛"是以政府直接扶持和行政命令为主要方式，例如，在生态环境保护上，农户被林业局勒令或劝告退耕还林，政府按相应标准补偿粮食。而在相同的问题上，"仙人洞"则以理念灌输和利益引导为主要方法。例如，项目组一方面在村民原有的朴素生态环保意识基础上进一步加强这种观念，另一方面也以"搞好环境卫生，发展旅游经济"为直接的利益驱动，二者共同促进村民大力改造旧村旧貌。"地扪"与"仙人洞"有较为相似之处，即都以村民利益为直接驱动力，只要参与到博物馆方面组织的任何文化保护活动，参与村民均可获得不同形式的回报。例如，在地扪，参加"百首侗歌传承"活动的侗寨女青年不仅可以获得在博物馆工作和培训的机会，每月还能拿到固定工资；而小学生则可以获得奖学金和各类文具用品；甚至当地老人通过参与捡垃圾的公益活动也可获得小数额的报酬和一顿饭的犒劳。然而，这些活动并不是"地扪"的主导形式。各类"村民合作社"才是博物馆方面真正寄予厚望的文化保护方式。原因有两点。其一，侗族文化很大程度上源于侗族传统的生计方式，二者相生相依，如果传统的农耕生计方式濒临消亡，那么附着之上的侗族文化也将面临消亡。其二，当地外出务工人员日益增多，而这些中、青年人无疑是主要的文化传承者，如果传承人一旦出现断层，文化的传承也将随之中断；与此同时，留守的老人虽大都掌握丰富的传统文化，但因青年人的外出务工而使得家庭劳动力紧缺，故而老人们除了要照顾幼童外，终日只能奔波田间地头，没有时间更没有精力进行文化传承活动。种种因素都造成了如今的侗族传统聚会场所（鼓楼、花桥、戏台等）呈现出冷冷清清的萧条局面，只是在逢年过节之时才偶有热闹的场面，其喜庆的程度也早已不及以往。因此，"地扪"将延续传统的农耕生计方式，提供更多的就业机会，以留住外出务工的村民，就成了他们在文化保护方面的指导方针，建立各类"村民合作社"成为实现这一方针的具体运作形式。例如，通过"旅游合作社"和"种养合作社"，将当地丰富的自然资源市场化。再如，通过"传统手工艺合作社"，将传统文化资源与现代社会需求相对接，发挥出新的功能，这一做法无疑与马林诺夫斯基的"功能主义"理论相一致。

（四）取得的效果不同

因为实施主体、操作方法的差异，也直接影响到文化保护工作的效果。梭戛生态博物馆运行中，政府和学者的"一厢情愿"必定导致文化整体性保护效果不佳。一则，长期处于被保护的村民已经习惯被政府包办、学者代办的模式；二则，旅游并未在当地发展起来，所以也未能带给村民预期的经济效应，从而大大挫败了他们的文化保护热情。"地扪"的效果也不显著。其一，因经过了一个较长时期的发展思路转变，由最初的"乡村生态旅游"转向"村民合作社"的发展模式，加之合作社仍处于初期探索过程，所以尚未能体现出这一发展思路的最终实施效果。其二，"地扪"村民与"梭戛"村民同样经历了对旅游的期盼到失望的心理变化过程，因此对博物馆方面的文化保护工作基本都不是很理解，甚至产生敌对情绪。这无疑为

"地扪"今后的发展埋下了隐患。相比之下，"仙人洞"的效果最为显著，关键还是在于项目组在建设中尊重并满足了村民的感情意愿、利益需求；并进一步培养了村民的主体性意识和能力等内在的发展驱动力。

二、社区发展

	梭戛	地扪	仙人洞
社区主要变化	基本脱贫 一、生计方式：传统农业种植为主，"旅游业"、"现代科技经济作物种植"为辅，外出务工已成大趋势； 二、住房条件：政府为40户无房户建设水泥房新居，对老村旧房提供改造基金，乱盖乱建现象普遍，原有建筑风貌遭到严重破坏； 三、基础设施："电、水、路"三通，公路修建后交通便利，拥有现代教学大楼和教育设施，生态环境得到适当维护。	维持现状 一、生计方式：传统农业种植为主，新增"旅游合作社"、"种养合作社"的村民合作项目，但覆盖面有限，外出务工已成大趋势； 二、住房条件：传统侗寨民居风格较为一致，政府发放旧房改造补助的前提是必须维持房屋木质外观； 三、基础设施：道路硬化、路灯搭建、公厕修建，配置旅游景点指示牌；加强（核心村寨地扪村）农户的家庭消防设施，侗寨公共建筑得以修缮。	奔向小康 一、生计方式：旅游业尤其是"农家乐"为生计支柱，农耕渔业结合的传统生计方式基本丧失；外出务工者基本回乡； 二、住房条件：传统民居与现代洋楼风格迥异、参差不齐，原有建筑风貌遭到严重破坏，近年有回归传统民居的趋势； 三、基础设施：新辟村中广场、歌舞表演坪、祭祀场以及寨心石，硬化并扩宽村中主干，人工建造村中池塘。

　　三者通过生态博物馆的建设，无论是在社区基础设施、村民人居环境还是当地经济发展方面均取得到了不同程度的改善。其中，尤以"梭戛"的基础设施改善最为突出，而"仙人洞"在经济上获得快速发展，"地扪"除了在被政府指定为旅游点后，配置完善了部分旅游及消防设施之外，其整体发展并不尽如人意，较前二者要逊色不少。造成三者社区发展呈现不同程度的原因是由于各自实施主体、操作方法的不同，这与其文化保护方面是较为一致的，即"梭戛"是政府的"输血式"发展模式、"仙人洞"是以学者指导下的村民主动参与的"造血式"发展模式、而"地扪"则是在民间机构的引导之下，依靠包括政府、部分村民及各方社会力量的"投资式"建设模式。

　　虽然三者在社区发展过程中逐步形成了各自不同的发展思路，然而它们都不约而同地选择了"乡村旅游"作为促进当地经济发展的途径。其实，综观其他生态博物馆的建设，不难发现，虽然各地对旅游的开发力度、重视程度和实际取得效果有所差别，但旅游确已成为生态博物馆建设过程中一个不可回避的现实问题。其中，尤以旅游与当地文化的互动关系最受研究者关注。他们中的一些人认为，旅游给民族村寨造成的负面影响远远要大于正面效应，这些负面影响主要表现在两个方面：第一，在经济利益的驱动下，民风不再淳朴，村民的强行兜售、漫天要价、以次充好、凡事以金钱为衡量标准的不当行为在生态博物馆的试点村寨中较为普遍；第二，因缺乏正确的引导，民族村寨的传统文化在市场化过程中逐渐迷失了正确的发展方向，正逐渐走向被"扭曲"、被"异化"的歧途。由此，旅游已经成为生态博物馆建设中的另一个备受争议的热点问题。

　　其实，"梭戛"、"地扪"、"仙人洞"三者在初创阶段都曾一致获得当地村民的热烈欢迎、大力支持和主动配合，这主要因为村民寄希望于通过生态博物馆的建设将当地旅游开发起来，从而获得直接的经济利益，改善自身的贫困生活状况。主导建设者也曾希望通过旅游迅速发展社区经济，从而达到文化保护与经济发展的双赢局面，这正是他们建设生态博物馆的宗旨。结合当时的社会背景，对那时村民和建设主导者的这一发展思路应该给予充分的理解和尊重。因为，20世纪90年代末，正值大众旅游开发热潮，尤其"民俗村"、"农家乐"以其低廉的价格、清新悠闲的田园风光吸引了众多游客的青睐，不仅村民可以从中获得利益，无数商家企业也通过经营管理权的买断，从中捞取了数额可观的经济效益，发展旅游甚至对于当地政府的财政税收、地方的对外宣传及知名度的提升都具有很大的作用。正是这种看似共赢的热闹局面才促使各地政府均致力于本地区的文化旅游开发战略，也正是在这样的社会历史背景下，同时期开展建设的生态博物馆才不可避免地也将乡村旅游作为最为快捷、最为理想的社区发展途径，这在当时的确是顺应时代、符合民意的一种选择。然而，经过多年的建设，三者在旅游发展道路上走出了各自不同的模式，也面临着随之而来的不同矛盾和问题。

首先，"梭戛"的旅游业从建设初期到现在始终未能真正发展起来。这表现在旅游不仅没有为当地村民带来持续、稳定的经济来源，反而因为缺少对旅游业的适度引导，造成当地旅游秩序的一度混乱。① 在历经了十余年的发展，旅游终究未能成为"梭戛"社区发展的有效途径已经成为不争的事实，究其原因大概有以下五个方面：

第一，发展旅游的整体设施配置严重缺失。在外部设施方面，尽管政府花费巨资修建并完善了当地的基础设施，但相较于建设前，当地也只是刚好达到了脱贫的基准线，且基础设施也仅限于修公路、通水电、建学校等方面，而与旅游相关的公共设施则非常有限，仅仅是在村口处立有景区简介的指示牌，以及对面的一间早已废弃的旅游工艺品专卖店。在内部设施方面，村民的生活刚刚脱贫，尚未有资金和能力进行旅游的食宿接待；而"资料信息中心"接待条件也差强人意。因此，整体旅游设施的严重缺失直接限制了来访者在当地的停留时间。如前述"资料信息中心"对"梭戛"来访者的情况记录表明，除了媒体因录制节目的工作原因停留当地时间较长外，其他来访者（无论是外宾、学者或是旅游团等）来此停留的时间都非常有限，较为普遍的情况是停留1—2小时后，即刻离开。而需要过夜的媒体工作者也多是不辞辛劳地返回镇上或县里的招待所。众所周知，旅游的收入很大部分来自食宿的接待，在某种程度上，游客停留时间的长短决定了他在旅游点的消费。如此看来，梭戛的旅游注定不能为当地村民带来太多的直接经济利益。

第二，当地旅游资源有限、开发不利。民族村寨旅游的特色和优势不

① 参见潘年英：《变形的文本——梭戛生态博物馆的人类学观察》，《湖南科技大学学报》（社会科学版）2006年第2期，第105页。

外乎两点，一是田园风景如画；二是民风民俗独有特色。在田园风景上，虽然当地整体的生态环境保护较好，但因地处高寒山区，气候较为恶劣，加之长期缺水少电，人畜同居，因此无论是村寨内的公共环境，或是个人的居住环境都极为恶劣。在民风民俗上，固然有长角头饰和三眼萧作为当地的独特文化，然而前者也只在重大的节日上偶尔才会装扮上；对于后者，据小熊解释说，除了祖辈父辈，现在已经少有年轻人会吹奏了。另外，纵然当地仍保存较为原始的丧葬婚嫁习俗，但因苗族人民的性格较为内敛，外来游客很难被接纳参与这些传统习俗活动。如此看来，民族村寨旅游的两大优势缺失以及诸如民族歌舞等外向表现型的文化资源之匮乏，都使得"梭戛"的民族文化缺少外在活力，整体显得较为内敛和沉闷。从外来旅游团的参观内容来看，游客也仅仅是在"资料信息中心"外的坪地观看 1 个小时的民族服饰歌舞表演。表演者也仅仅是来自村里小学校的女学生，她们头戴长角头饰、身着传统服饰，简单的集体舞是由博物馆方面指导排练。如此可见，当地旅游的特色已然被限定在"牛角头饰"这一个小点上，虽满足了游客的好奇心，然而日复一日的机械表演，使得村民乃至小学生也逐渐失去了最初的表演热情和创造力。

第三，偏僻的地理位置造成游客来访不便。一般而言，外省游客在抵达贵阳后需搭乘开往六枝方向的火车，在六枝火车站再搭乘中巴前往梭戛乡，然后在乡上乘坐村民的摩托车抵达"博物馆"所在地陇嘎寨。笔者亲身体验了"博物馆"的交通不便，即使是中午 12 点就从六枝县城出发，且搭乘的是"博物馆"工作人员的直达专车，避免了中途的换乘，但也因道路崎岖蜿蜒，路况极为复杂，因此直到临近傍晚时分才最终抵达目的地。

第四，政府长期包办导致当地居民缺少自主进取精神。除了前文提到的苗族人民较为内向的民族性格之外，当地村民在政府长期的包办模式之下，养成了"等、靠、要"的观念。据徐馆长介绍，梭戛新村建成之后，政府向每户村民免费发放了被褥、饭锅等日常生活用品，为了鼓励村民养成刷牙的良好卫生习惯甚至还免费发放了牙刷和牙膏。政府的这些"扶贫善举"无意间使得这个原本就长期处于封闭状态的山地民族难以在面对外界的冲击之下寻找到一条适合自己民族发展的有效之路,从而逐渐丧失社会竞争力和创业进取意识。

第五,政府缺少长远和整体规划。政府的扶贫项目虽解决了社区无房户的困境,却因是水泥砖房,完全异于老村原有的建筑风貌;在发放老村旧房改造补助时,也未曾加以任何条件和限制,村民自行乱修乱建,原有老村的整体建筑风貌也完全遭致破坏。

以上来自内部和外部的诸多因素都限制了"梭戛"旅游业的发展。因此,尽管贵州旅游局将其作为中部旅游线的一大亮点大力宣传和推荐,并且将之列入旅行社的指定旅游点之一,但是普通游客仍很少单独来此地,平日里的来访者仍多以学者、媒体、政府参观考察为主。即使旅行社以"中国第一座生态博物馆"和"牛角头饰"作为宣介点将团队带至此地,但旅行团的活动范围也仅仅是在博物馆欣赏一场传统服饰的走秀而已,这样的安排在很多程度上只是满足了游客的"猎奇"心理。也许正是面对游客稀少的这种萧条局面,村民为了一时的经济利益才出现了曾经对游客的强行兜售、围追堵截、照相要钱等等的不正当行为。而如今,面对旅游业萧条的这一既定事实,更多村民也不再对游客抱有热情和希望,很少有村民会主动招呼游客,他们大多表情淡漠,这与他们昔日对游客的态度又呈现出截然相反的局面。

其次,"地扪"的旅游发展状况与"梭戛"较为一致。然则,二者的原因略有差异。地扪作为黎平县重点打造的中心景区之一,却始终未能促进当地乡村旅游的发展是有其人为因素和客观因素的。

在客观因素上。其一,地扪的旅游资源以当地侗寨风情为特色,然而此项优势远不及同在黎平县境内的肇兴侗寨。作为全国范围内最大的侗乡,肇兴的开发时间早于地扪、开发规模大于地扪,尤其目前形成的"政府 +

公司＋村民"三位一体的综合开发模式，既有外界专业公司进行旅游管理，又有村民的积极参与和政府的大力支持，在综合了各方力量的优势之下，肇兴从公共旅游设施到村民食宿接待等一系列旅游资源配置上都明显优越于地扪。因此，从大众旅游的角度，肇兴无疑成为众多游客的首选。其二，地扪地处偏僻，交通相对不便，路况较差，尤其从县城开往地扪的车次也较少，距离也较远，自然限制了大众旅游的发展。当然，也正是因为相对闭塞，地扪才吸引了民间机构在此建立生态博物馆。其三，因传统生计方式不能发家致富，地扪村民纷纷外出打工，留守的老人和儿童则更没有精力和能力从事旅游开发。

当然，以上的客观因素并不是独立存在的，而是与人为因素相互影响，二者共同导致了地扪旅游的发展现状。地扪作为众多侗寨之一，起初并未得到政府的关注，因为民间机构选择此地作为博物馆的建设试点，才吸引了当地政府的投入，并寄希望通过博物馆的建设将乡村旅游带动起来。在对社区的公共旅游设施改善上，政府相关部门制作了社区旅游路线图和方位指示牌，并进一步对村寨环境进行了路面硬化、路灯搭建和公厕修建等措施。然而，博物馆主导者毕竟为民间机构，财力物力都非常有限，无力带领村民将旅游食宿接待的内部设施完善起来；加之博物馆后来的观念发生转变，将旅游定位为高消费、高规格、高品位的消费水平上，因此，这一高端旅游的定位无疑进一步将当地村民与乡村旅游的距离拉远，即便在建立了"村民旅游合作社"之后，也因为各种矛盾致使旅游加盟户也失去了原有的动力和热情。如此下来，村民从旅游获得的收益极其有限，这与村民最初对大众旅游的期盼形成极大反差，因此也最终导致了村民对"博物馆"方面产生了诸多看法和意见，甚至引发了直接冲突。

最后，"仙人洞"的旅游发展相较前两者而言，无疑取得了骄人的成绩。不仅为村民持续、稳定地带来了数额可观的经济效益，而且在某种程度上与当地文化保护形成了良好的互动机制，直接促进了当地部分民族文化的恢复、发展和创新。旅游获得成功的原因与"生态村"建设取得成功的原因是一致的，即仙人洞占据了发展乡村旅游的优越先决条件，如村寨的地理位置、自身条件、干部能力、民族性格等，加上学者的指导和政府的支持，正所谓"天时地利人和"共同促成了仙人洞村乡村旅游的长足发展。

综上所述，在对三者的旅游发展与现状进行梳理分析后，可以得出以下三个结论：

首先，三者发展的旅游虽在本质上都属于乡村旅游，却体现出不同的发展模式。其中，"仙人洞"走的是"（农家乐）大众型旅游"发展模式，而"梭戛"和"地扪"走的是"（学术、观光）考察型旅游"发展模式。在此类型之下，从消费层次而言，"梭戛"又显出"大众型"消费水平，而"地扪"则突出其"高端型"的消费特点。游客的不同诉求自然导致了旅游发展面临的不同问题，因此，在分析生态博物馆建设中的旅游问题时不能一概而论。

其次，生态博物馆建设试点村寨虽然看似都拥有发展旅游的优厚自然、文化资源，但在促进旅游发展的先天因素（地理位置、气候条件、民族性格、民族文化特色）和后天条件（旅游整体设施的配置）都各有差异，所以并不是所有的民族村寨都适合发展旅游。对于那些本身并不具备发展旅游的村寨，因生态博物馆带来的社会名气而不得不面对旅游这一问题时，考虑重点应放在规范来访者在社区的行为规范、正确引导村民对旅游的认识和态度，同时也应积极地帮助村民找到一条旅游之外的更适合当地经济发展的途径（例如生态种养殖业、手工业等），从而避免由旅游带来的种种负面效应。

最后，旅游与文化之间的关系应一分为二地看，具体情况应具体分析。当然，我们不能否认市场经济将导致民族文化的"庸俗化"，这似乎也成为民族村寨旅游开发后出现的一种普遍现象。然而，一味轻视、否定旅游的作用、夸大其对文化的负面危害显然也是不客观的。第一，旅游与文化存在着和谐共赢的发展空间。以"仙人洞"为例，学者在旅游开发之初即注意对村民尤其是村民带头人不断地进行生态环境保护理念的教育和灌输，在此理念的引导下又辅以经济利益的刺激，让村民切实感受到文化资源的价值所在，进而主动传承、开发、创新传统民族文化，从而最终形成了旅游和文化的良性互动机制，达到了发展和保护的双赢局面。第二，在整个社会发展的大背景下，旅游并不是造成文化消亡的最根本原因。以"地扪"为例，当地部分村民除了参与博物馆主导的个别旅游活动之外，从来就没有真正从事过旅游业的经营，既没有食宿接待，也没有传统手工艺品的出售，根本谈不上文化受旅游的利益刺激而发生"异化"。然而，侗寨文化同样在发生着变化，便捷便宜的汉服早已成为村民的日常着装，当地传统的构树皮纸也被市场价格低廉的纸张所代替，婴儿"尿不湿"和各种零食小吃的塑料包装成为村寨最主要的垃圾。如此可见，全球化、市场化这样的社会大环境才是导致民族文化濒临消亡的最根本原因。正如梭嘎村民小熊所言：

> 以前我小时候，没有电视机，就到山里找别人学唱歌或者吹三眼萧、芦笙，现在年轻人吃完饭就看电视了或者放碟片看，会吹三眼萧、芦笙的人都很少了。博物馆进来后，生活在改变，我说其实这个（改变）也是社会造成的，生态博物馆建在这里就像是个"催化剂"，它提前把我们这里的文化弄消失了，如果生态博物馆不建在这里，我估计还能保持4—5年。

换言之，外界力量的介入加速了村寨的现代化进程，这一事物发展的客观规律似乎从来都不以个人的意愿为转移，也再次证明了"变是绝对的，不变是相对的"唯物主义思想。相比之下，仙人洞村在主动迎接现代化、市场化的人方向下，利用旅游和文化互动关系，从而保存、发展了相对不变的撒尼人民族文化特色的态度和做法显然是有借鉴意义的。

总而言之，旅游不是生态博物馆必须选择的唯一发展途径，即便不得不面对旅游这一问题时，也不应将之视为文化保护的"洪水猛兽"，如以适当的方法和技巧将之"驯服"，旅游同样能促成文化保护与经济发展的共赢局面，从而造福一方百姓。另外，旅游有可能成为村寨文化变迁的主要因素，却不是唯一因素，也不是决定性因素。人类社会日新月异，身处其中的民族村寨当然也不可避免地要与社会发展同步，只是变化节奏的快慢而已。

第六节　目前面临的问题与挑战

生态博物馆因操作模式上的差异，直接影响到其建设效果，期间因建设者本身存在的局限性，缺少对理念的全面和深入理解而导致在具体操作方法上的不当，甚至因为此种理论自身尚未发展成熟等主客观的因素，皆为后来生态博物馆的良性发展埋下了种种隐患，这些隐患逐渐发展至今成了阻碍生态博物馆试点村寨进一步发展所面临的挑战。

作为"政府机构主导型"的"梭戛"因缺少内在的发展动力和持续的发展机制，目前完全处于了停滞不前的沉闷状态，不仅"博物馆"处于被动的"守摊"状况，村委和大部分村民基本不再参与、配合博物馆的相关工作。社区的经济发展也非常缓慢，当地几乎仍停留在建设初期基本脱贫的生活水平。造成目前现状的很大一部分原因就在于，生态博物馆在突然介入这一原先较为封闭的民族村寨之后，完全以政府的"授之予鱼"的"输血式"建设方式代替村民进行社区改造、文化保护等系列单纯以"扶贫"为目的的相关建设，致使村民已经养成了"等、靠、要"的习惯和思维方式。其中，在文化保护上，"博物馆"方面即使培养了部分村民文化骨干，却因事业单位体制限制无法保障其福利待遇，而最终难以留住他们，也难以实现博物馆由村民来进行民主管理的这一理想目标。与此同时，在社区发展上，也没能帮助村民寻找到一种与传统生计方式相辅助，并能持续稳定的为村民带来经济收益的其他生计方式，反而错将大众旅游作为当地发展途径的必然选择，不仅挫败了村民的斗志，而且还造成部分村民在旅游经营中做出的不当行为，从而导致社会对当地的负面评价，直接伤害到了当地村民的自尊和感情。另外，即便目前处于"守摊"状态，"博物馆"也难以将工作正常开展下去。原因有两点：第一，人员数量不够、专业知识欠缺，工作状态不佳。梭戛地处深山区，工作条件恶劣，人心不稳是可想而知的。第二，博物馆的处境尴尬。据牟馆长介绍，他们作为科级单位，从行政级别上说，无权管理和协调政府其他各部门，难以保证各部门均按照生态博物馆的指导理念从事相关建设，从而造成散沙一盘，甚至出现了违背生态博物馆建设原则的政府行为也无可奈何。此外，又因为博物馆方面在行政级别上与乡政府同级，从而造成村委会只服从乡政府，而对"博物馆"这一外来单位不理不睬的尴尬状况，尤其在"博物馆"方面需要当地村委会协助进行相关文化保护工作时，村委干部经常讨价还价，甚至依仗家族势力动员村民采取不配合的抵制态度。

作为"民间机构主导型"的"地扪"虽已形成了较为成熟的发展思路，但因民间机构的势单力薄，难以形成足够的动力来推动各类村民合作社的持续、长足的发展。具体来说，从目前博物馆的运作上来看，"博物馆"这一民间机构自身的生存问题尚未能保证，其人员素质、技能和稳定性也都难以保障。从村民合作社的运作来看，"博物馆"作为社区资源与外界市场的沟通平台，很大程度上是依靠着任馆长的个人社会关系网络在运转，村委、村民都只是被动参与，不能自力更生、自主发展。正如任馆长自己也感叹，"博物馆"很有可能会后继无人。而一旦"博物馆"运作中断，乡村合作社、博物馆的相关文化保护工作、与外界的学术交流等活动也将随之中断。当然也并不排除会有新的馆长接替相关工作，但原先经过相当长时间建立起来的发展思路和初期的探索很可能会功亏一篑。

作为"学术机构主导型"的"仙人洞"虽在文化保护、尤其是经济发展方面取得了成效，然而在现阶段的发展中仍面临着开发无序、资源浪费以及伴随传统生计方式逐渐消失而引起的相关民族文化濒临消亡等迫切问题。造成目前现状的根本原因还是在于村民的素质和认识有待进一步提高，尤其在缺少学者的正确引导和教育之下，村民极易出现单纯追求经济利益的市场行为，由此在文化保护上只注重发展游客感兴趣的文化内容，从而忽略文化的整体性保护。此外，当地政府过于重视旅游开发产生的经济效益，缺少对民族文化保护工作的适度引导，如对村寨的整体建筑风格上就没有任何的政策限制和引导，而学者往往对此又是无能为力的。

综上所述，三个不同西南民族村落在生态博物馆建设中的表现各异，这与生态博物馆本身的性质有关。"梭戛"是国际合作项目，作为政府的面子工程，建设主导者不得不在短期内以"扶贫输血式"的方法完成生态博物馆的前期建设，却忽略了内在的发展动力和机制。而"地扪"是民营私人机构，自身生存问题是关键，因此彰显自我价值是工作核心，一方面，它要给政府带来荣誉，才能在地方立足；另一方面，也要创造经济效益，积累必要资金，为自身发展争取保障，自然也就无法像一般的非赢利性公益组织那样完全将个人利益置之度外。"仙人洞"则是学者的课题项目，关系到项目的成功结项问题，因此建设是否符合立项精神和项目资助者的结项要求就显得尤为重要，可喜的是一些资助者关注能力建设等软件环境的培养，而学者也确实较好地完成了这项建设目标。然而，项目毕竟有时间期限，结项之后的试点村寨完全依靠村民自身力量向前发展，暴露出诸多的不足。但无论如何，这是一批具有社会责任感的先行者在文化保护、经济发展等领域的一次勇敢尝试，对促进我国文化保护、乡村建设、社会和谐发展等方面都提供了难得的实践经验。

结　论

　　生态博物馆肇始于 20 世纪 70 年代的法国，被视为一种新型的博物馆形式，它与传统博物馆最大的不同是将文化就地保护于它的原生地，而不是异地收藏于一栋建筑中。在这一新的文化保护理念的影响下，欧洲和北美等地建立了一批生态博物馆。生态博物馆理念产生的背景是西方社会经济有了较大的发展，人民生活水平有了较大提高，但人们厌倦工业文明带来的环境污染、资源枯竭、都市喧嚣等，憧憬回归自然，返璞归真，保护传统。生态博物馆的出现在文化层面上体现了文化多样性的现代西方文化思潮；在经济层面上体现了可持续发展的科学发展观；在政治层面上体现了关注地方民生、民权的执政思想。因此，这一新生事物一出现就受到西方社会广泛的认可。20 世纪 80 年代，生态博物馆作为国际上较为前沿的一种文化保护理论，率先被博物馆学界的学者们引入中国。20 世纪 90 年代，生态博物馆理论首先在民族文化浓郁的贵州付诸于实践。这种将文化就地进行整体性活态保护的思想给中国文化保护领域注入了新鲜的活力，迅速吸引了各方的关注，形成了以政府、学者和民间机构牵头主导建设的不同运行模式的生态博物馆。

"政府机构主导型"生态博物馆是由政府行政或事业单位出面组织整合各方人力、物力、财力来建设的生态博物馆。这种类型的博物馆的优点是：第一，能够投入较多资金，短时间内改善村舍基础设施，推动社区经济发展；第二，可以通过行政强制力或制定具有强制性的规章来实现社区内文化风貌的保护；第三，有相对稳定的管理机构、人员和资金保障。但是，这种类型的生态博物馆也存在明显的不足，主要表现是文化的主人不主动参与文化的保护，而是处于被保护的地位，呈现出主体性缺失的状况。

"民间机构主导型"生态博物馆是由私人机构独立出资、管理、运营的生态博物馆建设模式。这种类型的生态博物馆具有深入、持续、灵活的特性。深入性是指民间机构为保证生态博物馆的运行，往往与政府部门有比较密切的沟通，使文化保护和社区发展的相应举措能够顺利实施；持续性是因为民间机构主导人有比较强的责任感，博物馆的成败与其社会影响、经济利益休戚相关，因此，他们往往能够长期不懈地居住在社区内，谋划社区的保护与发展；灵活性是与"政府机构主导型"博物馆相比，在文化保护、社区发展措施的推动中具有灵活性，一项措施实施效果好可以大范围推广，存在问题可以及时改进或终止。民间机构主导的生态博物馆的缺陷是：第一，资金来源不足，不能有效地开展相应的保护或发展工作；第二，容易与社区居民发生利益纠纷。

"学术机构主导型"生态博物馆是指由高校或学术机构以课题形式在民族地区推广的社会、经济、文化、生态环境等多方协调发展模式。这种类型的生态博物馆的优势是学者团队有比较专业的指导意见，对生态博物馆的建设有比较全面科学的规划，但要求社区居民有比较高的自主性。不足之处是：缺乏足够的资金保证来改善社区的基础设施；无力阻止社区发展中出现的问题；不能长期驻守指导。

随着不同模式生态博物馆建设的逐步实施，中国生态博物馆建设暴露出许多问题，其中比较突出的有两大问题：

其一，文化保护与社区发展的矛盾。中国生态博物馆大多选择建设在经济落后，传统文化保存较好的地区，生态博物馆建立后，打破了这里的平静，使其面临外来经济文化的巨大冲击，文化保护与社区经济发展的矛盾日益突出。

其二，社区自主化管理困难。生态博物馆诞生于西方后工业时代，是基于社区物质生活水平高度发达，居民文化自觉意识较强前提下的一种"文化怀旧"行为，而中国生态博物馆建设缺乏西方社会那样的社区环境，因此，生态博物馆的社区自主化管理成为建设面临的另一难题。

从生态博物馆建设暴露出来的两大问题看，具有浓郁后现代主义色彩的文化保护理论，还不适应中国社会的土壤，需要通过不断的实践来完成"中国化"的改造。

从理论层面上看，生态博物馆的建设需要关注两个方面的问题：

第一，生态博物馆建设应"去博物馆学核心化"。

所谓"去博物馆学核心化"，是指在承认博物馆学科对文化的保护方法和保护原则（如资料信息中心的修建、民间文物的原状保护等）的固有价值的前提下，引入更多的学科参与其中，回到该理论的原点重新夯实理论基础。尤其是生态博物馆的建设无异于一个小型社会的治理，而作为一个社会有机体，其正常、良性的运转必然涉及经济、文化、制度等各要素的配合。因此，生态博物馆作为外界组织要介入并协助这一小型社会的运转，就需要提前做好整体规划。有必要借鉴经济学、社会学、民族学、管理学、建筑学等各个学科领域的理论方法，围绕"文化就地整体性活态保护"这一核心，形成一套科学的指导原则。

第二，准确理解"文化就地整体性保护"的内涵。

生态博物馆的核心理念是"文化的就地整体性活态保护"。所谓"就地"是相对"异地"而言，指将文化放置在它本来生长的地方，而不是被挪到他处。生态人类学代表人物斯图尔德认为"文化与生态环境是不可分离的，它们之间相互影响、相互作用、互为因果……整个文化体系分为核心文化系统和外围文化系统，核心文化指的是与人类生计活动有关的文化，主要是技术经济因素，除此之外的为外围文化或非核心文化"①。他强调文化与其生长环境有密切的依存关系。因此，文化的"就地保护"就显得尤为重要。然而由于学科的惯性思维，具体操作过程中，博物馆学者往往将"就地保护"，变成静态的"文物保护"。忘却了"文化就地保护"既包括对文化的"原状"保护，也涵盖对文化的"动态"保护，因为文化的内在特质决定了它不是一成不变的，即使在原生地的环境中，文化也随着内外部的环境的变化而不断创新发展。

"整体性"是指文化是一个整体，各个文化要素之间是相互联系、相互制约的。例如，地扪传统民居在外观上直接体现了侗族对建筑的审美需求、在功能分区上反映了侗族的生活习惯和家庭组织与结构，其开工前的奠基仪式、建设过程的分工与协作，以及落成仪式等又都反映了当地的社会关系和宗教信仰习俗等内容。换言之，在考察民居建筑时，既要从人们的物质生活需要着手，也要从经济、技术、哲学、宗教、美学观念等其他精神领域进行分析。此外，"整体性"还应包括文化在时间上的延续，即文化的传承性。如此一来，所谓完整的文化系统就不仅仅限于"平面"文化，而应是由文化的横向坐标（即文化的诸要素）以及文化的纵向坐标（时间上的传承）而构成的不断发展中的"立体"文化。因此，对文化的"整体性保护"就不仅是针对文化本身，还不能忽略创造、传承和发展它的文化拥有者。对人的保护即要促进人的全面发展，一方面要通过发展经济来保障他们的物质生活需要，另一方面也要通过素质教育提升他们的思想境界。

---

① 夏建中：《文化人类学理论学派——文化研究的历史》，北京：中国人民大学出版社，2003年，第227—228页。

毕竟文化持有者的传承、创新意识才是文化富有生机和活力的不竭动力。

从操作层面上看，生态博物馆应关注两个方面的问题：

第一，慎重选点。

生态博物馆建设试点的选择不仅要将文化资源、生态环境、民风民俗、民族性格以及当地村民、政府的态度作为必备的选点条件，而且试点的地理位置和建设规模也十分重要。其一，因生态博物馆目前仍处于"中国化"的探索阶段，尚未有完善的理论支撑和充足的实践经验，故而要尽量避免先行开发地处偏僻、较为封闭的少数民族村寨。因为任何外界力量的突然介入都将不可避免地影响甚至破坏村寨原有的内部结构和社会关系，而村民又因长期未与外界接触，故难以在短时间内顺利建立起与外界的良性沟通互动机制。这样，生态博物馆的介入不仅不能有效帮助社区发展，反而还可能给村寨带来种种难以预料的不良后果。因此，现阶段应以较为"保守"的态度探索生态博物馆试点建设，等待理论储备和实践能力都相对成熟之时，再将这类村寨作为建设对象，这也是一些研究者提倡的"不去保护即是保护"的原因所在。其二，生态博物馆应选择适度规模的试点，以突出其建设成效。以往的一些试点为了突出"社区即是生态博物馆"，不惜突破行政区划将同一民族文化社区作为生态博物馆的建设范围，这一提法虽在理念上有突破和创新，但在现阶段人为地扩大生态博物馆的建设范围并无实际意义，反而容易因为主导建设者的财力、物力、人力等不足以及我国行政体制"各司其界"的管理特点，而造成生态博物馆内各区域的资源分配不均和发展不平衡等问题，进而引起不同村寨之间的矛盾，不利于社区整体和谐发展。一般而言，规模上不超过 100 户人家，总人口不超过1000 人左右，仍保留较完整的传统家族体系和观念，对内具有凝聚力，对外具有包容力的民族村寨是现阶段较为理想的生态博物馆试点村寨。

第二，调动各方的积极性。

生态博物馆建设主导者需要充分调动政府、企业、村民和学者的积极性。对于政府而言，生态博物馆的建设必须促进当地经济发展、社会和谐、文化保护、民生改善、地方知名度的提升；对于企业而言，经济效益是其首要考虑因素，但也不排除具有文化使命感和社会责任感的企业希望以此来推进地方文化的传承、发展和繁荣；对于学者而言，他们更希望自己的理论能付诸实践，并在实践中不断得到完善和发展；而对于村民而言，他们不仅希望自己以及他们祖辈流传下来的传统文化得到外界的尊重，更加希望尽快改善目前的贫困生活状况，并促进社区的整体发展。如此来看，以上各方的需求较一致地指向经济发展，具体地说，生态博物馆建设需要处理好政府、企业、村民、学者四者（尤其是前三者）的利益分配关系以及经济、文化与生态的平衡关系。

生态博物馆没有放之四海的标准模式，只有根据社区具体情况的适合模式。就具体运作模式而言，现阶段较为理想的生态博物馆为"政府支持、企业带动、学者指导下的以村民为主体"的建设模式。政府、企业、学者和村民四者缺一不可，各司其职。首先，政府主要提供文化保护和经济发展的政策保障和引导，资金投入也应以基础硬件设施（如道路建设、学校教育等）为主，尽量避免直接地、无条件地赠予村民财物。以激励村民自力更生、自主发展的创业致富精神为主要方式，达到"经济扶持"和"精神扶持"的"开放式"扶持效果，避免出现以往单纯以"授之以鱼"，"越扶越贫"的治标不治本的现象。其次，在企业层面上，鉴于他们拥有一定的经济实力，并具有较为成熟的运作团队和管理经验，能在生态博物馆建设中发挥出团队的引领作用。再次，在学者层面上，则要求保持指导的一贯性、连续性和系统性。鉴于目前科研机构和大学教育的资源较为丰富，生态博物馆可与本地区大学长期合作，借助各学科师生的假期实习、毕业设计、志愿者活动、支教、课题项目等多种方式，一方面长期为社区提供诸如农业种植、家庭养殖、工艺品开发等技术指导，另一方面也协助村民以当地自然、文化资源为依托找寻到一条适宜本地区的经济发展道路，帮助他们重新认识和挖掘生态环境和传统文化的价值。最后，社区村民在政府的政策保障、企业的团队引导以及学者的技术支持、观念培养下，强化其作为生态博物馆建设的主体地位，不仅要扩大他们的参与范围，而且要加深其参与程度，充分发挥村民的主动性和积极性，避免主体性缺失。

社区经济的发展不仅是生态博物馆建设的目标，更是当地文化保护的必要前提。没有社区发展，就无从谈文化保护。而社区发展必然需要考虑两大问题，即致富道路的选择和资金的来源。在发展道路的选择上，生计方式的多元化是必然的发展方向。多元化意味着在以前较为单一的传统生计方式基础上发展转变为现代复合性生计形态，具体表现为：在单纯的粮食作物生产基础上因地制宜地发展经济作物的生产（除工业原料作物之外还有如蔬菜、瓜果、花卉、药材等）；结合当地自然、文化特色，在传统农业的基础上增加手工业（如刺绣、竹编、银饰、纺织、制陶等）或服务行业（如旅游业），尤其要将传统文化与现代社会生活相结合，进一步挖掘并拓宽这些传统文化资源的新功能，通过"市场化"和"商品化"使之延续、发展、创新下去。而在资金问题上，多元化的资金来源同样是其必然的发展方向。政府部门的"扶贫资金"、"专项基金"，社会各界的"公益资金"、"项目资金"甚至学校的"教育实习基地费用"，金额从小到大不等，均可成为社区发展的资金来源。这些资金可被生态博物馆整合集中、统筹安排，并定期公布于众。此外，试点地可以通过专属网站、官方微博微信，打造全球沟通平台，在进一步提升试点知名度的同时，也让更多社会大众深度了解并关注试点建设。

文化多样性的逐渐消亡已经成为世界各国共同面临的迫切问题，尤其是发展中国家更是面临着全球化、市场化的挑战。因此，生态博物馆应运而生。而人类文化本身就有共通之处，因此不论是来自西方还是东方，生态博物馆作为一种文化保护新理念都应该为全人类所共享，即使它在"中国化"后仍显得水土不服，但它以人为本、经济与文化和谐、可持续发展的前瞻性、全局性的发展思路，仍为中国西南民族地区乡村建设开辟出一条新的道路。

  回顾和总结以往生态博物馆建设的经验和教训，可以看到，现阶段在西南民族地区进行文化保护，经济发展是前提。以外界力量的身份介入，必须充分尊重社区居民的主体地位，并逐渐实现与当地社区"感情融入、利益融入和文化融入"，如此才能实现生态博物馆建设的"文化保护与社区发展"二者互利共赢的目标。

参 考 文 献

【中文部分】

一、著作

[1] 杨国仁、吴定国：《侗族祖先哪里来》，贵阳：贵州人民出版社，1961年。

[2] [美] 马林诺夫斯基著，费孝通译：《文化论》，北京：中国民间文艺出版社，1987年。

[3] 贵州省黎平县茅贡区志编纂领导小组编纂：《黎平县茅贡区志》，怀化：湖南靖州印刷厂，1988年。

[4] 云南省丘北县地方志编纂委员会编：《丘北县志》，北京：中华书局，1999年。

[5] 王宏钧：《中国博物馆学基础》（修订本），上海：上海古籍出版

社，2001 年。

[6] 叶奕乾主编：《普通心理学》，上海：华东师范大学出版社，2001 年。

[7] 尹绍亭主编：《云南民族文化生态村试点报告》，昆明：云南民族出版社，2002 年。

[8] 张誉腾：《生态博物馆——一个文化运动的兴起》，台北：五观艺术管理有限公司，2004 年。

[9] 苏东海主编：《中国生态博物馆》，北京：紫禁城出版社，2005 年。

[10] 李伟：《民族旅游地文化变迁与发展研究》，北京：民族出版社，2005 年。

[11] 刘晖：《旅游民族学》，北京：民族出版社，2006 年。

[12] 苏东海：《博物馆的沉思：苏东海论文选·卷二》，北京：文物出版社，2006 年。

[13] 苏东海主编：《2005 年贵州生态博物馆国际论坛论文集：交流与探索》，北京：紫禁城出版社，2006 年。

[14] 费孝通：《乡土中国》，上海：上海世纪出版集团（上海人民出版社），2007 年。

[15] 蔡凌：《侗族聚居区的传统村落与建筑》，北京：中国建筑工业出版社，2007 年。

[16] 尹绍亭：《民族文化生态村理论与方法——当代中国应用人类学的开拓》，昆明：云南大学出版社，2008 年。

[17] 朱映占：《巴卡的反思——当代中国应用人类学的开拓》，昆明：云南大学出版社，2008 年。

[18] 王国祥：《探索实践之路——当代中国应用人类学的开拓》，昆明：云南大学出版社，2008 年。

[19] 袁新华：《区域生态旅游营销管理》，北京：中国旅游出版社，

2009 年。

[20] 纪中华主编：《干热河谷生态农业研究与实践》，昆明：云南科技出版社，2009 年。

[21] 尹绍亭、洼田顺平主编：《中国文化与环境》（第一辑），昆明：云南人民出版社，2010 年。

[22] 方李莉主编：《陇戛寨人的生活变迁：梭戛生态博物馆研究》，北京：学苑出版社，2010 年。

[23] 胡朝相：《贵州生态博物馆纪实》，北京：中央民族大学出版社，2011 年。

二、期刊

[24] 吴正光、庄嘉如：《关于民族村寨保护工作的调查报告——兼谈露天民族民俗博物馆的建设》，《贵州民族研究》1985 年第 2 期。

[25] ［法］乔治·亨利·里维埃：《生态博物馆——一个进化的定义》，《中国博物馆》1986 年第 4 期。

[26] 苏东海：《关于生态博物馆的思考》，《中国博物馆》1995 年第 2 期。

[27] 张勇：《生态博物馆思维初探》，《中国博物馆》1996 年第 3 期。

[28] 张晓松：《生态保护理念下的长角苗文化——贵州梭戛生态博物馆的田野调查及其研究》，《贵州民族研究》（季刊）2000 年第 1 期。

[29] 潘年英：《矛盾的"文本"——梭戛生态博物馆田野考察实录》，《黎明职业大学学报》2000 年第 4 期。

[30] 胡朝相：《生态博物馆理论在贵州的实践》，《中国博物馆》2000 年第 2 期。

[31] 苏东海：《国际生态博物馆运动述略及中国的实践》，《中国博物馆》2001 年第 2 期。

［32］王国祥：《民族旅游地区保护与开发互动机制探索——云南省丘北县仙人洞彝族文化生态村个案研究》，《云南社会科学》2003 年第 2 期。

［33］潘年英：《梭嘎生态博物馆再考察》，《理论与当代》2005 年第3 期。

［34］胡朝相：《贵州生态博物馆的实践与探索——为贵州生态博物馆创建十周年而作》，《中国博物馆》2005 年第 2 期。

［35］方李莉：《警惕潜在的文化殖民趋势——生态博物馆理念所面临的挑战》，《非物质文化遗产保护》2005 年第 3 期。

［36］张晋平：《关于生态博物馆论文英文翻译的说明》，《中国博物馆》2005 年第 3 期。

［37］潘年英：《变形的文本——梭嘎生态博物馆的人类学观察》，《湖南科技大学学报》（社会科学版）2006 年第 2 期。

［38］方李莉：《全球化背景中的非物质文化遗产保护——贵州梭嘎生态博物馆考察所引发的思考》，《民族艺术》2006 年第 3 期。

［39］荣莉：《旅游场域中的"表演现代性"——云南省丘北县仙人洞村旅游表演的人类学分析》，《云南社会科学》2007 年第 5 期。

［40］苏东海：《生态博物馆的思想及中国的行动》，《国际博物馆》（全球中文版）2008 年第 1—2 期。

［41］甘代军：《生态博物馆中国化的悖论》，《中央民族大学学报》（哲学社会科学版）2009 年第 2 期。

三、专著析出文章

［42］安来顺执笔：《在贵州省梭嘎乡建立中国第一座生态博物馆的可行性研究报告》（中文本），中国贵州六枝梭嘎生态博物馆编：《中国贵州六枝梭嘎生态博物馆资料汇编》，内资字第 091 号，贵阳宝莲彩印厂印刷，1997 年。

［43］贵州生态博物馆建设课题组：《六枝、织金交界苗族社区社会调查报告》，六枝梭戛生态博物馆编：《中国贵州六枝梭戛生态博物馆资料汇编》，内资字第091号，贵阳宝莲彩印厂印刷，1997年。

［44］吴正光：《贵州民族村寨的保护与开发》，邓康明主编：《文化的差异与多样性——贵州省民族文化学会第六届年会学术论文集》，香港：香港世界华人艺术出版社，1999年。

［45］胡朝相：《关于生态博物馆非物质文化遗产保护的问题》，中国博物馆协会主编：《国际博物馆协会亚太地区第七次大会中方主题发言及论文文集》，2002年。

［46］任和昕：《人文生态博物馆建设与乡村旅游发展——地扪侗族人文生态博物馆的实践与探索》，杨胜明主编：《乡村旅游：促进人的全面发展》，贵阳：贵州人民出版社，2006。

［47］宋向光：《生态博物馆理论与实践对博物馆学发展的贡献》，苏东海主编：《2005年贵州生态博物馆国际论坛论文集：交流与探索》，北京：紫禁城出版社，2006年。

［48］苏东海：《生态博物馆在中国的本土化》，《博物馆的沉思：苏东海论文选·卷二》，北京：文物出版社，2006年。

［49］［法］雨果·戴瓦兰：《生态博物馆和可持续发展》，苏东海主编：《2005年贵州生态博物馆国际论坛论文集：交流与探索》，北京：紫禁城出版社，2006年。

［50］［法］雨果·戴瓦兰：《二十世纪60—70年代新博物馆运动思想和"生态博物馆"用词和概念的起源》，苏东海主编：《2005年贵州生态博物馆国际论坛论文集：交流与探索》，北京：紫禁城出版社，2006年，

［51］潘守永执笔：《中国生态博物馆建设的十年经验、成就和亟待解决的问题》，张永发主编：《中国民族博物馆》，北京：民族出版社，2007年。

四、学位论文

[52] 钟经纬：《中国民族地区生态博物馆研究》，博士学位论文，复旦大学文物与博物馆学系，2005 年。

[53] 尤小菊：《民族文化村落之空间研究》，博士学位论文，中央民族大学民族学与社会学学院，2008 年。

五、内部资料

[54] 中国贵州六枝梭嘎生态博物馆编：《中国贵州六枝梭嘎生态博物馆资料汇编》 （内部资料），准印字第 091 号，贵阳宝莲彩印厂印刷，1997 年。

[55] 尹绍亭主编：《云南民族文化生态村暨地域文化建设论坛》（内部资料），准印字第 183 号，云南民族印刷厂，2003 年。

六、相关网站

国家文物局网站（http：//www. sach. gov. cn/）

黔东南人民政府网站（http：//www. qdn. gov. cn/）

黔东南信息港（http：//www. qdn. cn/）

贵州日报电子版（http：//gzrb. gog. com. cn/）

黎平县人民政府门户网（http：//www. liping. gov. cn）

【外文部分】

A. 著作

[1] Davis Peter, *Ecomuseums: A Sense of Place*, Leicester: Leicester University Press, 1999.

[2] Geertz Clifford, *The Interpretation of Cultures: Selected Essays*, New York: Basic Books, 1973.

[3] Gerard Delanty, *Community: 2nd edition*, New York: Routledge, 2009.

[4] Peter Vergo, *The New Ecomuseum*, London: Reaktion Books, 1989.

[5] Julian, Steward, *Theory of Culture Change: The Methodology of Multilinear Evolution*, Urbana : University of Illinois Press, 1972.

B. 期刊

[6] Amareswar Galla, "Cultural Diversity in Ecomuseum Development in Viet Nam," *Museum International*, vol. 57, no. 3 (2005).

[7] António Nabais, "The Development of Ecomuseums in Portugal," *Museum International*, vol. 37, no. 4 (1985).

[8] Beytollah Mahmoudi and Naghmeh Sharifi, "Planning of Rural Ecomuseum in Forest Rurals in Mazandaran Province, Iran," *Journal of Management and Sustainability*, vol. 2, no. 2 (2012).

[9] Conybeare, C., and S. Smith, "Our Land, Your Land," *Museum Journal – London*, vol. 96, no. 10 (1996).

[10] Duarte A., "Ecomuseum: One of the Many Components of the New Museology," *Ecomuseums*, 2012.

[11] Francois Hubert, "Ecomuseums in France: Contradiction and Distortions," *Museum International*, vol. 37, no. 4 (1985).

[12] Hudson Kenneth and Boylan Patrick J., "The Dream and the Reality," *Museum Journal*, vol. 92, no. 4 (1992).

[13] Hugues De Varine, "A Fragmented Museum: The Musuem of Man and Industry, Le Creusot – Montceau – Les – Mines," *Museum International*, vol. 25, no. 4 (1973).

[14] Hugues De Varine, "The Word and Beyond," *Museum International*, vol. 37, no. 4 (1985).

[15] ICOM, "Round Table Santiago do Chile ICOM, 1972," *Cadernos de Sociomuseologia Centro de Estudos de Sociomuseologia*, vol. 38 (2010).

[16] Kathleen MacQueen and Eleanor McLellan, "What is Community? An Evidence – Based Definition for Participatory Public Health," *American Journal of Public Health*, vol. 91, no. 12 (2001).

[17] Kjell Engström, "The Ecomuseum Concept is Taking Root in Sweden," *Museum International*, vol. 37, no. 4 (1985).

[18] Krouse, S. A., "Anthropology and the New Museology," *Reviews in Anthropology*, vol. 35, no. 2 (2006).

[19] Marcel Evrard, "Le Creusot – Montceau – Les – Mines: The Life of An Ecomuseum, Assessment of Ten Years," *Museum International*, vol. 32, no. 4 (1980).

[20] Mario E. Teruggi, "The Round Table of Santigao (Chile)," *Museum International*, vol. 25, no. 3 (1973).

[21] Mary Stokrocki, "The Ecomuseum Preserves an Artful Way of Life," *Art Education*, vol. 49, no. 4 (1996).

[22] Mayrand P., "A New Concept of Museology in Quebec," *Muse*,

vol. 2, no. 1 (1984).

[23] MINOM, "Declaration of Quebec - Basic Principles of a New Museology 1984," *Cadernos de Sociomuseologia Centro de Estudos de Sociomuseologia*, vol. 38, no. 38 (2010).

[24] Nunzia Borrelli and Peter Davis, "How Culture Shapes Natures: Reflections on Ecomuseums Practices," *Nature and Culture*, vol. 1, no. 1 (2012).

[25] Peter Davis, "Ecomuseum, Tourism and the Representation of Rural France," *International Journal of Tourism Anthropology*, vol. 1, no. 2 (2011).

[26] René Rivard, "Ecomuseums in Quebec," *Museum International*, vol. 37, vol. 4 (1985).

[27] Rivière Georges Henri, "The Ecomuseum: An Evolutive Definition," *Museum International*, vol. 37, no. 4 (1985).

[28] V. M. Kimeev, "Ecomuseum in Siberia as Centers for Ethnic and Cultural Heritage Preservation in the Natural Environment," *Archaeology, Ethnology and Anthropology of Eurasia*, vol. 35, no. 3 (2008).

[29] Yoshiaki Mukaida and Jun - ichi Hirota, "The Possibility of Relations in Museum to Revitalization of Rural Community: In Case of Asahi - Ecomuseum," *Journal of Rural Planning Association*, vol. 24, Special, (2005).

C. 会议提交论文

[30] ECOMEMAQ, "Draft of Model for Ecomuseum District Development for the Mediterranean Maquis", Paper presented at *Conference on ECOmuseum Districts Network of the MEditerranean MAQuis*, October 2007, Heraklion Crete, Greece.

[31] John Gjestrum, "Norwegian Experience in the Field of Ecomuseums and Museum Decentralisation", Paper presented at *The ICOM General Conference*,

September 1992, Quebec.

[32] Kazuoki Ohara, "Ecomuseums in Japan Today", paper presented at *Communication and Exploration*, June 2005, Guizhou.

[33] Sabrina Hong Yi, "The Evaluations of Ecomuseum Success: Implications of International Framework for Assessment of Chinese Ecomuseums," paper presented in *The 18 Biennial Conference of the Asian Studies Association of Australia*, July 2010, Adelaide.

D. 相关网站

http://en. wikipedia. org/wiki/

http://www. minom - icom. net/

后　记

20世纪80年代以后，随着改革开放后中国经济的迅猛发展，在现代化、城镇化浪潮的冲击下，传统的民族村寨快速消失。为了保护各民族优秀的文化遗产，社会各界开始积极探索民族村寨保护的理论、方法。生态博物馆建设就是其中一种新颖的文化保护尝试，其理念是对文化进行就地整体性保护。方法是将人们生产、生活的动态社区变成一个活态博物馆。如何实现文化的保护？文化保护与社区发展如何平衡？这是一个极富挑战，也是十分令我感兴趣的问题。

带着巨大的问号，我走入仙人洞彝族村寨、梭戛苗寨、地扪侗寨，发现这三个民族村寨实际上是以不同组织构架、管理方式来落实文化就地保护的理念，非常具有典型意义和代表性。于是，通过深入调查研究，我写出了研究报告，并以"中国西南民族地区不同类型生态博物馆的比较研究"为题，撰写了博士论文。2012年6月我获得了博士学位，同年这一研究课题被列为国家民委项目，获得后期研究支持，于是我对本文又进行了认真修改，查阅了大量英文资料，着重补充了西方生态博物馆理论的资料，决定以《西南民族生态博物馆研究》为题，将研究成果奉献给读者，也是对我几年来的读书和学习做一个汇报。

本书的完成得益于多位老师的指导，我的导师苍铭教授、中国生态博物馆最早实践者胡朝相先生、云南大学人类学系尹绍亭教授、地扪生态博物馆任和昕馆长为本书的完成惠予了他们深邃的思想和智慧。

特别鸣谢祁庆富、杨筑慧、李学良、杨胜勇、管彦波5位专家为本书的修改提出了建设性的意见。

非常感谢梭戛生态博物馆徐美陵、牟辉绪馆长、地扪吴胜华村支书、仙人洞黄绍忠村长，他们将自己多年对文化保护的真知灼见无私提供给我。感谢师妹马颖娜两次陪伴，给我的田野调查增添了勇气。

特别感恩我的母亲、姐姐和先生，她们是我每一段文字的第一读者，对我的工作和学业都给予了极大的鼓励和支持，使得本书能够最终完成。

段阳萍

2013 年 7 月 17 日